高等学校计算机类专业系列教材

Web 前端技术

主　编　王　琦　王春红

副主编　李娟丽　刘媛媛　韩　露

西安电子科技大学出版社

内 容 简 介

本书是学习Web前端技术的基础教材，共分11章，主要内容涵盖了Web前端的三大基础技术：HTML、CSS、JavaScript。本书案例丰富，注重工程实践，编排结构合理，循序渐进地引导读者快速入门，每章都配有思维导图和习题与实验，方便读者学习。

本书可作为高等学校计算机相关专业Web前端类课程的教材使用，也可作为非计算机专业计算机公共基础课程的教材使用，同时还可供Web前端开发岗位的工程技术人员参考使用。

图书在版编目(CIP)数据

Web前端技术 / 王琦，王春红主编. --西安：西安电子科技大学出版社，2024.2
ISBN 978－7－5606－7181－9

Ⅰ.①W… Ⅱ.①王… ②王… Ⅲ.①网页制作工具 Ⅳ.①TP393.092.2

中国国家版本馆CIP数据核字(2024)第041446号

策　　划　曹　攀
责任编辑　曹　攀　李鹏飞
出版发行　西安电子科技大学出版社(西安市太白南路2号)
电　　话　(029)88202421　88201467　　邮　　编　710071
网　　址　www.xduph.com　　电子邮箱　xdupfxb001@163.com
经　　销　新华书店
印刷单位　广东虎彩云印刷有限公司
版　　次　2024年2月第1版　2024年2月第1次印刷
开　　本　787毫米×1092毫米　1/16　印张　19
字　　数　462千字
定　　价　48.00元
ISBN 978－7－5606－7181－9 / TP
XDUP　7483001-1

前　言

Web 前端技术是从网页制作技术演变而来的。现在的网页已不再只是单一的文字和图片展示，各种交互的加持、富媒体的应用，使得网页的表现更加生动，功能更加复杂，体验更加流畅。随着 HTML5、Web 系统以及 Web App 的普及，Web 前端技术已经发展成为一个独立的且非常重要的技术分支和应用方向，Web 前端技术人才呈现持续增长的市场需求。

Web 前端技术的框架有很多，但是不论何种前端框架，HTML、CSS、JavaScript 都是基础，都应该是前端开发人员学习的起点和必备的技能。

本书围绕 Web 前端三大基础技术 HTML、CSS、JavaScript 展开，内容涵盖了 HTML5、CSS3 以及 ECMAScript 6 等目前主流应用标准。本书案例实用丰富，讲解深入浅出，并配套有完整的教学 PPT、素材库以及教学案例代码库；每一章节都有思维导图、本章小结和习题与实验，方便读者进行复习与自测。另外，本书在课程网站上建设有自助建站平台，读者可以随时随地通过该平台自主发布自己的作品进行展示，相当于给读者提供一个个人的虚拟空间，来进行学习交流，以此提升学习的内生动力。

本书整体知识结构分为四个部分，共 11 章。

第一部分：第 1 章，属于综述部分，整体介绍 Web 前端技术相关内容，涵盖 Web 前端发展历程、基本概念、技术标准、开发工具、运行工具等；

第二部分：第 2、3 章，主要讲解 HTML 技术；

第三部分：第 4、5、6、7 章，主要讲解 CSS 技术；

第四部分：第 8、9、10、11 章，主要讲解 JavaScript 技术。

本书编者及团队成员长期坚守教学一线，同时与地方企业有密切的项目合作，具有丰富的教学经验和工程实践经验。本书是编者及团队成员对“Web 前端技术”课程的教学总结，是校企合作项目的成果展示，同时也是编者主持的省级和校级教学改革创新项目、教材建设项目、教育科学规划项目等的研究成果。

本书由王琦负责总体策划、统稿，具体分工如下：第 1、8 章由王春红负责编写；第 2、3、5 章由李娟丽负责编写；第 4、7 章由刘媛媛负责编写；第 6 章由韩露负责编写；第 9、10、11 章由王琦负责编写。

本书在编写过程中查阅了相关文献和网站，谨向相关作者表示感谢；在编辑与出版过程中，得到了西安电子科技大学出版社的大力支持与帮助，在此表示衷心感谢；同时感谢李霞、张思艺，他们参与了课程网站及自助建站平台的搭建、整书代码的验证、素材的整理、文字的校对以及格式的编排等工作。

由于编者水平有限，书中难免有疏漏和不妥之处，欢迎广大读者批评指正。

编　者

2023 年 9 月

目　录

第 1 章

Web 前端技术概述

思维导图

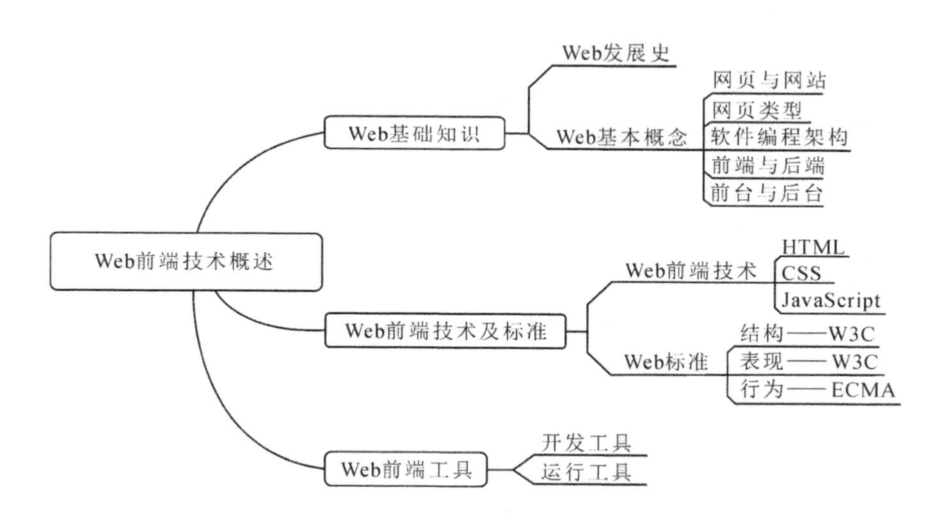

学习目标

(1) 了解 Web 前端技术及发展历史。
(2) 理解 Web 前端相关的基本概念。
(3) 理解 Web 前端技术及标准。
(4) 了解 Web 前端相关工具。

Web 前端技术是相对于服务器端技术的一个概念，其主要任务是在用户发起请求后，进行浏览器端的逻辑处理，提交数据至服务器，并在接收服务器端返回的数据后进行页面渲染。Web 前端技术随着 Web 的发展而发展，如今已经成为一个独立且非常重要的技术分支和应用方向，涉及的基础技术有 HTML、CSS 以及 JavaScript 等。为了更好地了解 Web 前端开发，本章将从 Web 发展史、Web 基本概念、Web 前端技术及 Web 标准、Web 前端工具等基本知识入手，带领大家开始 Web 的开发之旅。

1.1 Web 基础知识

1.1.1 Web 发展史

Web 发展史，可用图 1-1 简要概括说明，其重要事件大致如下所述。

图 1-1　Web 发展史

• 静态网页诞生——Web 的原型

1989 年，Tim Berners-Lee 在欧洲粒子物理实验室提出了一个名为“Information Management: A Proposal”的提议，这个提议催生了 Web 的原型。该提议主张通过链接将不同的文档连接起来，方便研究人员在全球范围内的个人计算机上访问大量的科研文献。1990 年，Tim Berners-Lee 以超文本语言 HTML 为基础在 NeXT 电脑上发明了最原始的 Web 浏览器。1994 年 11 月，Mosaic 浏览器的开发人员创建了网景通信公司(以下简称网景公司)，并发布了 Mosaic Netscape 1.0 beta 浏览器，后改名为 Navigator。

• 万维网诞生

万维网联盟(World Wide Web Consortium，W3C)在 1994 年底由 Tim Berners-Lee 牵头成立，标志着万维网的正式诞生。此时的网页以 HTML 为主，信息流只能通过服务器到客户端单向流通，由此世界进入了 Web 1.0 时代。W3C 最重要的工作是发展 Web 的通信协议(比如 HTML 和 XHTML)和规范其他构建模块。

• JavaScript 诞生

JavaScript 诞生于 1995 年，由网景公司的工程师 Brendan Eich 设计。JavaScript 是一种脚本语言，该脚本语言被嵌入到 Navigator 2.0 中，使得浏览器能够在客户端运行该语言。与此同时，微软在 1996 年发布了 VBScript 和 JScript。JScript 内置于 Internet Explorer 3 中。然而，JavaScript 和 JScript 的实现存在差异，这导致了开发者的网页无法同时兼容 Navigator 和 Internet Explorer 浏览器，引发了第一次浏览器战争。

• 动态页面崛起

动态页面崛起在 JavaScript 诞生之后，可以通过更改前端 DOM 的样式实现一些功能。为了使 Web 更加充满活力，以 PHP、JSP、ASP.NET 为代表的动态页面技术相继诞生。

• AJAX 流行

Web 发展的最初阶段，只有刷新整个页面才可以使前端页面获取后台信息，这是很糟糕的用户体验。随后 Google 公司分别在 Web 产品 Gmail 和 Google Map 中大量使用了 AJAX 技术，这项革命性技术通过按需取数、局部刷新的方式就可以使得前端与服务器进行网络通信，极大地提升了用户体验。

随着 AJAX 的流行，越来越多的网站使用 AJAX 动态获取数据，这使得动态显示网页

内容变成可能；AJAX 使浏览器客户端可以更方便地向服务器发送数据信息，促进了 Web 2.0 的发展。

- HTML5

2004 年 6 月，Mozilla 基金会和 Opera 软件公司在万维网联盟所主办的研讨会上提出了一份联合建议书，其中包括 Web Forms 2.0 的初步规范草案。研讨会不久后，部分浏览器厂商宣布成立网页超文本技术工作小组(WHATWG)，以继续推动该规范的开发工作，该组织再度提出 Web Applications 1.0 规范草案，2008 年这两种规范合并形成 HTML5 规范。HTML5 规范的推出，直接推动了移动互联网的发展。

- ECMAScript 6

1996 年 11 月，网景公司决定将 JavaScript 提交给标准化组织欧洲计算机制造联合会(European Computer Manufactures Association，ECMA)，希望这种语言能够成为国际标准。1997 年，ECMA 发布 262 号标准文件的第一版，规定了浏览器脚本语言的标准，并将这种语言称为 ECMAScript，这个版本就是 1.0 版。截至 2023 年 8 月，ECMAScript 一共发布了 14 个版本，最新的版本是 ECMAScript 2023。由于 ECMAScript 每年都会发布新版本，这将持续推动浏览器厂商为 JavaScript 注入新的功能和特性，从而使得 JavaScript 走上快速发展的轨道。尤其值得一提的是，ECMAScript 6 的推出对于 JavaScript 的影响力有着极大的提升，它引入了许多新的语法和功能，大大增强了 JavaScript 的表现力和可读性，同时也推动了相关工具如 Babel 和 TypeScript 的流行。虽然目前仍有许多浏览器只能支持 ECMAScript 6 中的部分特性，但随着技术的不断发展，相信未来的浏览器将逐步支持 ECMAScript 6 的全部特性。

- Web 3.0

从 Web 1.0 到 Web 2.0 的转变，标志着互联网时代的巨大变革，互联网内容呈现爆发式的增长，用户体验更加丰富。Web 1.0 主要侧重于内容的查询和获取，Web 2.0 则更倾向于鼓励用户参与内容的创造，而 Web 3.0 是互联网的下一阶段。首先，Web 3.0 将提供更好的隐私保护，使得用户可以安全地访问互联网；其次，Web 3.0 将更加去中心化，使用分布式存储技术，将数据分布存储在全网的各个节点上，从而避免数据被集中控制和滥用；此外，Web 3.0 还将提供更好的数据可迁移性，使用开放标准，使得用户可以轻松地将数据从一个平台迁移到另一个平台，这有助于促进互联网的竞争和创新；最后，Web 3.0 将带来更好的创新机会，鼓励更多的开发者和创业公司为互联网带来新的创新和功能。

1.1.2 Web 基本概念

1. 网页与网站

网页是一个适应于万维网和网页浏览器的文件，它存放在世界某个角落的某一部或一组与互联网相连的计算机中。

网站是一组相关网页及其资源的集合。网站根据功能不同可以分为门户网站、个人网站、特定领域的功能网站等。网站的首页是一个特别的网页，当用户访问一个网站时，他们首先看到的页面就是首页。无论是从用户、开发人员还是运营人员的角度来看，首页都是非常重要的，通过首页，人们可以快速了解网站的主要功能和整体风格。首页通常以 index.html 或 index.htm 的形式命名。

2. 网页类型

传统意义上的网页分为两种类型：静态网页和动态网页。

所谓的静态网页，一般指的是图文相结合的页面，它是一个标准的 HTML 文件，静态网页一经发布，内容就不会再发生变化，不管何时何人访问，显示的都是一样的内容，如果要修改页面，就必须修改源代码并重新发布。静态网页中一般包含文本、图像、声音、动画、客户端执行的脚本等。静态网页访问过程如图 1-2 所示。

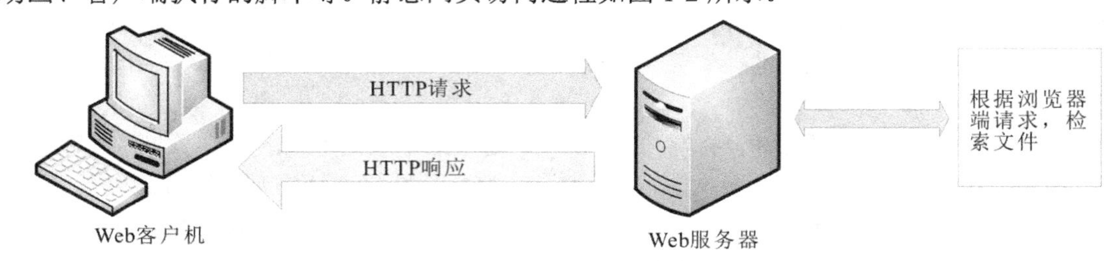

图 1-2　静态网页访问过程

所谓的动态网页，是指跟静态网页相对的一种网页，动态网页会随着时间、环境或者操作的变化，使得同一个页面展示不同的内容。在动态网页中一般会含有与服务器端交互的程序代码，同时大多情况下会结合数据库一起使用，从而实现浏览器端和服务器端交互的目的。动态网页访问过程如图 1-3 所示。

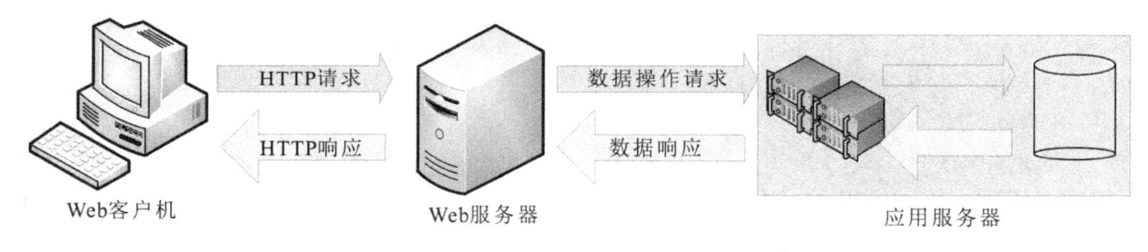

图 1-3　动态网页访问过程

说明：

(1) 相对于动态网页，静态网页更容易被搜索引擎检索，相同环境下，执行效率更高，打开速度更快，但是其内容固定，更新相对繁琐，同时面对复杂功能的应用场景，则实现麻烦，甚至无法实现。

(2) 相对于静态网页，动态网页可以实现更复杂的功能，满足更多应用场景需求，交互能力更强，但其被检索以及执行的效率在相同环境下要逊色于静态网页。

(3) 静态页面和动态页面最本质的区别在于是否具有交互性，用户要根据具体应用场景来选择使用静态网页还是动态网页，一般情况下一个网站会同时包含静态网页和动态网页。

3. 软件编程架构

在软件开发领域，大体分为两大编程架构，一种是基于浏览器的 B/S(Browser/Server)架构，一种是基于客户端的 C/S(Client/Server)架构。

1) B/S 架构

B/S 架构把整个系统分为 B 端和 S 端，即浏览器端和服务器端。运行在浏览器端的语言称为浏览器端语言，运行在服务器端的语言称为服务器端语言。浏览器端和服务器端通

信，共同实现系统功能。在这种体系中，服务器端一般会配备数据库，主要的业务逻辑在服务器端处理，而浏览器端主要负责接收并提交用户请求，响应服务器端返回的数据并渲染，同时为了提高系统的执行效率和用户体验，在浏览器端也会处理一些简单的业务逻辑。B/S 架构的应用只需要通过浏览器即可访问，用户计算机除了浏览器外无需安装任何其他软件，使用方便，具有跨平台性，是目前主流的编程架构。网站就是最常见的一种 B/S 架构的应用，本书内容属于浏览器端范畴。

2) C/S 架构

C/S 架构把整个系统分为 C 端和 S 端，即客户端和服务器端，相对于 B/S 架构应用，客户端代替了浏览器端，也就是说用户的计算机上需要安装客户端软件来和服务器进行通信，实现系统功能。由于客户端运行于用户计算机上，可以充分利用和发挥用户计算机硬件资源，所以具有更好的用户体验，具有更高的安全性，开发成本相对较低，但同时也带来了部署和更新相对困难的问题，无法跨平台。

目前主流的编程架构是 B/S 架构，但是在一些需要更多的访问硬件、对安全性要求较高以及特殊专用程序的场景下，C/S 架构可能更合适。

4. 容易混淆的两组概念

1) 前端与后端

前端与后端属于 B/S 架构应用中的概念，是根据代码运行的位置进行划分的。前端又称为浏览器端，指的是运行在浏览器端的部分。前端一般接收并提交用户请求，响应并渲染服务器端返回的数据，同时进行一些少量的不涉及数据库的逻辑处理。前端浏览器使用的最基本的技术是 HTML、CSS、JavaScript 等。后端又称为服务器端，指的是运行在服务器上的部分，一般会结合数据库一起使用，用于接收前端提交的用户请求，访问数据库，并返回给前端进行渲染，同时大部分的业务逻辑也在后端服务器进行处理。后端服务器使用的技术有很多，常用的有 ASP.NET、JSP、PHP 等。

2) 前台与后台

前台和后台是从系统功能的角度划分的。前台指的是供一般用户浏览使用的部分，后台指的是供特定管理员使用的用来管理前台的部分。前台与后台概念不是 B/S 架构应用特有的概念，C/S 架构应用也有前台与后台之分。以 B/S 架构应用为例，无论是前台系统还是后台系统，都会包含前端代码和后端代码。

1.2 Web 前端技术及标准

1.2.1 Web 前端技术

Web 前端技术有很多，最基础的技术是 HTML、CSS 和 JavaScript，其他的前端技术都是基于这三种技术的封装，或者是对这三种技术的扩展。

1. HTML

HTML(Hyper Text Markup Language，超文本标记语言)是用来描述网页结构的一种标准语言，属于语言的范畴，但又和我们之前所理解的编程语言不同，它是通过一系列的标签来定义页面的基本结构的，例如标题、段落、列表、图片、链接、表格等，目前最新的版本是 HTML5。

2. CSS

CSS(Cascading Style Sheets，层叠样式表)用于控制页面中元素的样式以及页面的整体布局，例如文字的大小、页面的背景、段落的对齐方式等，属于一种描述性语言，主要由一系列选择器和属性及属性值构成，目前最新的版本是 CSS3。

3. JavaScript

JavaScript 是一种脚本编程语言，可以实现页面的一些动态效果、用户的交互功能以及部分浏览器端的逻辑处理等，例如轮播图、内容提交前的校验、页面结构的处理等，目前最主流的版本是 ECMAScript 6。

1.2.2 Web 标准

HTML、CSS、JavaScript 相互独立，但又是一个有机的整体，如果把网页看作是一个人的话，这三种技术就是“骨骼”“外貌”和“行为”。

“骨骼”对应 HTML，主要职责是确定页面的基本结构和内容；

“外貌”对应 CSS，主要职责是把 HTML 定义好的“骨骼”以更好的样式表现出来；

“行为”对应 JavaScript，主要职责是响应用户操作，增加网页交互，提升用户体验。

“骨骼”“外貌”和“行为”用 Web 标准的词语表述就是“结构”“表现”和“行为”，概括地说，“结构”决定了网页的内容“是什么”，“表现”决定了网页的内容“长什么样”，“行为”决定了网页“做什么”。“结构”“表现”和“行为”三者关系如图 1-4 所示。

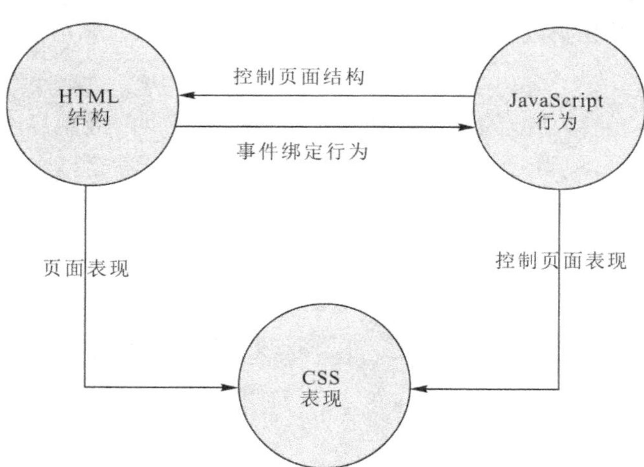

图 1-4 “结构”“表现”和“行为”三者关系

Web 标准指的是由一些国际标准组织制定的一系列技术规范的总称，其中 W3C 制定了 HTML、CSS 的技术标准，目前最新版本分别是 HTML5、CSS3；ECMA 发布了 ECMAScript 标准，ECMAScript 是 JavaScript 的技术标准，JavaScript 是 ECMAScript 的一种具体实现工具，目前主流的版本是 ECMAScript 6。所有标准明确建议“结构”“表现”

和“行为”三者分离，各司其职。

【示例 1-1】 通过一个简单页面三种技术的对比，明确 HTML、CSS、JavaScript 的作用，理解三者分离的优点，如图 1-5～1-7 所示。

Web前端技术

【字体：太 中 小】

Web前端技术有很多，最基础的技术是HTML、CSS和JavaScript，其他的前端技术都是基于这三种技术的封装，或者是对这三种技术的扩展。

HTML(Hyper Text Markup Lanquage,超文本标记语言是用来描述网页结构的一种标准语言，属于语言的范畴，但又和我们之前所理解的编程语言不同，它是通过一系列的标签来定义页面的基本结构，例如标题、段落、列表、图片、链接、表格等，目前最新的版本是HTIML5。

CSS(Cascading stvle sheets,层叠样式表)用于控制页面中元素的样式以及页面的整体布局，例如文字的大小、页面的背景、段落的对齐方式等，属于一种描述性语言，主要由一系列选择器和属性及属性值构成，目前最新的版本是CSS3.

JavaScript是一种脚本编程语言，可以实现页面的一些动态效果、用户的交与功能以及部分浏览器端的逻辑外理等，例如轮播图、内容提交前的校验、页面结构的处理等，目前最主流的版本是ECMAScript6。

图 1-5　HTML 定义页面结构和内容

Web前端技术

【字体：太 中 小】

Web前端技术有很多，最基础的技术是HTML、CSS和JavaScript，其他的前端技术都是基于这三种技术的封装，或者是对这三种技术的扩展。

HTML(Hyper Text Markup Lanquage,超文本标记语言是用来描述网页结构的一种标准语言，属于语言的范畴，但又和我们之前所理解的编程语言不同，它是通过一系列的标签来定义页面的基本结构，例如标题、段落、列表、图片、链接、表格等，目前最新的版本是HTIML5。

CSS(Cascading stvle sheets,层叠样式表)用于控制页面中元素的样式以及页面的整体布局，例如文字的大小、页面的背景、段落的对齐方式等，属于一种描述性语言，主要由一系列选择器和属性及属性值构成，目前最新的版本是CSS3.

JavaScript是一种脚本编程语言，可以实现页面的一些动态效果、用户的交与功能以及部分浏览器端的逻辑外理等，例如轮播图、内容提交前的校验、页面结构的处理等，目前最主流的版本是ECMAScript6。

图 1-6　加入 CSS 后页面的表现

Web前端技术

【字体：太 中 小】

Web前端技术有很多，最基础的技术是HTML、CSS和JavaScript，其他的前端技术都是基于这三种技术的封装，或者是对这三种技术的扩展。

HTML(Hyper Text Markup Lanquage,超文本标记语言是用来描述网页结构的一种标准语言，属于语言的范畴，但又和我们之前所理解的编程语言不同，它是通过一系列的标签来定义页面的基本结构，例如标题、段落、列表、图片、链接、表格等，目前最新的版本是HTIML5。

CSS(Cascading stvle sheets,层叠样式表)用于控制页面中元素的样式以及页面的整体布局，例如文字的大小、页面的背景、段落的对齐方式等，属于一种描述性语言，主要由一系列选择器和属性及属性值构成，目前最新的版本是CSS3.

JavaScript是一种脚本编程语言，可以实现页面的一些动态效果、用户的交与功能以及部分浏览器端的逻辑外理等，例如轮播图、内容提交前的校验、页面结构的处理等，目前最主流的版本是ECMAScript6。

图 1-7　加入 JavaScript 后的交互行为

示例说明：

(1) 图 1-5 所示页面只使用了 HTML 中的标题、段落、超链接等标签，定义了页面的基本结构。

(2) 图 1-6 所示页面是在图 1-5 所示页面基础上加入了 CSS，设置了标题的居中、段落的外边距及首字母缩进等样式。

(3) 图 1-7 所示页面是在图 1-6 所示页面基础上加入了如下脚本，实现了页面文字字号的大中小切换。

```
<script>
    function setFontSize(objClass, size) {
        var op = document.getElementsByClassName(objClass)
        for (var i = 0; i < op.length; i++) {
            op[i].style.fontSize = size + 'px'
        }
    }
</script>
```

1.3 Web 前端工具

Web 前端开发，需要用到两类工具，一类是用于编写代码的开发工具，一类是用于运行代码的运行工具。

1.3.1 开发工具

前端开发工具是指用于编写 HTML、CSS 及 JavaScript 等代码的工具。常用的有记事本、HBuilder、EditPlus、Sublime Text、Dreamwaver、Visual Studio Code、WebStorm 等。本书所有案例均采用 HBuilder 开发工具编写。

HBuilder 是一款由 DCloud(数字天堂)公司推出的优秀的国产 Web 开发 IDE，支持智能语法补全、语法高亮显示、丰富的插件资源，绿色安装，易于使用，是一款非常适合初学者学习和使用的前端开发工具，目前最新的版本是 HBuilder X。

1. 软件安装

HBuilder 官网是 https://www.dcloud.io，前端开发推荐使用 HBuilder X 版本，官网下载后，无需安装，解压到合适目录后即可使用。

2. 软件首页

双击 HBuilder X 图标，可快速启动，软件界面清爽简洁，默认绿柔主题，用户可以根据个人喜好，自行设置其他主题，软件首页如图 1-8 所示。

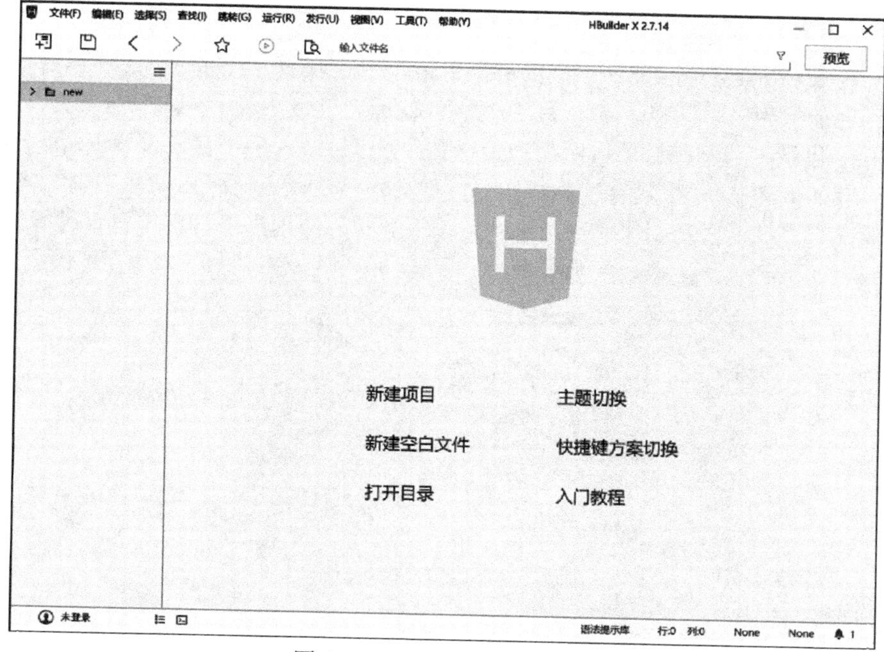

图 1-8　HBuilder X 运行首页

3. 创建项目

打开【新建项目】窗口，选择【普通项目】中的【基本 HTML 项目】，并在项目名称的位置上填写项目名称，项目地址可以点击【浏览】选择项目存放的位置，如图 1-9 所示。

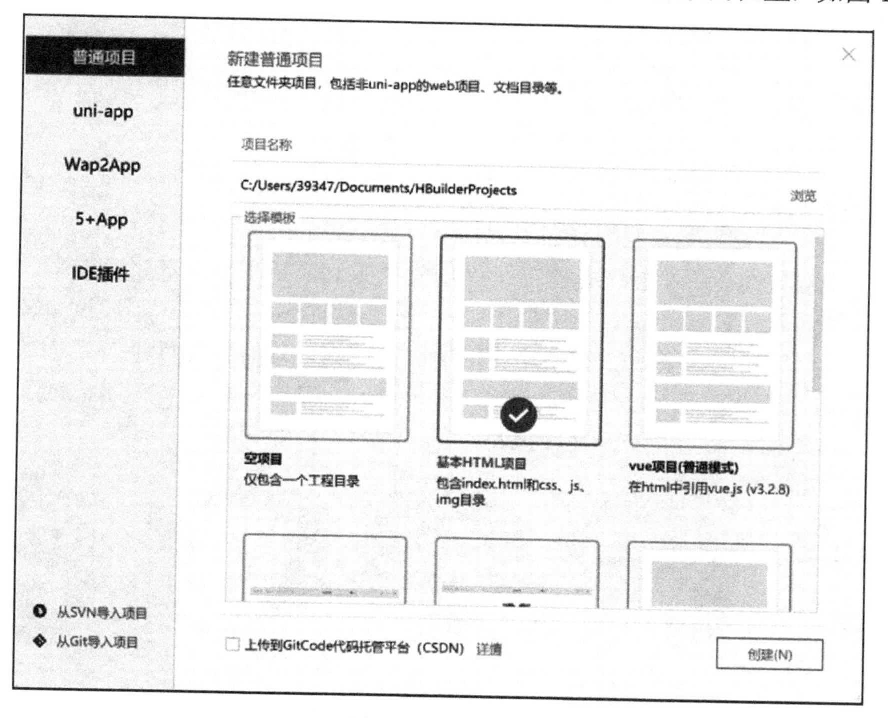

图 1-9　创建项目

4. 项目结构

项目创建成功后，会自动在所选择的目录中新建一个以项目名称命名的项目目录，默认情况下，项目目录中会自动创建 3 个子目录，分别是 css、img 和 js，其中 css 目录中用于存放 css 文件，img 目录中用于存放项目所需的素材文件，js 目录中用于存放 JavaScript 文件。同时会在项目根目录下，创建一个具有基本结构的首页文件 index.html 文件。项目基本结构如图 1-10 所示。特别说明，以上自动创建的目录结构可以根据实际应用需求，用户自行进行修改。

图 1-10 项目基本结构

1.3.2 运行工具

浏览器是网页的运行平台，是实现页面渲染的工具，用户只有通过浏览器，才能实现页面的浏览和访问。Web 开发人员需要了解不同浏览器的内核特点、不同浏览器之间的差异性以及不同浏览器的市场份额和用户使用情况，这样才能有针对性地开发出兼容性更好的页面。目前主流的浏览器有 Microsoft 的 Edge、Google 的 Chrome、Apple 的 Safari、OperaSoftware 的 Opera、Mozilla 的 Firefox 等，如图 1-11 所示。

图 1-11 主流浏览器图标

浏览器内核包括两部分，渲染引擎和 JS 引擎。渲染引擎负责取得网页的内容(HTML、XML、图像等)、整理信息(加入 CSS 等)、计算网页的显示方式以及显示网页。JS 引擎通过解析和执行 JavaScrip 代码块来实现网页的动态效果。最开始渲染引擎和 JS 引擎并没有很明确的区分，后来 JS 引擎越来越独立，内核就倾向于只指渲染引擎。

由于不同浏览器内核不同，同样的页面在不同的浏览器上，甚至是相同浏览器的不同版本上，显示效果可能会有差别，因此前端开发需要考虑兼容性。主流浏览器的内核如表 1-1 所示。

表 1-1 主流浏览器的内核

浏览器内核	浏览器	CSS3 前缀
Webkit	Safari Chrome	-webkit-
Gecko	Firefox	-moz
Presto	Opera	-o-
Trident	IE、Edge	-ms-

本 章 小 结

本章简要阐述了 Web 前端的发展历史，详细介绍了 Web 前端相关的基本概念以及 Web 前端基础技术(HTML、CSS、JavaScript)及标准，同时对 Web 前端所涉及的开发工具和运行工具进行了初步介绍，为学习后续知识打下了坚实的基础。

习题与实验 1

一、选择题

1. 下列选项属于 Web 前端概念的是(　　)。

A. 数据库管理　　B. 网页设计
C. 网络架构　　D. 系统集成

2. 下列时期被认为是 Web 1.0 的发展阶段的是(　　)。

A. 1991～2004 年　　B. 2005～2015 年
C. 2016～2021 年　　D. 2022 年至今

3. 下列 Web 页面类型主要被用于电子商务网站的是(　　)。

A. 静态网页　　B. 动态网页
C. 响应式网页　　D. 交互式网页

4. JavaScript 属于(　　)。

A. 编译型语言　　B. 解释型语言
C. 混合型语言　　D. 运行型语言

5. 下列概念中与“前后台”相关的是(　　)。

A. 前端开发　　B. 后端开发

C. 云计算　　D. 人工智能

6. 下列 Web 特性中使得用户可以在不刷新页面的情况下更新内容的是(　　)。

A. 动态性　　B. 交互性

C. 响应式设计　　D. AJAX

7. 下列技术中使得 Web 开发者可以创建动态生成的 Web 页面的是(　　)。

A. HTML　　B. CSS

C. JavaScript　　D. PHP

8. 下列标准组织中主要负责维护和定义 Web 技术规范的是(　　)。

A. W3C　　B. IETF

C. ICANN　　D. ISOC

二、填空题

1. Web 前端开发所包括的三大基础技术是 __________、__________和__________。

2. HTML 是指__________，CSS 是指__________，JavaScript 是指__________。

3. __________年，万维网联盟(W3C)发布了第一个 Web 标准。

4. HTML 文档包括__________和__________两部分。

三、实验题

创建一个以学号为项目名称的 HTML 基本项目。

第2章

HTML 基 础

思维导图

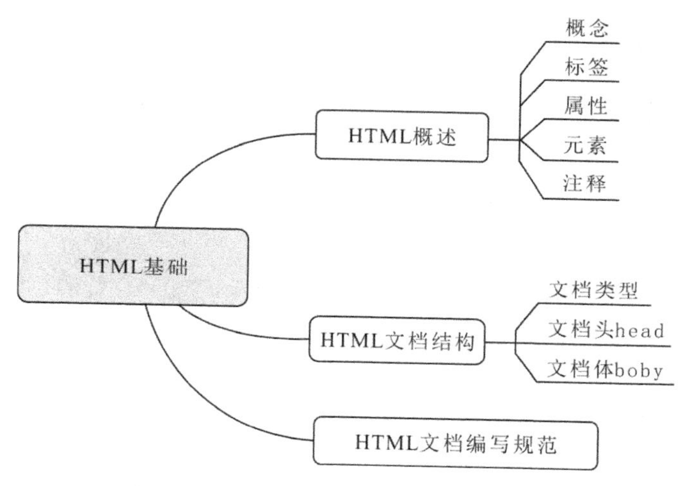

学习目标

(1) 了解 HTML 的基本概念。
(2) 了解 HTML 的标签、属性及元素。
(3) 掌握 HTML 的基本结构。

在第 1 章中，我们介绍了 Web 的相关知识，包括 Web 的发展史、基本概念、标准、开发工具以及运行工具。本章我们将揭开 HTML 的神秘面纱，深入了解 HTML 相关概念以及文档的基本结构。通过本章的学习，可以设计一个简单的网页。

2.1 HTML 概 述

2.1.1 HTML 概 念

HTML 即超文本标记语言(HyperText Markup Language)，是一种用于描述网页的标准语言。其中的“超文本”指的是可以通过超链接的形式，将各种页面资源有机地组织在一起；“标记”指的是 HTML 是通过一些具有特定功能的标签来描述页面的构成，如标题、段落、图片等。通过编写 HTML 页面，可以建立 Web 站点，HTML 页面运行在浏览器上，由浏览器解析执行。

HTML 的命名规则：

(1) 文件的扩展名为 html 或者 htm，建议统一用 html 作为文件名的后缀。

(2) 文件名中只可由英文字母、数字或下划线组成，建议以字母或下划线开始。

(3) 文件名中不能包含特殊符号，如空格、$、&等。

(4) 文件名区分大小写，特别在 Unix、Linux 系统中大小写表示的文件名不同。

(5) Web 服务器首页一般命名为 index.html 或 default.html。

2.1.2　HTML 标签

HTML 标签是由尖括号包围的关键词，不同的标签名代表不同的含义，具有不同的功能。标签也可称为“标记”，本书统一约定为标签。<html>、<head>、<body>等都是标签。标签通常分为单标签和双标签两种类型。

1. 单标签

单标签仅单独使用就可以表达完整的意思。W3C 定义的新标准(XHTML1.0/HTML4.01)建议单标签应以“/”结尾，即<标签名称/>，但在最新的 HTML5 规范中明确建议单标签省略“/”，所以建议在实际开发中不要给单标签添加“/”。常用的单标签如表 2-1 所示。

表 2-1　常用的单标签

标　　签	含　　义
<hr>	分割线
 	段内回车
<link>	定义当前文档与 Web 集合中其他文档的关系，只出现在<head>头部
<meta>	<meta>元素是元数据的缩写，用来描述其他数据的数据。在 HTML 文档中，<meta>描述 HTML 文档的内容。一个<head>元素可以包含多个<meta>元素，每个<meta>元素使用的键值对结构提供了单个的数据点
<input>	用于搜集用户的信息，根据不同的 type 属性值分为很多种
<img>	图像

2. 双标签

双标签由开始标签和结束标签两部分组成，必须成对使用。开始标签也称为始标签，始标签告诉 Web 浏览器从此处开始执行该标签所表示的功能；结束标签也称为尾标签，尾标签告诉 Web 浏览器在这里结束该标签功能。常用的双标签如表 2-2 所示。

表 2-2　常用的双标签

标　签	含　义
<html>	该元素包含整个页面的内容，也称作根元素
<body>	定义文档主体，即页面可见内容
<title>	定义文档的标题
<head>	该元素的内容对用户不可见，包含面向搜索引擎的搜索关键字(keywords)、页面描述、CSS 样式表和字符编码声明、文档标题等
<span>	没有实际意义，通常与 CSS 结合使用为文本设置样式
<div>	定义 HTML 文档中的一个分隔区块或者一个区域部分，用于网页布局
<p>	标识一个段落
<a>	链接，实现页面跳转
<h1>～<h6>	文本标题
<strong>	强调内容
<b>	文字加粗
<table>	表格
<form>	表单
<vedio>	视频

基本语法：

```
<标签名>内容</标签名>
```

语法说明：

(1) “内容”部分就是要被这对标签施加作用的部分。

(2) 双标签应该正确地嵌套。例如，<p><b>Bold Text</b></p>是正确的，而<p><b>Bold Text</p></b>是错误的。

2.1.3 HTML 属性

HTML 属性用于描述 HTML 标签的具体特征，是 HTML 标签提供的附加信息。属性一般位于开始标签内或单标签内，由属性名和属性值两部分构成，属性名和属性值用“=”连接，属性值用双引号括起来。一个标签可以同时拥有多个属性，多个属性用空格隔开，不分先后顺序，如图 2-1 所示。

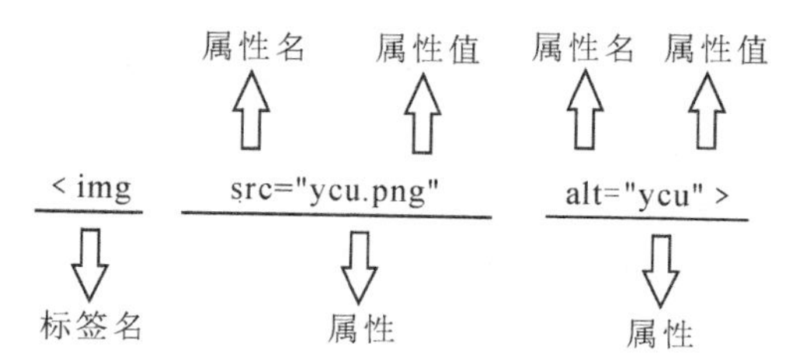

图 2-1　标签属性示例

2.1.4 HTML 元素

HTML 元素指的是从开始标签(start tag)到结束标签(end tag)的所有代码。

基本语法：

```
<标签名 属性1=属性值1 属性2=属性值2...> 内容 </标签名>
```

语法说明：

(1) HTML 元素以开始标签起始。

(2) HTML 元素以结束标签终止。

(3) 元素的内容是开始标签与结束标签之间的内容。

(4) 某些 HTML 元素具有空内容(empty content)。

(5) 空元素在开始标签中进行关闭(以开始标签的结束而结束)。

(6) 大多数 HTML 元素可拥有属性。

(7) 大多数 HTML 元素可以嵌套(HTML 元素可以包含其他 HTML 元素)。

2.1.5 HTML 注释

HTML 注释用来对代码进行解释和说明，在 HTML 代码中插入注释标签可以提高代码的可读性。浏览器不会解析注释标签，注释标签的内容也不会显示在页面上。

HTML 代码中添加注释的方法有 2 种。

1. <!-- 注释信息 -->

基本语法：

```
<!--注释内容 -->
```

语法说明：

以左尖括号和感叹号组合“<!--”开始，以右尖括号“-->”结束。

2. <comment>标签

基本语法：

```
<comment>注释内容</comment>
```

语法说明：

(1) <comment>标签是双标签，以<comment>开始，以</comment>结束。标签包围的信息为注释内容。

(2) 这种方式很多浏览器(Chrome 等)会显示在页面上，不建议采用。

2.2 HTML 文档结构

一个完整的 HTML 文档由文档类型、文档头<head>以及文档体<body>三个部分组成。文档类型用于告诉浏览器以什么标准来解析当前页面；文档头<head>中，可定义标题、样式以及提供给搜索引擎使用的一些信息；文档体<body>中，可定义段落、标题字、超链接、脚本、表格、表单等元素，文档体中的内容是网页最终要显示的信息。一个基本的 HTML 文件结构如下面代码所示。

```
<!DOCTYPE html>
<html>
    <head>
```

```
        <meta charset="utf-8">
        <title>Web 前端技术</title>
    </head>
    <body>
      …
    </body>
</html>
```

2.2.1　文档类型

<!DOCTYPE>标签是一种通用标记语言的文档类型声明，其作用是指定浏览器解析文档使用的 HTML 和 XHTML 规范。从 Web 诞生至今，HTML 版本也不断更新，下面列出几种常用的声明。

(1) <!DOCTYPE HTML PUBLIC "-//W3C//DTD HTML 4.01 Transitional//EN" "http://www.w3.org/TR/html4/loose.dtd">表示浏览器会按照 HTML4.01 标准解析当前文件。

(2) <!DOCTYPE HTML PUBLIC "-//W3C//DTD XHTML 1.0 Transitional//EN" "http://www.w3.org/TR/xhtml1/DTD/xhtml1-transitional.dtd">表示浏览器会按照 XHTML1.0 标准解析当前文件。

(3) <!DOCTYPE html>表示浏览器会按照 HTML5 的标准来解析当前文件，该文档类型是目前主流的 HTML 文档类型。

2.2.2　文档头<head>

HTML 文档头中主要包含页面标题标签、元信息标签、样式标签、脚本标签、链接标签等。头部标签所包含的信息不会显示在网页上。

1. <meta>标签

<meta>标签是单个标签，位于文档头中，用来描述一个 HTML 网页文档的属性，也称为元信息(meta-information)，主要提供页面关键词及描述信息、页面中字符集的编码方式及模拟 HTTP 响应头等功能。

基本语法：

```
<meta name=""  content=""  charset=""  http-equiv="">
```

语法说明：

(1) <meta>标签的 name 属性。

通过<meta>标签的 name 和 content 属性，可以添加与该页面相关的关键词及描述等信息，方便搜索引擎进行搜索。例如搜狐网头部有以下代码定义。

```
<meta name="keywords" content="搜狐,门户网站,新媒体,网络媒体,新闻,财经,体育,娱乐,时尚,汽车,房产,科技,图片,论坛,微博,博客,视频,电影,电视剧">
<meta name="description" content="搜狐网为用户提供24小时不间断的最新资讯，及搜索、邮件等网络服务。内容包括全球热点事件、突发新闻、时事评论、热播影视剧、体育赛事、行业动态、生活服务信息，以及论坛、博客、微博、我的搜狐等互动空间。">
```

name 属性除了可以设置为 keywords、description 之外，还可以设置为 auth、generator、copyright 等，用于添加页面的作者、编辑器以及版权等信息。

(2) <meta>标签的 charset 属性。

通过<meta>标签的 charset 属性，可以定义页面中字符集的编码方式，可供选择的编码方式有很多，例如 GBK、GBK 2312、Unicode、utf-8 等，但是为了保证页面在各种场景下能够正常显示，不出现乱码，建议使用 utf-8 编码方式，utf-8 是一种针对所有语言字符集的编码方式，可以应对各种语言，是目前一种主流的规范编码方式。

(3) <meta>标签的 http-equiv 属性。

通过<meta>标签的 http-equiv 属性，可以向浏览器传回一些有用的信息，用于模拟一个 HTTP 响应头，与之对应的属性值为 content，content 中的内容其实就是各个参数的变量值。

例如：

```
<meta http-equiv="expires" content="Wed, 20 Jun 2023 22:33:00 GMT">
```

可以用于设定当前页面的到期时间。一旦过期，必须到服务器上重新加载。

2. <title>标签

<title>标签是一个双标签，<title>标签中的内容会显示在浏览器的标题栏上，一般用于显示网站或 Web 系统的名称。

2.2.3　文档体<body>

文档体<body>是一个 Web 页面的主要部分，其中内容是最终呈现给用户的信息。所有 HTML 文档的主体部分都是由<body>标签定义的。在文档体<body>标签中可以放置几乎所有的内容，如图片、图像、表格、文字、超链接等元素。

1. <body>标签

基本语法：

```
<body>
    ...
</body>
```

语法说明：

(1) ＜body＞是开始标签，＜/body＞是结束标签。

(2) 标签包括的内容为网页上显示的信息。

2. <body>标签属性

设置<body>标签属性可以改变页面的显示效果。<body>标签的主要属性有 text、bgcolor、background、link、alink、vlink、topmargin、leftmargin 等。后期可以使用 CSS 属性替代。

基本语法：

```
<body text="" bgcolor="" background="" link="" alink="" vlink="" topmargin="" leftmargin=""   >
```

语法说明：

(1) text：设置文档的文本颜色。

(2) bgcolor：设置背景颜色。

(3) background：设置背景图片。

(4) link：设置链接文字颜色。

(5) alink：设置正被点击的链接文字颜色。

(6) vlink：设置已经访问过的链接文字颜色。

(7) topmargin：设置文档顶部的留白距离。

(8) leftmargin：设置文档左侧的留白距离。

2.3 HTML 文档编写规范

HTML 文档编写应遵循以下规范：

(1) 所有标签均以“<”开始、以“>”结束。

(2) 根据标签类型，正确输入标签，单标签最好省略“/”，如换行标签是单标签
；双标签最好同时输入起始标签和结束标签，以免忘记。

(3) 标签可以嵌套使用，但不能交叉使用。

(4) 在 HTML 代码中不区分大小写，建议所有标签全部小写。

(5) 代码中包含任意多的回车符和空格在 HTML 页面显示时均不起作用。

(6) 标签中可以设置各种属性，属性值建议用双引号标注起来。

(7) 书写开始与结束标签时，在左尖括号与标签名或与斜杠“/”之间不能留有多余空格，否则浏览器标签不能识别，导致错误标签直接显示在页面上，影响页面美观效果。

(8) 编写 HTML 代码时，应该使用锯齿结构，即采用缩进风格，使代码结构清晰，便于理解和分析页面的结构，便于代码后期阅读和维护。

本 章 小 结

在本章节的学习中，我们深入了解了 HTML 的基础知识，包括 HTML 的基本概念、HTML 标签的分类、属性的构成，以及 HTML 文档的基本结构。通过学习，我们掌握了如何正确使用 HTML 标签以及如何通过标签的属性来进一步定义标签的行为和样式。此外，我们还了解了文档头和文档体的基本构成，并学习了如何编写一个基本的 HTML 文档。这些知识为后续学习网页设计和开发打下了坚实的基础，让我们能够更好地理解和掌握网页的构建和设计。

习题与实验 2

一、选择题

1. HTML 的全称是(　　)。

A. Hyper Text Markup Language

B. Hyper Text Transfer Protocol

C. Hyper Text Markup Hyperlink

D. Hyper Text Markup Language Toolkit

2. 下列标签中属于单标签的是(　　)。

A. <p>　　B. <div>　　C. <img>　　D.

3. 下列标签中属于双标签的是(　　)。

A. <p>　　B. <div>

C. <img src="example.jpg">　　D.

4. 标签的属性通常定义在(　　)。

A. 文档头　　B. 双标签的起始标签

C. 双标签的结束标签　　D. 文档体

5. 下列标签中用来定义 HTML 文档头的是(　　)。

A. <head>　　B. <body>　　C. <html>　　D. <title>

6. 下列标签中用来定义 HTML 文档体的是(　　)。

A. <head>　　B. <body>　　C. <html>　　D. <title>

7. 文档类型声明<!DOCTYPE html>的作用是(　　)。

A. 告知浏览器该文档使用的是 HTML5 规范

B. 定义文档的字符集

C. 设置视口

D. 告知浏览器该文档使用的是旧版 HTML 规范

8. HTML 文档的基本结构包括(　　)。

A. 文档类型、文档头、文档体

B. 文档头、文档体、HTML 注释

C. 文档类型、文档头、文档体、HTML 注释

D. 文档类型、文档头、文档体、CSS 注释

二、填空题

1. HTML 是一种用来描述和定义____________的标记语言。

2. HTML 文档的基本结构通常包括_________和_________两个部分。

3. HTML 中的前后端区别在于，前端主要关注的是_________和_________，而后端则主要关注的是_________和_________。

4. HTML 多个属性之间分隔用_________。

三、实验题

实验任务：创建一个基本的 HTML 文档，包括文档类型声明、文档头和文档体，并使用标签的属性来添加一些元素样式。

实验要求：

(1) 在文档头部分添加一个标题，使用<title>标签来指定文档的标题，如“我的网页”。

(2) 在文档体部分添加一个段落，使用<p>标签来定义一段文本，如“欢迎来到我的网页！”。

(3) 在该段落中添加一个链接，使用<a>标签来链接到一个外部网页。

第 3 章

HTML 常用标签

思维导图

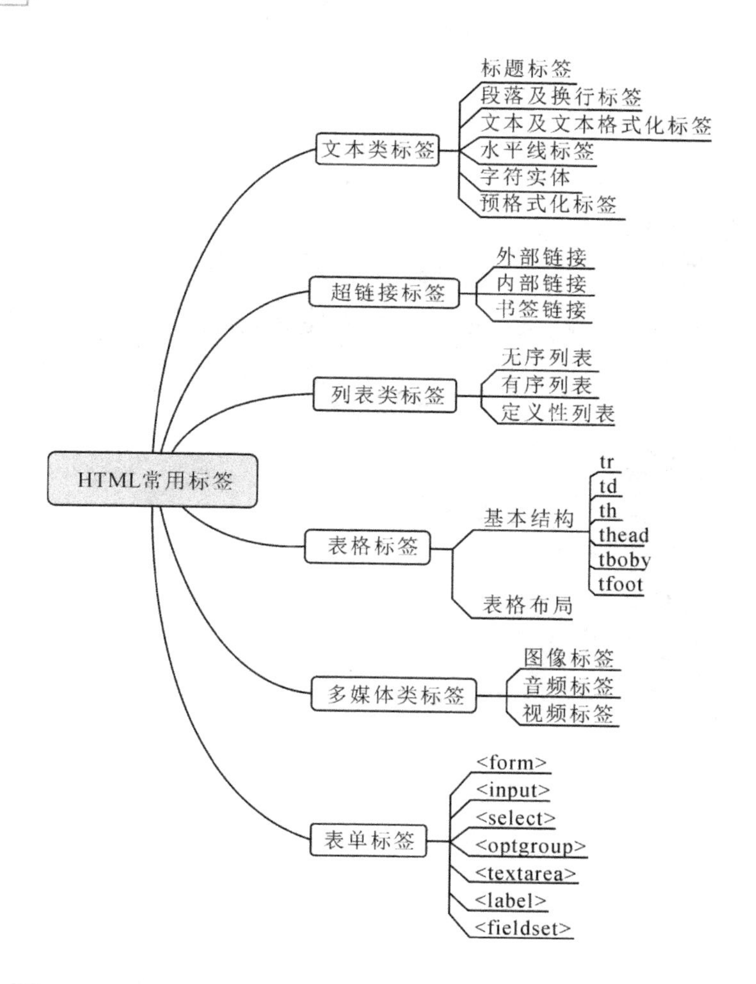

学习目标

(1) 掌握文本类标签。

(2) 掌握三种超链接类型：外部链接、内部链接、书签链接。
(3) 掌握列表类标签。
(4) 掌握表格类标签，了解基于表格的布局。
(5) 了解多媒体类标签。
(6) 掌握表单相关标签。

在第 2 章中，我们学习了 HTML 的基础知识，包括 HTML 的基本概念、标签的分类、属性的构成，以及 HTML 文档的基本结构。本章我们将深入探讨 HTML 的常用标签，学习如何使用这些标签来创建丰富多样的网页内容。通过本章的学习，将掌握 HTML 常用标签的用法，并能够灵活地运用它们来设计网页布局和展示文本、图像、链接、表格、表单等元素。

3.1　文本类标签

通常浏览网页时(如图 3-1)，我们经常可以看见文章的标题，副标题，水平线，文本内容等元素，本节将展开介绍构成这些页面元素的文本类标签：标题标签、段落及换行标签、文本及文本格式化标签、水平线标签、字符实体及预格式化标签等。

图 3-1　网页示例

3.1.1　标题标签

标签：<h#></h#>

标签说明：标题标签<h#>属于双标签，共有 6 级标题，分别是 h1～h6，默认情况下，h1 标题字号最大，h6 标题字号最小，且每级标题都加粗显示。标题标签拥有确切的语义，在具体使用过程中要慎重地选择恰当的标签层级来构建文档的结构。

基本语法：

```
<h#>标题文字</h#>
```

标题标签常用属性如表 3-1 所示。

表 3-1　标题标签常用属性

属　　性	值	描　　述
align	left	文本左对齐
	right	文本右对齐
	center	文本居中
	justify	文本两端对齐

【示例 3-1】 展示 6 级标题的页面效果，并且利用 align 属性实现标题在页面中不同的对齐方式，显示效果如图 3-2 所示。

核心代码如下：

```
<body>
    <h1>一级标题</h1>
    <h2 align="left">二级标题</h2>
    <h3 align="right">三级标题</h3>
    <h4 align="center">四级标题</h4>
    <h5 align="justify">五级标题</h5>
    <h6>六级标题</h6>
</body>
```

一级标题

二级标题

三级标题

四级标题

五级标题

六级标题

图 3-2　标题 h1～h6 多种对齐方式

3.1.2　段落及换行标签

用户是通过浏览页面获取信息的，页面中文字必不可少，页面是否美观，很大程度上取决于文字的排版，在排版过程中，需要使用与段落相关的标签。

1. 段落标签

标签：<p></p>

标签说明：段落标签<p>属于双标签，用于将文字划分成一个段落，一个段落结束，默认自动换行。

基本语法：

```
<p>段落正文内容</p>
```

段落标签常用属性如表 3-2 所示。

表 3-2 段落标签常用属性

属性	值	描述
align	left	文本左对齐
	right	文本右对齐
	center	文本居中
	justify	文本两端对齐

【示例 3-2】 设置段落文字的对齐方式。

核心代码如下：

```
<body>
  <p align="justify">山西省运城市盐湖区复旦西街 1155 号；邮政编码:044000</p>
</body>
```

2. 换行标签

标签：

标签说明：换行标签
属于单标签，用于实现段内换行。在 HTML 文档中，插入换行标签
的作用和普通文档插入回车的作用一样，都表示强制性换行。

基本语法：

```
<br>
```

【示例 3-3】 展示<p>标签和
标签的使用方法。

核心代码如下：

```
<body>
    <p>
        山西省运城市盐湖区复旦西街 1155 号;邮箱编码:044000<br>
        联系电话：0359-2090418;传真电话：0359-2090378
    </p>
</body>
```

3.1.3 文本及文本格式化标签

1. 文本标签

标签：<font></font>

标签说明：文本标签<font>属于双标签，用于设置文本的字体、字号、颜色等，所有浏览器均支持<font>标签。

基本语法：

```
<font face=""  size=""  color=""></font>
```

文本标签常用属性如表 3-3 所示。

表 3-3　文本标签常用属性

属　　性	值	描　　述
face	font-family	设置文本的字体,如楷体、宋体、黑体等
size	1～7	设置字号大小

color	颜色名称
	#rrggbb
	rgb(r,g,b)
		设置字体颜色

2. 文本格式化标签

文本格式化标签就是针对文本进行各种格式化的标签，例如：加粗、斜体、上标、下标等。常用的文本格式化标签如表 3-4 所示。

表 3-4　常用的文本格式化标签

标　　签	描　　述	标　　签	描　　述
<b>	定义粗体	<strong>	定义加重语气，显示效果同<b>
<i>	定义斜体	<em>	定义加重语气，加重级别相对于<strong>标签稍弱，显示效果同<i>
<sub>	定义下标	<sup>	定义上标
<small>	定义小号字	<big>	定义大号字
<del>	加删除线方式	<ins>	定义插入文本

说明：

(1) <b>和<strong>标签定义的文本默认情况下会呈现出同样的加粗样式，但<strong>标签具有加重语气，起强调的作用。

(2) <i>和<em>标签定义的文本默认情况下会呈现出同样的斜体样式，但<em>标签和<strong>标签类似，也具有加重语气，起强调的作用，只是其加重级别相对于<strong>标签稍弱。

(3) <small>和<big>标签功能类似，<small>标签用于缩小字号，<big>标签用于放大字号。如果被包围的文字已经是字体模型所支持的最小字号，那么 <small> 标签将不起任何作用。 <big> 和<small> 标签也可以嵌套，从而连续地把文字缩小。每个 <small> 标签都把文本的字号变小一号，直到达到字号的最下限。

(4) <del>和<ins>标签一般会一起使用，用来描述文档中的更新和修正。

【示例 3-4】 展示表 3-4 中的文本格式化标签的使用方式，显示效果如图 3-3 所示。

核心代码如下：

```
<body>
    <b>轻舟已过万重山 加粗</b><br>
    <strong>轻舟已过万重山 加粗 有意义</strong><br>
    <i>轻舟已过万重山 斜体</i><br>
    <em>轻舟已过万重山 斜体 有意义</em><br>
    轻舟已过万重山是一所<del>师范类</del><ins>综合类</ins>高校<br>
```

```
    A<sup>2</sup><br>
    A<sub>2</sub><br>
    <small>轻舟已过万重山 比现有字号小一号</small><br>
    <big>轻舟已过万重山 比现有字号大一号</big>
</body>
```

轻舟已过万重山 加粗
轻舟已过万重山 加粗 有意义
轻舟已过万重山 斜体
轻舟已过万重山 斜体 有意义
轻舟已过万重山是一所师范类综合类高校
A^2
A_2
轻舟已过万重山 比现有字号小一号
轻舟已过万重山 比现有字号大一号

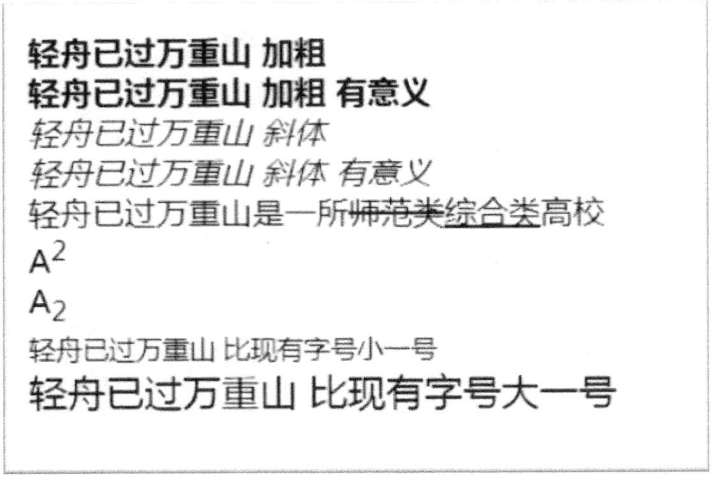

图 3-3　文本格式化标签

3.1.4　水平线标签

标签：<hr>

标签说明：水平线标签<hr>属于单标签，可以在浏览器上显示一条线段，用来分隔不同的区域。

基本语法：

```
<hr align=""  noshade  size=""  width=""  color="">
```

水平线标签常用属性如表 3-5 所示。

表 3-5　水平线标签常用属性

属　性	值	描　述
align	left right center	水平线的排列
noshade	noshade	水平线是否显示阴影
size	像素值	水平线高度(厚度)，默认为 2px
width	像素值 百分比	水平线宽度，默认为 100%
color	颜色名称 十六进制#rrggbb rgb(r,g,b)	水平线颜色

3.1.5　字符实体

在 HTML 中，存在一些具有特殊含义的字符，比如“<”和“>”用于定义 HTML 标签，这些字符无法直接使用，如果需要在页面中显示这些字符，就必须使用字符实体。常用的字符实体如表 3-6 所示。

表 3-6　常用的字符实体

显示结果	描　述	实体名称	实体编号
	空格		
<	小于号	<	<
>	大于号	>	>
&	和号	&	&
"	引号	"	"
'	撇号	' (IE 不支持)	'
¢	分	¢	¢
£	镑	£	£
¥	人民币/日元	¥	¥
€	欧元	€	€
§	小节	§	§
©	版权	©	©
®	注册商标	®	®
™	商标	™	™
×	乘号	×	×
÷	除号	÷	÷

字符实体可以使用实体名称，也可以使用实体编号，使用实体名称便于记忆，且可读性好，但是其兼容性没有使用实体编号好，具体使用过程中可根据实际情况选择。

【示例 3-5】 利用字符实体在页面输出标签，显示效果如图 3-4 所示。

核心代码如下：

```
<body>
    <p>
        &lt;b&gt;和 &lt;strong&gt;标签主要的区别是是否具有语义。
    </p>
</body>
```

<b>和 <strong>标签主要的区别是是否具有语义。

图 3-4　字符实体

示例说明：

“<”对应表 3-6 中的“<”，“>”对应表 3-6 中的“>”。若将“<”修改为“<”，

“>”修改为“>”，其效果是一样的。

3.1.6　预格式化标签

标签：<pre></pre>

标签说明：预格式化标签<pre>属于双标签，可定义预格式化的文本。被包围在<pre>标签中的文本通常会保留空格和换行符，而文本也会呈现为等宽字体。<pre> 标签的一个常见应用就是用来显示计算机的源代码。

【示例 3-6】 演示<pre>标签对空行和空格的控制，其效果如图 3-5 所示。

核心代码如下：

```
<body>
    <pre>
        此例演示如何使用<pre>标签
        对空行和      空格
        进行控制
    </pre>
</body>
```

此例演示如何使用<pre>标签
对空行和　　　空格
进行控制

图 3-5　预格式化标签

3.1.7　综合案例

根据本节所学的文本类标签，可以实现如图 3-6 所示的新闻网页。

为什么要学Web前端?

如今，在互联网高速发展的情况下，越来越多的传统行业都选择将业务与互联网相结合，电脑端的和移动端相辅相成的用户体验，更使得Web前端开发这一职业越来越受到企业们的重视，而最近几年，各种前端框架层出不穷，H5开发模式也越来越流行，由此可见大前端时代已经到来。

但是对刚接触这一行的人来说，Web前端到底是什么？它的就业前景是怎样的呢？下面，就让我们来了解一下。

什么是前端开发?

前端开发，简单来说，就是把平面效果图转换成网页，把静态转换成动态。早期的网页制作主要内容都是静态的，以文字图片为主，用户使用网站也以浏览为主。随着互联网的发展，现代网页更加美观，交互效果显著，而优秀的前端开发可以保障实现这些效果的同时，也不影响网站的打开速度、浏览器兼容性还有搜索引擎的收录，还可以让用户体验更加舒适，使网站在访问中显得更精细、更用心，访客使用起来更简便。

图 3-6　综合案例

核心代码如下：

```
<body>
    <h1 align="center">为什么要学 Web 前端？</h1>
    <hr>
    <p>
               如今，在互联网高速发展的情况下，越来越多的传统行业都选择将业务与互联网相结合，电脑端的和移动端相辅相成的用户体验，更使得 Web 前端开发这一职业越来越受到企业们的重视，而最近几年，各种前端框架层出不穷，H5 开发模式也越来越流行，由此可见大前端时代已经到来。
    </p>
    <p>
               但是对刚接触这一行的人来说，Web 前端到底是什么？它的就业前景是怎样的呢？下面，就让我们来了解一下。
    </p>
    <h2>什么是前端开发？</h2>
    <p>
               前端开发，简单来说，就是把平面效果图转换成网页，把静态转换成动态。早期的网页制作主要内容都是静态的，以文字图片为主，用户使用网站也以浏览为主。随着互联网的发展，现代网页更加美观，交互效果显著，而优秀的前端开发可以保障实现这些效果的同时，也不影响网站的打开速度、浏览器兼容性还有搜索引擎的收录，还可以让用户体验更加舒适，使网站在访问中显得更精细、更用心，访客使用起来更简便。
    </p>
    <p align="center"><img height="560px"; width="640px" src="tp.jpg"></p>
</body>
```

案例说明：

该案例由两个标题、三个段落以及一张图片构成，通过设置<h1>标签的 align 属性让标题居中显示；利用“ ”实现首行缩进两个字符；<img>标签的 height 和 width 属性设置显示图片的高度和宽度，src 属性为显示图片的存储路径。

3.2　超链接标签

超链接可以是一个字、一个词、一组词或一幅图像等，点击这些内容可以跳转到另一个文档或当前文档的特定部分。由于单个页面无法容纳网站所需的所有信息，因此需要多个页面共同构建整个网站。网站与网站之间也需要链接，同时当同一页面内容过长时，也需要链接到同一页面的不同部分。以上所提到的就是超链接的三种类型：外部链接、内部链接和书签链接(或者说锚点链接)。在 HTML 中，使用<a></a>标签来定义并实现这些跳转链接。

标签：<a></a>

标签说明：超链接标签<a>属于双标签，用于实现页面之间或页面内部的跳转。

基本语法：

```
<a href="" name="" target="" download="" rel="">主页</a>
```

超链接标签常见属性如表 3-7 所示。

表 3-7 超链接标签常用属性

属　性	值	描　述
href	URL	设置目标链接的 URL 地址
name	section_name	设置锚点的名称
target	_blank	在新窗口打开链接
	_parent	在当前框架的上一层打开链接
	_self	在当前窗口打开链接，默认方式
	_top	在顶层框架中打开链接
download	filename	设定被下载的超链接目标
rel	text	设定当前文档与被链接文档之间的关系

属性说明：

(1) href 属性就是来指定链接目标的 URL 地址，为<a>标签定义 href 属性后，就有了链接的功能。

(2) name 属性主要是用来进行书签链接，此为锚点。

(3) target 属性用于指定链接页面的打开方式。

3.2.1 外部链接

当 href 属性所设置的目标链接的 URL 地址与当前文件不在同一个网站，此时的链接属于外部链接，外部链接的形式一般如下所示。

```
<a href="http://www.baidu.com">百度</a>
<a href="http://www.w3school.com.cn">Web 学习网站</a>
```

3.2.2 内部链接

当 href 属性所设置的目标链接的 URL 地址与当前文件在同一个网站内部，此时的链接属于内部链接，内部链接是网站内部文件页之间的链接。在写内部链接时有两种路径写法，一类是相对路径，一类是绝对路径。

(1) 相对路径，是指从当前文件所处的位置开始去寻找目标文件所形成的路径。

(2) 绝对路径，是指从根目录开始去寻找目标文件所形成的路径，此处的根目录可能是具体的某个盘符(如 C:\、D:\等)，也可能是 Web 站点的根目录。

一般情况下，推荐使用相对路径，因为使用相对路径可以在网站整体迁移的时候不用考虑路径变化问题。

【示例 3-7】 使用相对路径实现内部链接。

核心代码如下：

```
<a href="../index.html">主页</a>
```

示例说明：

上例这段代码是 HTML 中的一部分，用于创建一个指向“../index.html”的链接，链接的文本是“主页”。当用户点击这个链接时，浏览器会打开“../index.html”这个页面。这里的“../”代表父级目录，具体路径依赖于当前页面在网站结构中的位置。

3.2.3 书签链接

书签链接又称为锚点链接，可以实现页面内部之间的跳转。要想实现书签链接，需要如下两个步骤。

1. 定义书签

可以通过对<a>标签添加 name 属性的方式来创建一个书签(锚点)，书签(锚点)的位置要放在需要跳转到的目标位置。

基本语法：

```
<a name="label"></a>
```

语法说明：

(1) 定义书签(锚点)时，标签之间不能有任何内容。

(2) 书签(锚点)对用户来说是不可见的。

(3) 同一个页面书签(锚点)的 name 不能重名。

2. 链接书签

如果要链接的书签(锚点)在当前页面中，可以利用“#”加锚点名。

基本语法：

```
<a href="#label">书签名</a>
```

如果要链接的书签(锚点)不在当前页面中，需要加上其路径再加上“#”和锚点名。

基本语法：

```
<a href="URL#label">书签名</a>
```

语法说明：

(1) 此处的 URL 可能是内部链接，也可能是外部链接。

(2) 空链接会跳转到当前页面的顶端，因此可以不用创建书签，直接在<a>标签的 href 属性中加上“#”即可，例如：<a href="#">书签名</a>。

(3) 书签链接主要应对的场景是页面内容较多，方便用户快速定位浏览。

3.3 列表类标签

列表类标签是 HTML 标签中非常重要的一类标签，页面中很大一部分内容相关的信息都是由列表类标签构成的。常用的列表类标签有无序列表、有序列表以及定义列表。

3.3.1　无序列表

无序列表涉及 2 个标签，外层由<ul>标签构成，每个列表项由<li>标签表示。默认情况下每个列表项目使用粗体圆点进行标记，没有逻辑上的先后顺序。

基本语法：

```
<ul>
    <li>无序列表项目 1</li>
    <li>无序列表项目 2</li>
    …
</ul>
```

无序列表常用属性如表 3-8 所示。

表 3-8　无序列表常用属性

属　　性	值	描　　述
type	disc	实心圆(默认值)
	circle	空心圆
	square	方块

3.3.2　有序列表

有序列表也涉及 2 个标签，外层由<ol>标签构成，每个列表项由<li>标签表示。默认情况下每个列表项目使用有序数字进行标记，有逻辑上的先后顺序。

基本语法：

```
<ol>
    <li>有序列表项目 1</li>
    <li>有序列表项目 2</li>
    …
</ol>
```

有序列表常用属性如表 3-9 所示。

表 3-9　有序列表常用属性

属　　性	值	描　　述
type	1	数字有序列表，默认值(1、2、3、4…)
	a	按字母顺序排列的有序列表，小写(a、b、c、d…)
	A	按字母顺序排列的有序列表，大写(A、B、C、D…)
	i	罗马字母，小写(i、ii、iii、iv...)
	I	罗马字母，大写(I、II、III、IV...)
start	数字	重置起始值

3.3.3　定义列表

定义列表又称为自定义列表，由列表项目及其注释组合而成。定义列表涉及 3 个标签，

外层由<dl>标签构成，每个列表项以<dt>标签定义，针对该列表项的描述以<dd>标签定义，<dd>标签定义的列表项会自动缩进两个字符。

基本语法：

```
<dl>
  <dt>项目 1</dt>
    <dd>项目 1 描述 1</dd>
    <dd>项目 1 描述 2</dd>
    …
  <dt>项目 2</dt>
    <dd>项目 2 描述 1</dd>
    <dd>项目 2 描述 2</dd>
    …
</dl>
```

无序列表、有序列表、定义列表三种列表示例如表 3-10 所示。

表 3-10 三种列表示例

列表类型	代　码	运行结果
无序列表	<h4>Web 前端核心技术</h4> <ul> <li>HTML</li> <li>CSS</li> <li>JavaScript</li> </ul>	**Web前端核心技术** • HTML • CSS • JavaScript
有序列表	<h4>Web 前端核心技术</h4> <ol> <li>HTML</li> <li>CSS</li> <li>JavaScript</li> </ol>	**Web前端核心技术** 1. HTML 2. CSS 3. JavaScript
定义列表	<h4>Web 前端核心技术</h4> <dl> <dt>HTML</dt> <dd>超文本标记语言，负责页面的结构。</dd> <dt>CSS</dt> <dd>层叠样式表，负责页面的外观。</dd> <dt>JavaScript</dt> <dd>脚本语言，负责页面的行为。</dd> </dl>	**Web前端核心技术** HTML 超文本标记语言，负责页面的结构。 CSS 层叠样式表，负责页面的外观。 JavaScript 脚本语言，负责页面的行为。

3.4 表格标签

表格标签，可以清晰直观地展示数据，也可以实现页面的布局。本节主要介绍表格基本结构和表格布局。

3.4.1 表格基本结构

表格由<table>标签定义，基本结构由标题(caption)、表头(thead)、表体(tbody)以及表尾(tfoot)组成。

每个表格均由若干行(tr)构成，每行又被分割为若干单元格，单元格根据具体情况又可分为表头单元格(th)和数据单元格(td)。th 和 td 没有本质区别，都是数据单元格，但 th 可以看作是特殊的 td，默认情况下 th 中的内容加粗居中显示。单元格中可以包含几乎所有的标签及内容，如文本、图片、列表、段落、表单、水平线等等，表格基本结构如图 3-7 所示。

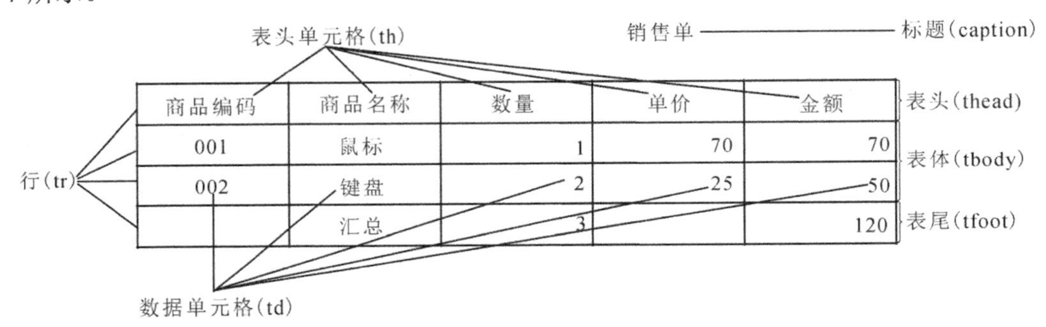

图 3-7 表格基本结构

1. 表格基本结构代码

表格基本结构代码形式如下：

```
<table>                         <!-- 表格标签 -->
    <caption></caption>         <!-- 标题标签 -->
    <thead>                     <!-- 表头标签 -->
        <tr>                    <!-- 行标签 -->
            <th></th>           <!-- 表头单元格标签 -->
            …
        </tr>
    </thead>
    <tbody>                     <!-- 表体标签 -->
        <tr>
            <td></td>           <!-- 数据单元格标签 -->
            …
```

```
            </tr>
                    …
        </tbody>
        <tfoot>                          <!-- 表尾标签 -->
            <tr>
                <td></td>
                …
            </tr>
        </tfoot>
    </table>
```

代码说明：

(1) <thead>、<tbody>、<tfoot>三个标签不是必须的，而且不带任何的显示效果，但是使用这三个标签，可以提升表格的语义化程度，可以更好的被搜索引擎理解。这三个标签一般结合起来使用，用来规定表格的各个部分(表头、表体、表尾)，通过使用这几个标签，可以使浏览器在不影响表格表头及表尾的情况下独立操作表格主体，同时当包含多个页面的长表格被打印时，表格的表头和表尾可被打印在包含表格数据的每张页面上。

(2) <thead>、<tfoot>在一个<table>中只能出现一次，而<tbody>可以出现多次。

2. 表格相关标签属性

表格所涉及的标签较多，每个标签都有一些相关的属性，用于控制表格的显示样式，表格相关标签主要属性如表 3-11 所示。

表 3-11　表格相关标签主要属性

标　　签	属　　性	值	描　　述
<table>	border	像素值	表格默认没有边框，可以通过添加 border 属性，设置表格的边框粗细，后期可以使用 CSS 代替
<table> <thead> <tbody> <tfoot> <tr> <th> <td>	align	left center right	用于控制表格相关元素的水平排列方式。如果 align 属性应用在<caption>标签上，其取值为 top 或 bottom，表示标题在表格上方或下方显示
<table> <thead> <tbody> <tfoot> <tr> <th> <td>	valign	top middle bottom baseline	用于控制表格相关元素的垂直排列方式

续表

标　签	属　性	值	描　述
<table> <thead> <tbody> <tfoot> <tr> <th> <td>	bgcolor	rgb(x,x,x) #xxxxxx colorname	用于控制表格相关元素的背景颜色
<table> <th> <td>	width	像素值 百分比	用于控制表格相关元素的宽度
<table> <thead> <tbody> <tfoot> <tr> <th> <td>	height	像素值 百分比	用于控制表格相关元素的高度
<table>	cellpadding	像素值	用于设置表格内容与格线之间的宽度，也就是内边距
<table>	cellspacing	像素值	用于设置表格格间线的宽度，也就格与格之间的线段宽度
<td> <th>	colspan	整数	用于设置跨多列的单元格
	rowspan		用于设置跨多行的单元格

【示例 3-8】 综合利用表格相关标签及属性，实现以细线表格形式显示销售数据。显示效果如图 3-8 所示。

核心代码如下：

```
<table align="center" width="600px" cellspacing="1px" bgcolor="#000">
    <thead bgcolor="#fff">
        <tr>
            <th rowspan="2" width="100px">日期</th>
            <th colspan="2">商品信息</th>
            <th colspan="3">销售信息</th>
        </tr>
        <tr>
            <th width="80px">商品编码</th>
            <th width="100px">商品名称</th>
            <th>数量</th>
            <th>单价</th>
            <th>金额</th>
        </tr>
    </thead>
```

```
    <tbody align="center" bgcolor="#fff">
        <tr>
            <td rowspan="3">2022-12-01</td>
            <td>001</td>
            <td>鼠标</td>
            <td>1</td>
            <td>70</td>
            <td>70</td>
        </tr>
        <tr>
            <td>002</td>
            <td>键盘</td>
            <td>2</td>
            <td>25</td>
            <td>50</td>
        </tr>
        <tr>
            <td>003</td>
            <td>显示器</td>
            <td>2</td>
            <td>1000</td>
            <td>2000</td>
        </tr>
    </tbody>
    <tfoot align="center" bgcolor="#fff">
        <tr>
            <td colspan="3">汇总</td>
            <td>5</td>
            <td></td>
            <td>2120</td>
        </tr>
    </tfoot>
</table>
```

日期	商品信息		销售信息		
	商品编码	商品名称	数量	单价	金额
2022-12-01	001	鼠标	1	70	70
	002	键盘	2	25	50
	003	显示器	2	1000	2000
汇总			5		2120

图 3-8　表格综合案例

上面的例子设计了一个表格，表格整体居中对齐，宽度为 600 像素，单元格间距为 1 像素，背景颜色为黑色。表头部分背景颜色为白色，包含日期、商品信息和销售信息三个标题，其中商品信息和销售信息分别占据两个和三个单元格。表格主体部分包含三行商品信息，每行包括商品编码、商品名称、数量、单价和金额。最后，表格的脚注部分包含一行汇总信息，显示了商品总数量和总金额。

3.4.2 表格布局

布局也称为排版，指的是按照一定的方式将页面划分成不同的区域，用以加载显示不同内容。表格是早期经常使用的一种页面布局方式，布局的方式主要有以下两种。

(1) 表格布局。通过 table 元素将页面空间划分成若干个单元格，将文字或图片等元素放入单元格中，隐藏表格的边框，从而实现布局。这种布局方式也叫传统布局，在早期的页面布局中经常使用，目前主流的布局方式已基本不再使用表格布局。

(2) HTML+CSS 布局。主要通过 CSS 样式设置来布局文字或图片等元素，需要用到 CSS 盒子模型、盒子类型、CSS 浮动、CSS 定位、CSS 背景图定位等知识来布局，它比传统布局要复杂，但更灵活，是目前主流的页面布局方式，在后续章节中我们会有详细介绍。

通过表格做复杂页面布局，一般会用到表格的嵌套，也就是通过在某个单元格中嵌套表格实现。图 3-9 为通过表格布局的示例。

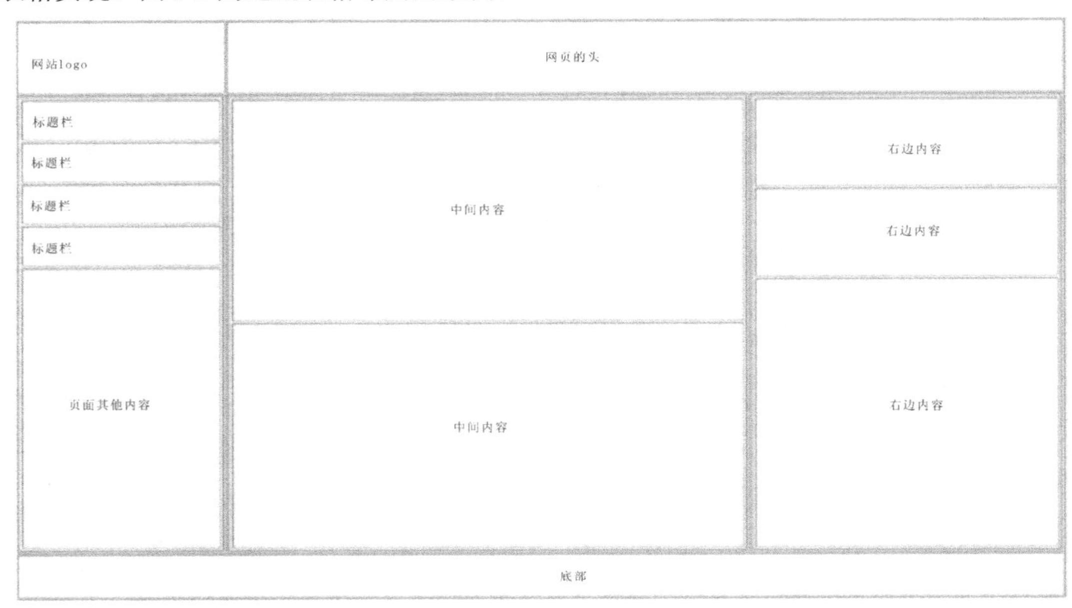

图 3-9 表格布局示例

核心代码如下：

```
<table width="95%" height="100%" border="1px" cellspacing="1px" align="center">
        <tr height="10%">
            <td width="100" height="69">网站 logo</td>
            <td colspan="2" align="center">网页的头</td>
```

```
</tr>
<tr height="80%">
    <td width="20%" valign="top">
        <table width="100%" height="450px" border="1px" align="center">
            <tr height="40px">
                <td> 标题栏 </td>
            </tr>
            <tr height="40px">
                <td> 标题栏 </td>
            </tr>
            <tr height="40px">
                <td> 标题栏 </td>
            </tr>
            <tr height="40px">
                <td> 标题栏 </td>
            </tr>
            <tr>
                <td align="center" bgcolor="white"> 页面其他内容</td>
            </tr>
        </table>
    </td>
    <td width="50%" valign="top">
        <table width="100%" height="450px" border="1px">
            <tr>
                <td align="center"> 中间内容 </td>
            </tr>
            <tr>
                <td align="center"> 中间内容 </td>
            </tr>
        </table>
    </td>
    <td width="30%" valign="top">
        <table width="100%" height="450px" border="1px">
            <tr>
                <td height="20%" align="center"> 右边内容 </td>
            </tr>
            <tr>
                <td height="20%" align="center"> 右边内容</td>
            </tr>
```

```
                <tr>
                    <td height="60%" align="center"> 右边内容 </td>
                </tr>
            </table>
        </td>
    </tr>
    <tr>
        <td height="40" align="center" colspan="3"> 底部</td>
    </tr>
</table>
```

3.5　多媒体类标签

多媒体标签，可以让页面更加美观、丰富多彩。本节主要介绍如何在页面中插入图片，音频和视频。

3.5.1　图像标签

标签：<img>

标签说明：图像标签<img>属于单标签，用以在页面中显示图像，经常使用的图片格式有 jpg、gif、png 等。

基本语法：

```
<img src="" alt="" width="" height="" title="">
```

图像标签常用属性如表 3-12 所示。

表 3-12　图像标签常用属性

属　性	值	描　述
src	URL 地址	用于指定图片资源文件地址
alt	文本	用于指定替换文字，当图片资源加载异常时显示替换文字
width	像素值	用于指定图片的宽度
height	像素值	用于指定图片的高度
title	文本	用于指定提示文字，当鼠标指向图片时显示该提示文字

属性说明：

(1) width、height 属性使用不当，会造成图片显示比例失调，建议不设置或只设置其中一项，另外一项会根据原始图片的比例进行缩放。

(2) 对性能要求高的应用场景，可以将 width、height 属性设置为其自身大小，这样浏览器在渲染图片的时候，可以在一定程度上提高渲染效率。

(3) 可以结合超链接标签<a>，实现图片超链接。

(4) 一个页面中常常不会只有图片，更多的时候是图片和文字混合在一些，要实现图

文混排，需要用到后期的 CSS 知识。

【示例 3-9】 在页面中插入一张图片，并设置 title 和 alt 属性。显示效果如图 3-10 所示。

图 3-10　图像标签示例

核心代码如下：

```
<img src="img/baidu.png" title="这是百度" alt="百度">
```

示例说明：

如果将示例 3-9 中的代码和超链接标签结合，即可实现图片超链接，代码如下：

```
<a href="http://www.baidu.com">
    <img src="img/baidu.png" title="这是百度" alt="百度">
</a>
```

3.5.2　音频标签

标签：<audio></audio>

标签说明：HTML5 新增了<audio>标签，用来处理页面中的音频元素，常见的音频文件格式有 ogg、mp3、wav 等。目前主流浏览器对<audio>标签都有很好的支持，但是并不是所有的音频文件格式都被常用浏览器支持，表 3-13 列出了目前常用浏览器对音频文件格式的兼容性。

表 3-13　常用浏览器和音频格式兼容性表

音频格式	Chrome	Firefox	IE9	Opera	Safari
ogg	支持	支持	支持	不支持	不支持
mp3	支持	不支持	支持	不支持	支持
wav	不支持	支持	不支持	支持	不支持

基本语法：

(1) 单一音频文件。

```
<audio controls src="音频资源文件地址" autoplay loop playbackRate="1.5">
    您的浏览器不支持<auido>标签。
</audio>
```

(2) 多音频文件。

```
<audio>
    <source src="音频资源文件 1 地址" type-"音频资源文件 1 格式">
    <source src="音频资源文件 2 地址" type-"音频资源文件 2 格式">
      …
    您的浏览器不支持<auido>标签。
</audio>
```

语法说明：

(1) 第一种语法只支持一个音频文件，当音频文件加载异常或浏览器不支持该音频文件时，将出现无法正常播放。

(2) 第二种语法可以支持多个音频文件格式，无论用户使用什么浏览器，都按照顺序依次加载，直到找到一个可以正常播放的音频文件格式，这样可以有效解决上述问题。

(3) 特殊情况下，两种语法中所列的所有音频文件格式都不能正常播放，则浏览器会显示预置的文本："您的浏览器不支持<auido>标签"。

音频标签常用属性如表 3-14 所示。

表 3-14　音频标签常用属性

属　　性	值	描　　述
controls	controls	用于设定是否显示播放面板，不同浏览器默认显示外观可能不同
src	音频资源文件地址	用于指定的音频资源文件的地址
autoplay	autoplay	用于设定音频是否在就绪后自动播放
loop	loop	用于设定音频是否循环播放
playbackRate	数值	用于设定音频文件的播放速度，1 表示正常速度，大于 1 表示快进，0～1 之间表示慢放

【示例 3-10】 在页面中插入不同格式的音频，显示效果如图 3-11 所示。

核心代码如下：

```
<audio controls autoplay>
    <source src="cd.wav" type="audio/wav">
    <source src="cd.ogg" type="audio/ogg">
    <source src="cd.mp3" type="audio/mp3">
    您的浏览器不支持<auido>标签。
</audio>
```

图 3-11　音频标签示例

示例说明：

示例 3-10 只展示了<audio>标签最基本的使用方法，结合后期的 JavaScript 和<audio>标签所提供的方法，可以实现更复杂、功能更强大的音频播放应用。

3.5.3　视频标签

标签：<video></video>

标签说明：HTML5 新增了<video>标签，用来处理页面中的视频元素，常见的视频文件格式有 mp4、ogg、webm 等。目前主流浏览器对<video>标签也都有很好的支持，但是并不是所有的视频文件格式都被常用浏览器支持，表 3-15 列出了目前常用浏览器对视频文件格式的兼容性。

表 3-15　常用浏览器和视频格式兼容性表

视频格式	Chrome	Firefox	IE9	Opera	Safari
mp4	支持	支持	支持	支持	支持
ogg	支持	支持	不支持	支持	不支持
webm	支持	支持	不支持	支持	不支持

基本语法：

(1) 单一视频文件。

```
<video src="视频资源文件地址" controls autoply loop playbackRate="1.5">
您的浏览器不支持<video>标签。
</video>
```

(2) 多音频文件。

```
<video width="300px" height="300px" poster="img/poster.jpeg">
  <source src="视频资源文件 1 地址" type-"视频资源文件 1 格式">
  <source src="视频资源文件 2 地址" type-"视频资源文件 2 格式">
     …
  您的浏览器不支持<video>标签。
</video>
```

语法说明：

<video>标签和<audio>标签使用方法基本相同，只是在大部分情况下，<video>标签需要显示控制面板，<audio>标签可以通过隐藏控制面板达到播放背景音乐的目的。

视频标签常用属性如表 3-16 所示。

表 3-16　视频标签常用属性

属　　性	值	描　　述
controls	controls	用于设定是否显示播放面板，不同浏览器默认显示外观可能不同，绝大部分情况下，都需要使用该属性
src	视频资源文件地址	用于指定的视频资源文件的地址
autoplay	autoplay	用于设定视频是否在就绪后自动播放
loop	loop	用于设定视频是否循环播放
width	像素值	用于设定播放控制面板的宽度
height	像素值	用于设定播放控制面板的高度
poster	URL	用于设定播放器显示的开始海报图像

【示例 3-11】 在页面中插入不同格式的视频，并为视频设置海报，显示效果如图 3-12 所示。

核心代码如下：

```
<video width="400px" controls poster="img/poster.jpeg">
    <source src="web.mp4" type="video/mp4"></source>
    <source src="web.ogg" type="video/ogg"></source>
    <source src="web.webm" type="video/webm"></source>
```

```
    您的浏览器不支持<video>标签。
</video>
```

图 3-12　视频标签示例

3.6　表单标签

表单主要用于收集用户信息，是系统与用户交互的接口，一个表单由一个表单域和包含在表单域内的若干表单元素构成。

3.6.1　表单域标签

标签：<form></form>

标签说明：表单域标签<form>属于双标签，定义了一个区域，该区域内可根据具体应用场景定义若干个表单元素，表单元素所对应的数据最终将会被提交的服务器进行处理。

基本语法：

```
<form action="" method="">表单元素</form>
```

属性说明：

(1) action：设置接受处理表单数据的程序，一般为服务器端程序。

(2) method：设置数据的提交方式。提交方式为 GET(默认值)或 POST，表 3-17 说明了这两种数据提交方式的区别。

表 3-17　GET 与 POST 的区别

method	特　　点
GET	(1) 安全性低。 (2) 传输的数据量较少。 (3) 传输的数据以明文的形式附加在 URL 后面，多个数据之间以&相连。
POST	(1) 相对于 GET 方式，安全性更高。 (2) 可以传输更多的数据量，理论上没有长度限制。 (3) 传输的数据放在 Request body 中，不会出现在 URL 后面。

正常情况下，提交表单时，会向服务器提交数据，但是以下三种情况，会出现数据提交异常或没有数据提交。

(1) 表单元素没有 name 属性。

(2) 单选、复选(下拉列表中的<option>标签)缺少 value 属性。

(3) 表单元素不在提交的表单域标签<form>中。

3.6.2　<input>标签

标签：<input>

标签说明：<input>标签属于单标签，主要用于表单信息的输入，是使用频率最高的一类表单元素。

基本语法：

```
<input name=""  type="">
```

属性说明：

(1) name：设置表单元素的名称。缺少名称，提交表单时，数据无法提交到服务器。

(2) type：设置<input>元素的类型。type 可选值很多，不同的属性值会生成不同的表单信息输入元素。常用的 type 取值及其说明如表 3-18 所示。

表 3-18　常用的 type 取值及其说明

type 取值	说　明
button	定义普通按钮，默认情况下点击没有任何操作，一般和 JavaScript 结合使用
reset	定义重置按钮，点击后会重置表单域中所有表单元素的值
submit	定义提交按钮，点击后会向 action 所定义的处理程序以 method 所定义的方式提交数据
image	定义图像按钮，功能和 submit 相同，是具有图像外观的提交按钮
text	默认值。定义单行文本框(默认宽度为 20 个字符)
password	定义密码框
checkbox	定义复选按钮
radio	定义单选按钮
file	定义文件选择按钮，供文件上传使用。要想实现文件上传功能，还需额外编码
hidden	定义隐藏字段
color	定义拾色器
date	定义日期选择框，不包含时间
datetime-local	定义日期时间选择框，包含日期和时间
month	定义月份选择框，包含年月
time	定义时间选择框
email	定义邮件输入框，在提交表单时，会自动验证其值是否合法有效
number	定义数字输入框，同时还可以限定数字的范围
range	定义一定范围内数字值的输入域，其表现外观为可拖动的滑块条

3.6.3　<select>标签

标签：<select></select>

标签说明：<select>标签属于双标签，用于创建下拉列表，让用户在受限范围内进行选择，功能类似于单选按钮和复选按钮，利用<option>标签创建下拉列表的选项。

基本语法：

```
<select multiple=""  size="">
  <option value=""  selected=""></option>
  …
</select>
```

<select>和<option>标签常用属性如表 3-19 所示。

表 3-19 <select>和<option>标签常用属性

标　签	属　性	值	描　述
<select>	multiple	multiple	定义下拉列表是否可以多项，有 multiple 属性，可以多项，否则单选
	size	数值	定义下拉列表中选项可见的数目
<option>	value	value	定义列表项目的值
	selected	selected	设置默认选中的列表项

3.6.4 <optgroup>标签

标签：<optgroup></optgroup>

标签说明：<optgroup>标签属于双标签，经常和<select>标签结合使用，用于对<select>标签中的选项进行分组。

基本语法：

```
<select>
    <optgroup label="分组标题 1">
        <option value=""></option>
        …
    </optgroup>
    <optgroup label="分组标题 2"  disabled>
        <option value=""></option>
        …
    </optgroup>
    …
</select>
```

<optgroup>标签常用属性如表 3-20 所示。

表 3-20 <optgroup>标签常用属性

属　性	值	描　述
label	text	用于设置分组标题
disabled	disabled	用于设置禁用该分组

3.6.5　<textarea>标签

标签：<textarea></textarea>

标签说明：<textarea>标签属于双标签，用于创建多行文本，适用于大量数据输入的应用场景。

基本语法：

```
<textarea name="" cols="" rows=""  placeholder=""  wrap=""></textarea>
```

<textarea>标签常用属性如表 3-21 所示。

表 3-21　<textarea>标签常用属性

属　　性	值	描　　述
cols	number	用于定义文本区域内可见的宽度
rows	number	用于定义文本区域内可见的行数
placeholder	text	用于定义输入提示
wrap	hard soft	用于定义文本区域中文本的换行方式(值为 hard 时，提交的数据中会包含换行；值为 soft 时，提交的数据中不会包含换行)

3.6.6 <label>标签

标签：<label></label>

标签说明：<label>标签属于双标签，经常和<input>标签结合使用，当用户点击<label>标签内的文本时，与之关联的<input>元素会自动获得焦点，从语义的角度来看，<label>标签内的文本和与之关联的<input>元素形成了一个整体，便于搜索引擎理解，同时提高了用户的使用体验。

基本语法：

```
<label for=""></label>
```

属性说明：

for 属性规定<label>标签与哪个表单元素绑定，需要把 for 属性的值设为绑定元素 id 属性的值。

【示例 3-12】 点击 Male 和 Female 时与其相关的单选框自动获取焦点，显示效果如图 3-13 所示。

图 3-13　<label>标签示例

核心代码如下：

```
<label for="male">Male</label>
<input type="radio" name="gender" id="male" value="male" checked>
<label for="female">Female</label>
<input type="radio" name="gender" id="female" value="female">
```

示例说明：

<label>标签除了以上用法之外，还可以直接包裹在<input>元素外，和<input>元素形成关联，具体代码如下。

```
<label>Male
    <input type="radio" name="gender" value="male" checked>
```

```
</label>
<label>Female
    <input type="radio" name="gender" value="female">
</label>
```

3.6.7　<fieldset>标签

标签：<fieldset></fieldset>

标签说明：<fieldset>标签属于双标签，用于将表单域内相关的表单元素进行分组，并在分组表单元素周围绘制边框，从而在形式上加以分割，通常和<legend>标签结合使用，<legend>标签的作用是为<fieldset>元素定义标题。

基本语法：

```
<fieldset name="">
    <legend align="">分组标题</legend>
    表单元素
</fieldset>
```

属性说明：

可以通过 align 属性设置分组标题的对齐方式，但不推荐使用。

3.6.8　综合案例

根据本节所学知识，实现如图 3-14 所示的表单来收集用户信息。

图 3-14　综合案例

核心代码如下：

```
<form action="" method="post">
```

```
<fieldset>
  <legend align="center">用户注册</legend>
  <table align="center">
    <tr>
      <td><label for="userAccount">账号：</label></td>
      <td><input type="text" name="userAccount" id="userAccount" placeholder="请输入账号"></td>
    </tr>
    <tr>
      <td><label for="userName">姓名：</label></td>
      <td><input type="text" name="userName" id="userName" placeholder="请输入姓名"></td>
    </tr>
    <tr>
      <td><label for="userPwd1">密码：</label></td>
      <td><input type="password" name="userPwd1" id="userPwd1" placeholder="请输入密码"></td>
    </tr>
    <tr>
      <td><label for="userPwd2">确认密码：</label></td>
      <td><input type="password" name="userPwd2" id="userPwd2" placeholder="请确认密码"></td>
    </tr>
    <tr>
      <td>性别：</td>
      <td>
        <label for="male">男</label>
        <input type="radio" name="gender" id="male" value="0" checked>
        <label for="female">女</label>
        <input type="radio" name="gender" id="female" value="1">
      </td>
    </tr>
    <tr>
      <td>兴趣爱好：</td>
      <td>
        <label>唱歌
          <input type="checkbox" name="hobby" value="0">
        </label>
        <label>跳舞
          <input type="checkbox" name="hobby" value="1">
        </label>
        <label>打篮球
          <input type="checkbox" name="hobby" value="2">
        </label>
```

```
    </td>
</tr>
<tr>
    <td><label for="birthday">出生日期：</label></td>
    <td><input type="date" name="birthday" id="birthday"></td>
</tr>
<tr>
    <td><label for="email">email：</label></td>
    <td><input type="email" name="email" id="email"></td>
</tr>
<tr>
    <td><label for="myfile">头像上传：</label></td>
    <td><input type="file" name="myfile" id="myfile"></td>
</tr>
<tr>
    <td><label for="address">地址：</label></td>
    <td>
        <select id="address">
            <optgroup label="山西省">
                <option value="01">运城市</option>
                <option value="02" selected>太原市</option>
                <option value="03">大同市</option>
                <option value="04">晋中市</option>
            </optgroup>
            <optgroup label="陕西省">
                <option value="11">渭南市</option>
                <option value="12">西安市</option>
                <option value="13">宝鸡市</option>
                <option value="14">汉中市</option>
            </optgroup>
        </select>
    </td>
</tr>
<tr>
    <td><label for="skill">技术特长：</label></td>
    <td>
        <select id="skill" multiple size="6">
            <optgroup label="前端">
                <option value="01">HTML</option>
                <option value="02">CSS</option>
```

```
                <option value="03">JavaScript</option>
                <option value="04">Vue</option>
                <option value="05">React</option>
              </optgroup>
              <optgroup label="后端">
                <option value="11">Java</option>
                <option value="12">Node</option>
                <option value="13">C#</option>
                <option value="14">Python</option>
                <option value="15">Go</option>
              </optgroup>
            </select>
          </td>
        </tr>
        <tr>
          <td><label for="memo">个人简介：</label></td>
          <td><textarea rows="5" cols="50" name="memo" id="memo"></textarea></td>
        </tr>
        <tr>
          <td colspan="2" align="center">
            <input type="submit" value="提交" />
            <input type="reset" value="重置" />
          </td>
        </tr>
      </table>
    </fieldset>
  </form>
```

本 章 小 结

本章学习了 HTML 的常用标签，包括文本类标签、超链接标签、列表类标签、表格标签、多媒体类标签、表单标签等，这些标签在网页开发中至关重要。掌握这些标签，可以轻松地创建出结构合理、样式美观的网页。在学习的过程中，需要注意各个标签的属性及使用方法，以便在实践中灵活运用。

习题与实验 3

一、选择题

1. 在 HTML 中，用于强调文本的标签是(　　)。

A. <strong>　　B. <em>　　C. <b>　　D. <i>

2. 下列标签中，用于创建一个无序列表的是(　　)。

A. <ul>　　B. <ol>　　C. <li>　　D. <dl>

3. 在 HTML 中，用于创建内部链接的标签是(　　)。

A. <a>　　B. <link>　　C. <img>　　D. <area>

4. 下列标签中，用于嵌入图片的是(　　)。

A. <text>　　B. <img>　　C. <audio>　　D. <video>

5. 在 HTML 表格中，用于定义行的标签是(　　)。

A. <tr>　　B.
　　C. <td>　　D. <th>

二、填空题

1. HTML 中有两种常见的列表类型，它们分别是 ________ 和 ________。

2. HTML 中的 ________ 标签用于创建表格。一个完整的表格应包含 ________、________ 和 ________ 三部分。

3. HTML 中的 ________ 标签用于创建一个表单。该表单中可以包含各种输入元素，如 ________、________、________ 等。

4. HTML 中的 ________ 标签用于将文字转换为段落。段落的行数是由 ________ 标签的 ________ 属性来控制的。

5. HTML 中的 ____________ 标签用于创建一个有序列表。该列表中每个列表项由 ____________ 标签来表示。

三、实验题

实验任务：通过使用本章所学的 HTML 标签，创建一个完整的、具有各种元素和功能的介绍个人信息的页面。

实验要求：

(1) 创建一个 HTML 文件并命名为“index.html”。

(2) 构建页面的基本结构。使用<!DOCTYPE html>声明文档类型，并添加 html、head 和 body 元素。在 head 元素中添加标题“我的网页”。

(3) 添加一个文本段落，介绍你的网页。可以使用<p>标签来创建段落，使用<strong>标签来强调重要信息。

(4) 创建一个有序列表，列出你的网页提供的几个主要功能或信息。使用<ol>标签创建有序列表，并使用<li>标签来添加列表项。

(5) 在页面的某个位置添加一个超链接，指向你的网页的主页或其他页面。使用<a>标签创建超链接，并使用 href 属性指定链接的目标地址。

(6) 创建一个表格和表单，内容用来介绍个人的基本信息。

(7) 在页面的底部添加一个版权信息，并使用<footer>标签进行标识。

第4章

CSS 基 础

思维导图

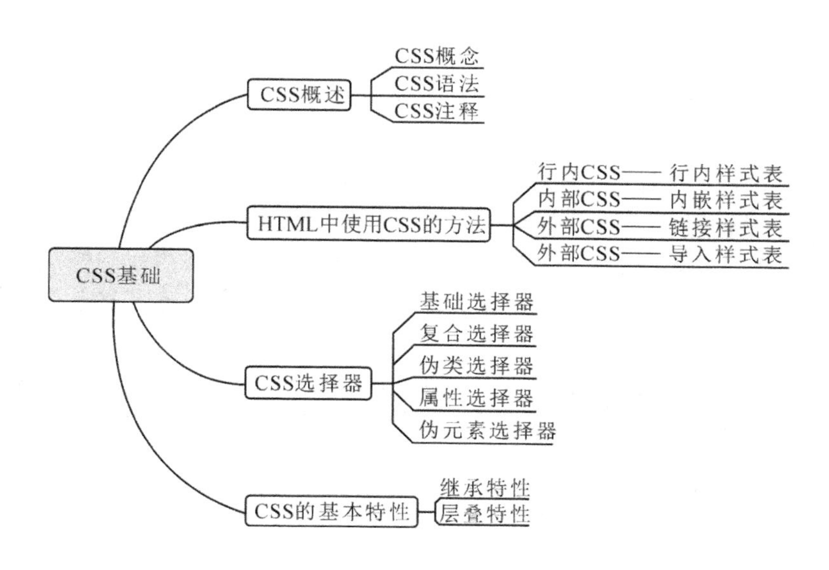

学习目标

(1) 理解 CSS 的概念、特点。
(2) 掌握 CSS 的基本语法。
(3) 理解 CSS 的引用方式。
(4) 掌握常见的 CSS 选择器用法。
(5) 掌握 CSS 的继承特性与层叠特性。

前面介绍了 HTML 的基本知识，其中表示内容的 HTML 和表示外观的 HTML 属性混合在一起，在网页内容不多的情况下，并不会对网页的运行和维护造成很大的影响，但随着页面内容的增多，网页的维护也变得越来越困难，尤其是网页的风格，难以获得统一。在这种情况下，将内容和样式分开管理，不失为一个好的解决方案，因而 CSS(Cascading

Style Sheet，层叠样式表)应运而生，承担起了定义 HTML 外观和格式的重任。CSS 将网页中的大部分甚至是全部的样式从 HTML 文件中移出，实现了样式和内容的分离，简化了网页的维护工作，便于网页风格的统一。

4.1 CSS 概 述

4.1.1 CSS 概 念

CSS 即层叠样式表(Cascading Style Sheet)，也称为级联样式表，是一种用来结构化文档的语言，可以进行网页风格的设计。CSS 通常不单独使用，而是和 HTML 一起协作。HTML 负责网页的内容，CSS 控制网页的外观。

在网页制作时采用 CSS 技术，可以有效地对页面布局、字体、字号、颜色、背景和其他效果实现更加精确的控制。由于 CSS 实现了内容和样式的分离，使得网页样式的修改更加简便，只需对相应的代码作一些简单的修改，就可以改变页面不同部分的样式，或者统一同一网站不同网页的外观和格式。

CSS 专注于网页格式的控制，在 Web 设计领域是一个突破，其主要优势如下：

(1) 使表现和内容相分离。CSS 通过承担 HTML 控制网页格式的工作，使得页面内容和显示相分离，从而简化了网页格式设计，也使得网页格式的修改更加简便。

(2) 增强了网页的表现力。CSS 样式提供了比 HTML 更多更丰富的格式设计功能。例如，可以通过 CSS 样式去掉网页中超链接的下划线，还可以为文字添加阴影，实现翻转效果等。

(3) 增强了网站风格的一致性。通过将 CSS 样式定义到样式表文件中，并在多个网页中同时应用该样式表文件中的样式，就确保了多个网页具有一致的风格，并且可以方便地随时更新样式表文件，以达到自动更新多个网页样式的目的，从而大大降低了网站的开发与维护工作。

4.1.2 CSS 语 法

CSS 的本质为包含一个或者多个规则的文本文件，CSS 规则主要由选择器(selector)和声明(declaration)两部分构成，其中声明由一个或多个属性/属性值对组成。

基本语法：

```
选择器{属性 1：属性值 1；属性 2：属性值 2；...属性 n：属性值 n；}
```

语法说明：

(1) 选择器负责指定需要设置样式的 HTML 元素。

(2) 语法中用花括号包起来的部分为 CSS 声明块，其中包含一条或多条声明，各声明间用分号分隔。

(3) 声明块中每条声明都由一个 CSS 属性名及其属性值组成，以冒号分隔。

例如：

```
h2{font-size:18px;color:blue;}
```

上例中，h2 为选择器，选择 HTML 页面中的二级标题。该声明块中包含两条声明，其中 font-size 和 color 为属性，18px 和 blue 分别为其对应的属性值，属性和属性值之间用冒号分隔，两个属性/属性值对之间用分号分隔。

通常在实际使用中，为了增强样式的可读性，一般建议每行只写一个属性/属性值对，其格式如下所示：

```
h2{
    font-size:18px;
    color:blue;
}
```

4.1.3 CSS 注释

CSS 允许用户在源代码中添加注释，用于代码的解释和标注，以方便后续阅读和修改，并且注释会被浏览器忽略，不影响网页效果。在 CSS 中添加注释以“/*”开始，以“*/”结束。CSS 可以添加单行注释，也可以添加多行注释，但不能嵌套。

单行注释示例：

```
/* 这是单行注释*/
p{font-size:18px;color:red;}
```

多行注释示例：

```
/* 这是多行注释
  下面实现段落样式控制
*/
p{font-size:18px;color:red;}
```

4.2 HTML 中使用 CSS 的方法

在 HTML 中使用 CSS，按其代码位置可以分为四种：

(1) 行内样式表(Inline Style Sheet)(行内 CSS)；

(2) 内嵌样式表(Internal Style Sheet)(内部 CSS)；

(3) 链接样式表(Link External Style Sheet)(外部 CSS)；

(4) 导入样式表(Import External Style Sheet)(外部 CSS)。

下面分别进行介绍。

4.2.1 行内样式表

行内样式表的 CSS 规则一般写在标签内部，将 CSS 代码写在某个元素的属性部分，即表示对 HTML 标签直接使用 style 属性，因此只对当前标签有效。几乎每一个 HTML 标签都可以设置其 style 属性，其属性值可以包含 CSS 规则的声明，而不包含选择器。因此，行内样式表为所有样式表中最为直接的一种。

基本语法：

```
<标签 style="属性 1：属性值 1; 属性 2：属性值 2; ... ">修饰的内容</标签>
```

语法说明：

(1) 标签是指 HTML 标签，如<p></p>、<div></div>、<table></table>等。

(2) 标签 style 属性的声明只对标签本身起作用。

(3) style 属性的多个属性/属性值对之间用分号分隔。

(4) 标签自身定义的 style 样式优先于其他所有样式的定义。

例如：

```
<p style="color: red;">Web 前端技术</p>
```

使用说明：

内容和表现分离是创建 CSS 的初衷，而使用行内样式表显然并没有发挥 CSS 应有的作用，传统的 HTML 缺陷也并没有避免，后期维护成本太大，且缺乏灵活性。因此除非有特殊的用途，比如单独设置某个标签的样式，否则开发者应该尽量避免使用该样式表。

4.2.2　内嵌样式表

内嵌样式表将 CSS 代码写在 HTML 的<head></head>中，并用<style></style>标签进行声明，只对当前所在的网页生效，通常在单个网页样式的个性化设计时使用。在本教材案例演示中多使用此方法，意为避免频繁在不同页面中切换，方便演示。

基本语法：

```
<style type="text/css">
    选择器 1{属性 1-1：属性值 1-1；属性 1-2：属性值 1-2；…}
    选择器 2{属性 2-1：属性值 2-1；属性 2-2：属性值 2-2；…}
    …
    选择器 n{属性 n-1：属性值 n-1；属性 n-2：属性值 n-2；…}
</style>
```

语法说明：

(1) <style></style>标签是双标签。

(2) 可以定义多个选择器，先定义选择器，再定义声明部分。

(3) 各个属性和属性值之间用冒号分隔，属性/属性值对之间用分号分隔。

【示例 4-1】 以内嵌样式表的方式实现段落样式控制。

代码如下：

```
<!DOCTYPE html>
<html>
  <head>
    <meta charset="utf-8">
    <title></title>
    <style type="text/css">
        p{
```

```
            font-size:18px;
              color: red;
            }
        </style>
    </head>
    <body>
        <p>Web 前端技术</p>
    </body>
</html>
```

使用说明：

内嵌样式表多用于单一页面样式的个性化设计，虽然相对于行内样式表来说，它将内容和表现作了分离，但对于包含大量网页的网站来说，使用这种方式，显然不利于整个网站风格的统一，且后期维护成本较大。

4.2.3　链接样式表

行内样式表和内嵌样式表的引用都属于内部引用，CSS 的链接外部样式引用是将 CSS 规则写在以“.css”为后缀的 CSS 文件中，并在需要使用此样式的 html 文件头部通过<link rel="" type="" href="">链接引用该 CSS 文件。一个 CSS 文件可以供多个网页引用，从而可以实现网站整体页面风格的统一。

基本语法：

```
<link  rel="stylesheet"  type="test/css"  href="外部样式表名称.css">
```

语法说明：

<link>可以是单个标签，也可以是空标签，空标签时仅包含属性，并且此标签只能存在于 html 文件的<head>部分，但其出现次数不限。

【示例 4-2】 以链接样式表的方式实现段落样式控制。

外部样式文件表代码如下：

```
out.css：
    p{
        font-size:18px;
        color: red;
    }
```

网页文件代码如下：

```
<!DOCTYPE html>
<html>
    <head>
        <meta charset="utf-8">
        <title></title>
        <link rel="stylesheet" type="text/css" href="css/out.css" />
    </head>
```

```
    <body>
      <p>Web 前端技术</p>
    </body>
  </html>
```

使用说明：

链接样式表可以实现内容和样式的分离，同时由于多个网页可以引用同一个 CSS 文件，对于包含大量网页的网站来说，这样有利于网站风格的统一，同时也提高了网站的可维护性。一般在实际的网站开发过程中，建议采用此种方式。

4.2.4 导入样式表

导入样式表也为外部样式表，但其与链接样式表的引用方式有所不同，其引用方式既可以通过在内部样式表内首行使用@import url("外部样式文件名称")；来定义，也可以在 CSS 文件中通过@import "外部样式文件名称"；来定义。其使用方式与链接样式表类似，此处不再赘述。

4.3 CSS 选择器

在 CSS 语法中，通常需要借助 CSS 选择器来查找或者选取需要设置样式的 HTML 元素，常用的 CSS 选择器有基本选择器、复合选择器、伪类选择器、属性选择器和伪元素选择器等，下面分别进行介绍。

4.3.1 基本选择器

CSS 的基本选择器主要有标签选择器(或称元素选择器)、类别选择器、ID 选择器、通用选择器四种类型，下面分别进行介绍。

1. 标签选择器

标签选择器根据标签(元素)名称来选择 HTML 元素。

基本语法：

```
标签名{属性 1：属性值 1；属性 2：属性值 2；…}
```

语法说明：

任何一个 HTML 标签都可以作为标签选择器。

【示例 4-3】 通过标签选择器实现页面样式控制。

代码如下：

```
<!DOCTYPE html>
<html>
  <head>
    <meta charset="utf-8">
    <title></title>
```

```
        <style type="text/css">
            h2{
                text-decoration: line-through;
            }
            p{
                text-decoration: underline;
            }
        </style>
    </head>
    <body>
        <h2>这是标题</h2>
        <p>这是段落</p>
    </body>
</html>
```

示例效果如图 4-1 所示。

图 4-1　标签选择器示例效果

2. 类别选择器

类别选择器用于选择有特定 class 属性的 HTML 元素，类别选择器需在类名前面加一个点号“.”，以区别于标签选择器。

基本语法：

.类名{属性 1：属性值 1；属性 2：属性值 2；…}

语法说明：

(1) 类名由标签的 class 属性定义。

(2) class 指定的对象，多个对象可以拥有同一个 class 名。

(3) 一个对象也可以拥有多个 class 名。

【示例 4-4】 通过类别选择器实现页面样式控制。

代码如下：

```
<!DOCTYPE html>
<html>
    <head>
        <meta charset="utf-8">
        <title></title>
        <style type="text/css">
```

```
            .p1{
                font-size: 10px;
            }
            .p2{
                font-size: 20px;
            }
            .p3{
                font-size: 30px;
            }
        </style>
    </head>
    <body>
        <p class="p1">我是类名为"p1"的段落</p>
        <p class="p2">我是类名为"p2"的段落</p>
        <p class="p3">我是类名为"p3"的段落</p>
    </body>
</html>
```

示例效果如图 4-2 所示。

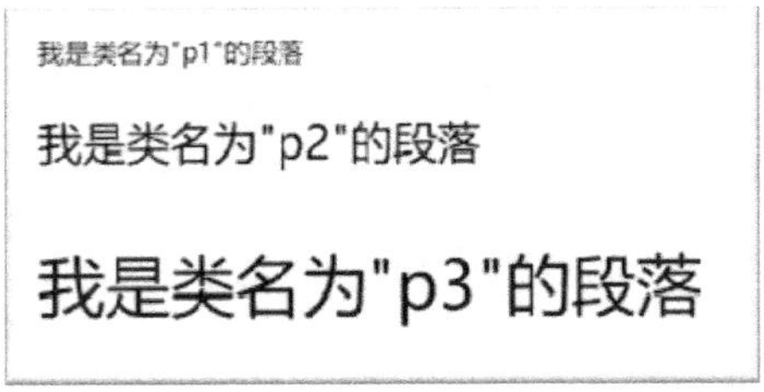

图 4-2 类别选择器示例效果

【示例 4-5】 class 指定的对象，多个对象可以拥有同一个 class 名。

代码如下：

```
<!DOCTYPE html>
<html>
    <head>
        <meta charset="utf-8">
        <title></title>
        <style type="text/css">
            .p1{
                font-size: 20px;
            }
            .p2{
                font-size: 30px;
            }
```

```
    </style>
  </head>
  <body>
    <p class="p1">我是类名为"p1"的段落</p>
    <p class="p1">我也是类名为"p1"的段落</p>
    <p class="p2">我是类名为"p2"的段落</p>
  </body>
</html>
```

示例效果如图 4-3 所示。

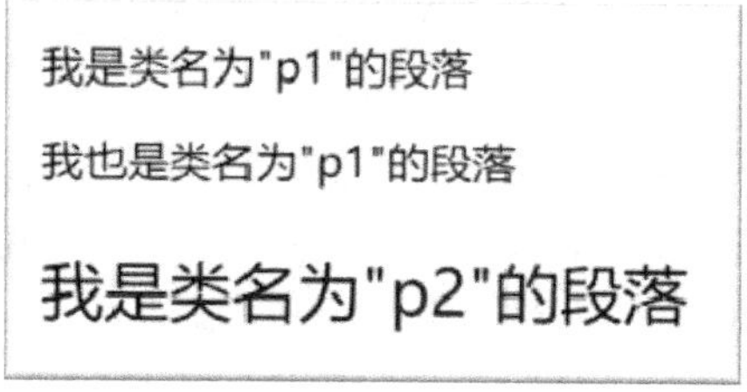

我是类名为"p1"的段落

我也是类名为"p1"的段落

我是类名为"p2"的段落

图 4-3 多个对象可以拥有同一个 class 名

【示例 4-6】 class 指定的对象，一个对象也可以拥有多个 class 名。

代码如下：

```
<!DOCTYPE html>
<html>
  <head>
    <meta charset="utf-8">
    <title></title>
    <style type="text/css">
      .fs26{
        font-size:26px;
      }
      .fudl{
        text-decoration: underline;
      }
      .fbold{
        font-weight: bold;
      }
    </style>
  </head>
  <body>
    <p class="fbold fs26">我同时拥有"fbold"和"fs26"两个 class 名</p>
    <p class="fs26 fudl">我同时拥有"fs26"和"fudl"两个 class 名</p>
    <p class="fudl fbold">我同时拥有"fudl"和"fbold"两个 class 名</p>
```

```
  </body>
</html>
```

示例效果如图 4-4 所示。

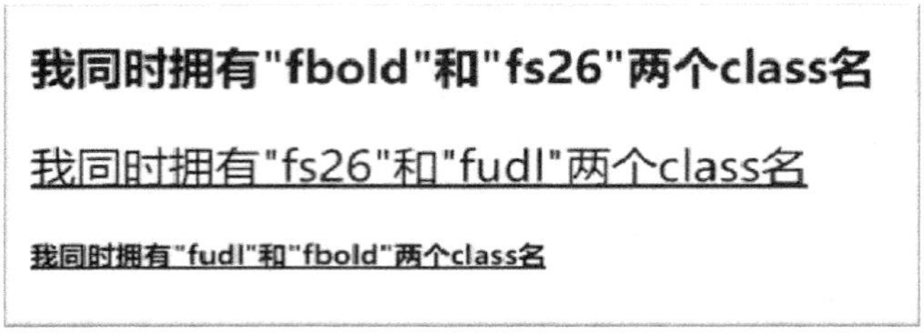

我同时拥有"fbold"和"fs26"两个class名

我同时拥有"fs26"和"fudl"两个class名

我同时拥有"fudl"和"fbold"两个class名

图 4-4　一个对象可以拥有多个 class 名

3. ID 选择器

ID 选择器通过 HTML 标签的 id 属性来选择特定元素，HTML 标签的 id 属性与 class 属性类似，可以用于各类标签中，作为 CSS 选择器来使用。ID 选择器在使用时需在 id 名前面加一个“#”，以区别于类别选择器和标签选择器。

基本语法：

```
#id 名{属性 1：属性值 1；属性 2：属性值 2；…}
```

语法说明：

id 名由标签的 id 属性定义，由于元素的 id 在页面中是唯一的，因此 ID 选择器用于选择一个唯一的元素。

【示例 4-7】 通过 ID 选择器实现页面样式控制。

代码如下：

```
<!DOCTYPE html>
<html>
  <head>
    <meta charset="utf-8">
    <title></title>
    <style type="text/css">
      .p1{
        text-decoration: underline;
        }
        #id1{
          font-size: 20px;
        }
        #id2{
          font-size: 20px;
          text-decoration: underline;
        }
    </style>
  </head>
```

```
    <body>
      <p class="p1">我是类名为"p1"的段落</p>
      <p id="id1">我是 id 名为"id1"的段落</p>
      <p id="id2">我是 id 名为"id2"的段落</p>
    </body>
  </html>
```

示例效果如图 4-5 所示。

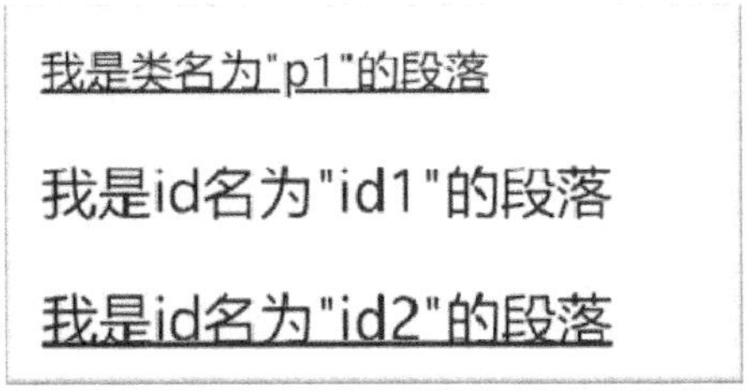

我是类名为"p1"的段落

我是id名为"id1"的段落

我是id名为"id2"的段落

图 4-5　ID 选择器示例效果

4. 通用选择器

通用选择器(*)通常用于页面上所有 HTML 元素的统一设置，其 CSS 规则会影响到页面上的每个 HTML 元素。

例如：

```
*{
  color:red;
  font-size:16px;
}
```

4.3.2　复合选择器

复合选择器可以包含多个基本选择器，并体现多个基本选择器之间的关系。常见的复合选择器有交集选择器、并集选择器、后代选择器、子元素选择器、相邻兄弟选择器、通用兄弟选择器等，下面分别进行介绍。

1. 交集选择器

交集选择器由两个基本选择器构成，结果是二者中对应对象的交集，第一个选择器必须是标签选择器，第二个选择器可以是类别选择器或 ID 选择器。

【示例 4-8】 通过交集选择器实现页面样式控制。

代码如下：

```
<!DOCTYPE html>
<html>
  <head>
    <meta charset="utf-8">
    <title></title>
    <style type="text/css">
```

```
        p{
            color: red;
        }
        .p1{
            font-size: 20px;
        }
        p.p1{
              text-decoration: underline;
            }
      </style>
    </head>
    <body>
      <p class="p1">我是类名为"p1"的段落</p>
      <p class="p2">我是类名为"p2"的段落</p>
      <h2 class="p1">我是类名为"p1"的标题</h2>
    </body>
</html>
```

示例效果如图 4-6 所示。

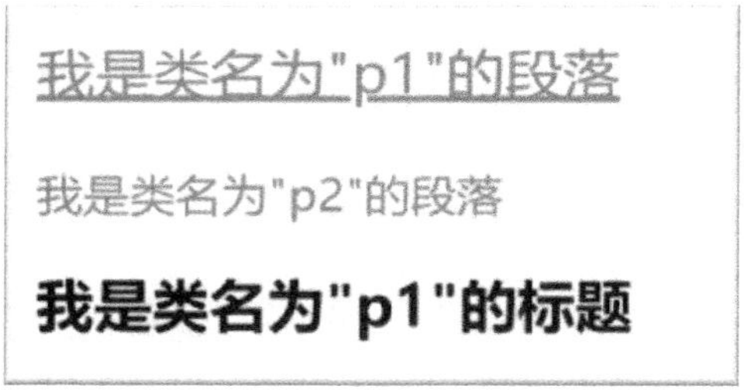

我是类名为"p1"的段落

我是类名为"p2"的段落

我是类名为"p1"的标题

图 4-6　交集选择器示例效果

示例说明：

p.p1 为交集选择器，第一个选择器为标签选择器 p，选中页面中所有的 p 元素；第二个选择器为类别选择器.p1，选中页面中所有类名为 p1 的元素，因此该交集选择器最终选定第一个段落，并为其添加下划线。

2. 并集选择器

并集选择器由多个基本选择器构成，结果是对应对象的并集，还可以称为“集体声明”，每个选择器之间用逗号“,”隔开。

【示例 4-9】 通过并集选择器实现页面样式控制。

代码如下：

```
<!DOCTYPE html>
<html>
  <head>
```

```
        <meta charset="utf-8">
        <title></title>
        <style type="text/css">
            p.p1,h2{
                text-decoration: underline;
            }
        </style>
    </head>
    <body>
        <p class="p1">我是类名为"p1"的段落</p>
        <p class="p2">我是类名为"p2"的段落</p>
        <h2 class="p1">我是类名为"p1"的标题</h2>
    </body>
</html>
```

示例效果如图 4-7 所示。

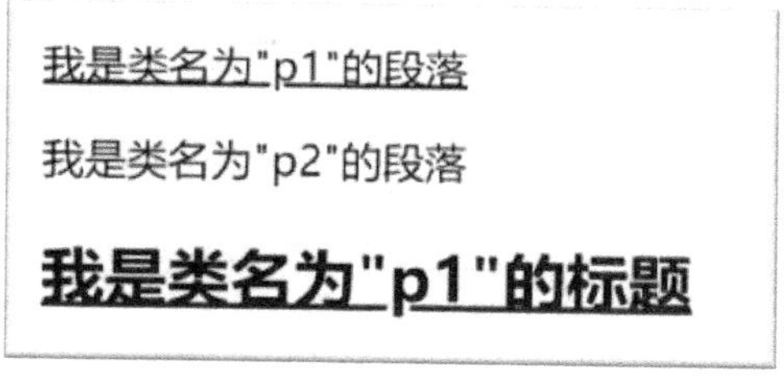

我是类名为"p1"的段落

我是类名为"p2"的段落

我是类名为"p1"的标题

图 4-7 并集选择器示例效果

示例说明：

p.p1,h2 为并集选择器，其选定范围为交集选择器 p.p1 选定的范围(第一个段落)加上 h2 选中的二级标题，并为其添加下划线。

3. 后代选择器

后代选择器可用于匹配某指定元素的所有后代元素。当存在嵌套结构时，可以使用后代选择器对内层所有的后代标签进行控制。使用时元素之间以空格分隔。

【示例 4-10】 通过后代选择器实现页面样式控制。

代码如下：

```
<!DOCTYPE html>
<html>
    <head>
        <meta charset="utf-8">
        <title></title>
        <style type="text/css">
            div ul li p{
                text-decoration: underline;
            }
```

```
    </style>
  </head>
  <body>
    <div>
      <ul>
        <li>
          <p>Web 前端技术</p>
          </li>
      </ul>
      <p>Web 前端技术</p>
    </div>
  </body>
</html>
```

示例效果如图 4-8 所示。

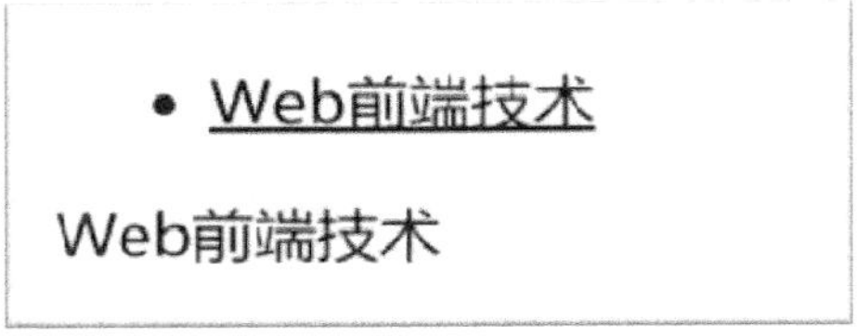

- Web前端技术

Web前端技术

图 4-8　后代选择器示例效果

示例说明：

div ul li p 为后代选择器，其选定范围为<div>下的<ul>里的<li>中的<p>，即第一个段落，并为其添加下划线。第二个段落中<p>为<div>的后代，但不是<ul>的后代，故不在选定范围内。

4. 子元素选择器

子元素选择器用于选定某指定元素的所有直接子元素。与后代选择器相比，子元素选择器只能选择某元素的直接子元素。使用时，元素之间以大于号“>”分隔。

【示例 4-11】 通过子元素选择器实现页面样式控制。

代码如下：

```
<!DOCTYPE html>
<html>
  <head>
    <meta charset="utf-8">
    <title></title>
    <style type="text/css">
      div>p{
        text-decoration: underline;
      }
    </style>
```

```
</head>
<body>
 <div>
   <ul>
     <li>
       <p>Web 前端技术</p>
     </li>
   </ul>
   <p>Web 前端技术</p>
 </div>
</body>
</html>
```

示例效果如图 4-9 所示。

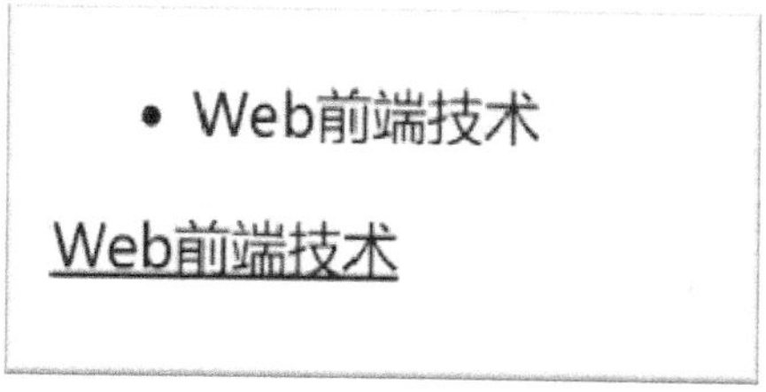

图 4-9　子元素选择器示例效果

示例说明：

div>p 为子元素选择器，其选定范围为<div>下的所有<p>子元素，因此第二个<p>在其选定范围，第一个<p>虽然为<div>的后代，但并不是直接子元素，因此不在选定范围。

5. 相邻兄弟选择器

相邻兄弟选择器用于选择某指定元素的相邻的同级(兄弟)元素，这些同级(兄弟)元素拥有相同的父元素。使用时，元素之间以加号“+”分隔。

【示例 4-12】 通过相邻兄弟选择器实现页面样式控制。

代码如下：

```
<!DOCTYPE html>
<html>
  <head>
    <meta charset="utf-8">
    <title></title>
    <style type="text/css">
      div+p{
        text-decoration: underline;
      }
    </style>
```

```
</head>
<body>
  <div>
    <p>Web 前端技术</p>
  </div>
  <p>Web 前端技术</p>
  <p>Web 前端技术</p>
</body>
</html>
```

示例效果如图 4-10 所示。

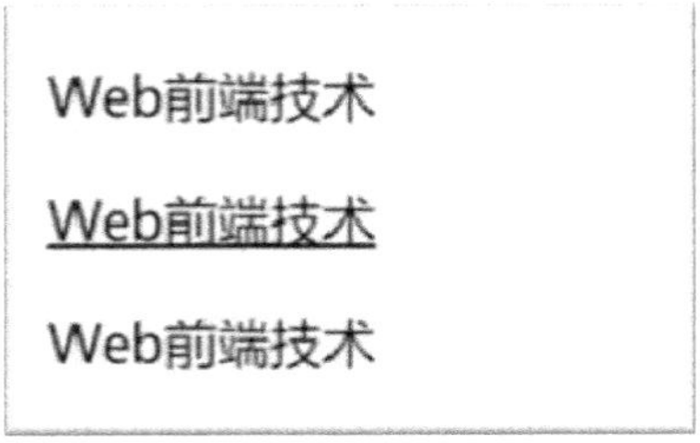

图 4-10　相邻兄弟选择器示例效果

示例说明：

div+p 为相邻兄弟选择器，其选定范围为离<div>最近(相邻)的同级(兄弟)元素，即第二个段落<p>，并为其添加下划线。第一个<p>为<div>的子元素，不是兄弟元素，第三个<p>虽然为<div>的兄弟，但不是相邻的兄弟元素，因此其选定范围为第二个<p>。

6. 通用兄弟选择器

通用兄弟选择器用于选定某指定元素的所有同级(兄弟)元素，并不局限于相邻的同级(兄弟)元素。使用时，元素之间以波浪号“~”分隔。

【示例 4-13】 使用通用兄弟选择器实现页面样式控制。

代码如下：

```
<!DOCTYPE html>
<html>
  <head>
    <meta charset="utf-8">
    <title></title>
    <style type="text/css">
      div~p{
        text-decoration: underline;
      }
    </style>
  </head>
  <body>
```

```
        <div>
          <p>Web 前端技术</p>
        </div>
        <p>Web 前端技术</p>
        <p>Web 前端技术</p>
      </body>
    </html>
```

示例效果如图 4-11 所示。

Web前端技术

Web前端技术

Web前端技术

图 4-11 通用兄弟选择器示例效果

示例说明：

div~p 为通用兄弟选择器，其选定范围为<div>所有的同级(兄弟)元素，即第二个<p>和第三个<p>，并为其添加下划线。通用兄弟选择器与相邻兄弟选择器的区别为：只要是同级(兄弟)元素皆在其选择范围内，而不是仅仅选择相邻的同级(兄弟)元素。

4.3.3 伪类选择器

伪类选择器用于定义元素的特殊状态，像类，但不是类，可以看作是一种特殊的类选择器，用于对同一元素的不同状态进行标识，是能被支持 CSS 的浏览器所自动识别的特殊选择器。

基本语法：

```
标签:伪类名 { CSS 规则 }
```

伪类选择器有动态伪类选择器、结构伪类选择器、状态伪类选择器、否定伪类选择器等，下面分别进行介绍。

1. 动态伪类选择器

动态伪类选择器有如下五种常见类型：

(1) :link：未访问的超链接(只能用于超链接)；

(2) :visited：已访问的超链接(只能用于超链接)；

(3) :hover：鼠标悬停于标签(所有标签都适用)；

(4) :active：鼠标点击标签，但是不松手，即标签处于激活状态(所有标签都适用)；

(5) :focus：标签获得焦点(所有标签都适用)。

【示例 4-14】 通过动态伪类选择器实现标签获得焦点的效果。

代码如下：

```
<!DOCTYPE html>
<html>
```

```
    <head>
      <meta charset="utf-8">
      <title></title>
      <style>
        input:focus{
          background-color: #000;
          color: #fff;
        }
      </style>
    </head>
    <body>
      <input type="text">
      <input type="text">
    </body>
  </html>
```

示例效果如图 4-12 所示。

图 4-12　标签获得焦点后的效果

【示例 4-15】 通过动态伪类选择器实现不同状态下超链接的动态效果。

代码如下：

```
<!DOCTYPE html>
<html>
  <head>
    <meta charset="utf-8">
    <title></title>
    <style type="text/css">
      a:link{
        color: green;
        text-decoration: none;
      }
      a:visited{
        color: blue;
      }
      a:hover{
        color: red;
        text-decoration: underline;
      }
```

```
        a:active{
            color: purple;
            text-decoration: underline;
        }
    </style>
</head>
<body>
    <p>Web 前端技术</p>
    <a href="https://www.baidu.com/">百度一下</a>
</body>
</html>
```

图 4-13 和图 4-14 分别为超链接未访问状态和鼠标悬停状态下的效果。

图 4-13 超链接未访问状态下的效果

图 4-14 超链接鼠标悬停状态下的效果

示例说明：

在 CSS 定义中，a:hover 必须被置于 a:link 和 a:visited 之后才是有效的，a:active 必须被置于 a:hover 之后才是有效的。

2. 结构伪类选择器

结构伪类选择器有如下六种常见类型：

(1) :first-child：选择所有元素中的第一个；

(2) :last-child：选择所有元素中的最后一个；

(3) :nth-child(n)：选择所有元素中的第 n 个；

(4) :first-of-type：选择所有同类型元素中的第一个；

(5) :last-of-type：选择所有同类型元素中的最后一个；

(6) :nth-of-type(n) ：选择所有同类型元素中的第 n 个。

其中，对于选择器中 n 的取值：

(1) n 可以取大于 0 的整数，如 1,2,3,4,5 等；

(2) 当 n 取 0 或者不写时表示什么都不选；

(3) 当 n 取 2n 或 even 时选中序号为偶数的元素；

(4) 当 n 取 2n+1 或 odd 时选中序号为奇数的元素；

(5) n 的取值还可以是公式，如 2n+a 等。

【示例 4-16】 通过结构伪类选择器实现对目标段落样式控制的效果。

代码如下：

```
<!DOCTYPE html>
<html>
```

```
    <head>
        <meta charset="utf-8">
        <title></title>
        <style>
            div p:first-child{
                color: red;
                text-decoration: line-through;
            }
            div p:last-child{
                color: blue;
                text-decoration: underline;
            }
            div p:nth-child(3){
                color: pink;
                font-weight: bold;
            }
            div p:nth-child(even){
                font-size: 12px;
            }
            div p:nth-child(2n+1){
                font-size: 20px;
            }
        </style>
    </head>
    <body>
        <div>
            <p>段落 1</p>
            <p>段落 2</p>
            <p>段落 3</p>
            <p>段落 4</p>
            <p>段落 5</p>
            <p>段落 6</p>
            <p>段落 7</p>
            <p>段落 8</p>
            <p>段落 9</p>
        </div>
    </body>
</html>
```

示例效果如图 4-15 所示。

图 4-15　结构伪类选择器示例效果

示例说明：

示例 4-16 中，div p:first-child 选取所有<p>中第一个，将其设置为红色并添加删除线；div p:last-child 选取所有<p>中最后一个，将其设置为蓝色并添加下划线；div p:nth-child(3)选取所有<p>中第 3 个，将其设置为粉色并加粗；div p:nth-child(even)选取所有序号为偶数的<p>，将其字号设置为 12px；div p:nth-child(2n+1)选取所有序号为奇数的<p>，将其字号设置为 20px。

【示例 4-17】 通过结构伪类选择器实现选择所有同类型元素中的第一个的效果。

代码如下：

```
<!DOCTYPE html>
<html>
  <head>
    <meta charset="utf-8">
    <title></title>
    <style>
      div p:first-of-type{
        color: pink;
      }
    </style>
  </head>
  <body>
      <div>
        <nav>
          <p>段落</p>
        </nav>
        <p>段落 1</p>
        <p>段落 2</p>
        <p>段落 3</p>
        <p>段落 4</p>
     </div>
     <p>段落 5</p>
  </body>
</html>
```

示例效果如图 4-16 所示。

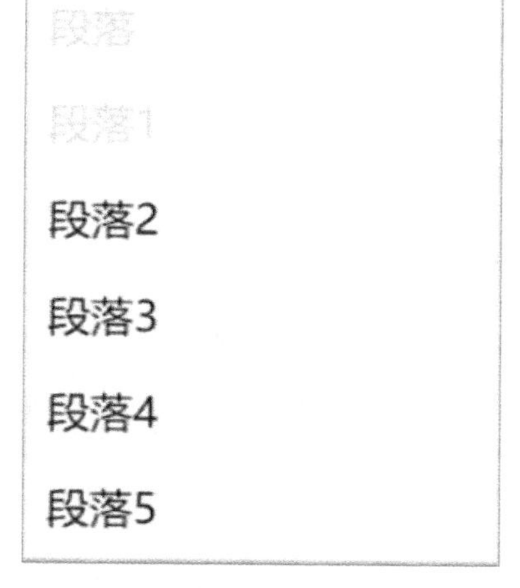

图 4-16　结构伪类选择器示例效果

示例说明：

示例 4-17 中，div p:first-of-type 选取所有同类型<p>元素中的第一个并设置为粉色，同为<div>下的<p>，因为类型不同，“段落”和“段落 1”皆设置为粉色，但“段落 5”不在<div>下，故未被选中。

3. 状态伪类选择器

状态伪类选择器主要是针对表单元素进行操作，例如 type="text"有 enable 和 disabled 两种状态；type="radio"和 type="checkbox"有 checked 和 unchecked 两种状态。

状态伪类选择器有如下三种常见类型：

(1) :enabled：启用状态伪类选择器，匹配所有启用的表单元素；

(2) :disabled：未启用状态伪类选择器，匹配所有禁用的表单元素；

(3) :checked：选中状态伪类选择器，匹配选中的复选按钮或者单选按钮表单元素。

【示例 4-18】 通过状态伪类选择器控制表单元素不同状态下的样式。

代码如下：

```
<!DOCTYPE html>
<html>
  <head>
    <meta charset="utf-8">
    <title></title>
    <style>
      input:disabled{
        background-color: pink;
      }
      input:enabled{
        background-color: gray;
      }
      input:checked{
        width: 30px;
        height: 30px;
      }
    </style>
  </head>
  <body>
    <input type="text" disabled>
    <input type="text">
    <label>男<input type="radio" name="genter" value="1" checked></label>
    <label>女<input type="radio" name="genter" value="2"></label>
  </body>
</html>
```

示例效果如图 4-17 所示。

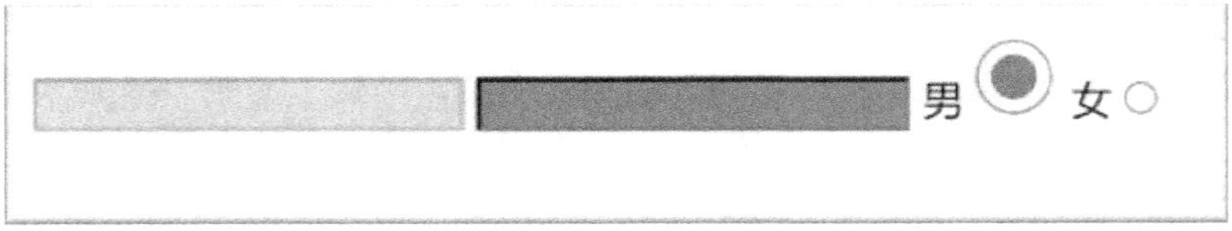

男 女

图 4-17　状态伪类选择器示例效果

示例说明：

示例 4-18 中，使用 input:disabled 选取未启用的表单元素，并将其背景颜色设置为粉色；

使用 input:enable 选取启用状态的表单元素，并将其背景颜色设置为灰色；使用 input:checked 选取选中状态的单选按钮，并修改其宽高。

4. 否定伪类选择器

否定伪类选择器会将符合条件的元素从选择器中去除，匹配除元素 F 之外的所有 E 元素。其语法形式形如："E:not(F)：{CSS 规则}"。

【示例 4-19】 通过否定伪类选择器控制页面元素的样式。

代码如下：

```
<!DOCTYPE html>
<html>
  <head>
    <meta charset="utf-8">
    <title></title>
    <style>
      ul li:not(.special){
        color: pink;
      }
    </style>
  </head>
  <body>
    <ul>
      <li>web 前端</li>
      <li class="special">web 前端</li>
      <li>web 前端</li>
      <li>web 前端</li>
      <li>web 前端</li>
    </ul>
  </body>
</html>
```

示例效果如图 4-18 所示。

图 4-18　否定选择器示例效果

示例说明：

示例 4-19 中，使用 ul li:not(.special)将除了类别名为“special”的<li>之外的所有选取的<li>设置为粉色。

4.3.4 属性选择器

属性选择器是通过元素的属性及属性值来选择元素的。属性选择器有如下五种常用形式：

(1) [属性名]：用于选择含有指定属性的元素；

(2) [属性名="属性值"]：用于选择含有指定属性及指定属性值的元素；

(3) [属性名^="属性值"]：用于选择含有指定属性及指定属性值开头的元素；

(4) [属性名$="属性值"]：用于选择含有指定属性及指定属性值结尾的元素；

(5) [属性名*="属性值"]：用于选择含有指定属性，且含有某个属性值的元素。

【示例 4-20】 通过属性选择器控制页面元素的样式。

代码如下：

```
<!DOCTYPE html>
<html>
  <head>
    <meta charset="utf-8">
    <title></title>
    <style>
        [title]{
         font-size: 26px;
        }
        [title="web"]{
          text-decoration: line-through;
        }
        [title^="t"]{
          text-decoration: underline;
        }
        [title$="p"]{
          font-style: italic;
        }
        [title*="o"]{
          color: pink;
        }
    </style>
  </head>
```

```
<body>
  <p title="web">Web 前端</p>
  <p title="technology">Web 前端技术</p>
  <p title="develop">Web 前端开发</p>
  <p title="develop&technology">Web 前端开发技术
</p>
</body>
</html>
```

示例效果如图 4-19 所示。

图 4-19　属性选择器示例效果

示例说明：

示例 4-20 中，使用[title]选取所有包含该属性的元素，并将其字号设置为 26px；使用[title="web"]选取所有包含该属性且属性值为"web"的元素，为其添加删除线；使用[title^="t"]选取所有包含该属性且属性值以"t"开头的元素，为其添加下划线；使用[title$="p"]选取所有包含该属性且属性值以"p"结尾的元素，将其设置为斜体；使用[title*="o"]选取所有包含该属性且属性值中包含"o"的元素，将其设置为粉色。可以看到，最后三个段落都符合该条件，因此被设置成粉色。

4.3.5　伪元素选择器

伪元素有别于真正的元素，和元素类似，但不是真的元素，一般用于标识元素的特殊位置。CSS 伪元素选择器是在指定的 CSS 选择器中增加关键字，用来针对某个指定元素的特定部分设定样式。通过伪元素，开发者不需要借助元素的 id 或 class 属性就可以对被选择元素的特定部分定义样式。

在 CSS1 和 CSS2 中，伪元素的使用与伪类相同，都是通过一个冒号“:”与选择器相连的；但在 CSS3 中，伪元素单冒号的使用方法改为了双冒号“::”，以此来区分伪类和伪元素。

CSS 常用的伪元素如下：

(1) ::first-letter：用于文本首字母特殊样式的设置；

(2) ::first-line：用于文本首行特殊样式的设置；

(3) ::selection：用于文本选中内容特殊样式的设置；

(4) ::placeholder：用于匹配表单输入框的 placeholder 属性。

【示例 4-21】通过伪元素选择器控制页面元素的样式。

代码如下：

```
<!DOCTYPE html>
<html>
  <head>
    <meta charset="utf-8">
    <title></title>
    <style>
      p::first-letter{
```

```
        font-size: 30px;
    }
    p::first-line{
        color: red;
        font-weight: bold;
    }
    p::selection{
        color: pink;
        background-color: cornflowerblue;
    }
    input::placeholder{
        color: rgba(0, 0, 255, 0.2);
    }
  </style>
</head>
<body>
  <p>如今，在互联网高速发展的情况下，越来越多的传统行业都选择将业务与互联网相结合，电脑端的和移动端相辅相成的用户体验，更使得 Web 前端开发这一职业越来越受到企业们的重视，而最近几年，各种前端框架层出不穷，H5 开发模式也越来越流行，由此可见大前端时代已经到来。</p>
    <input type="text" placeholder="请输入编号">
</body>
</html>
```

示例效果如图 4-20 所示。

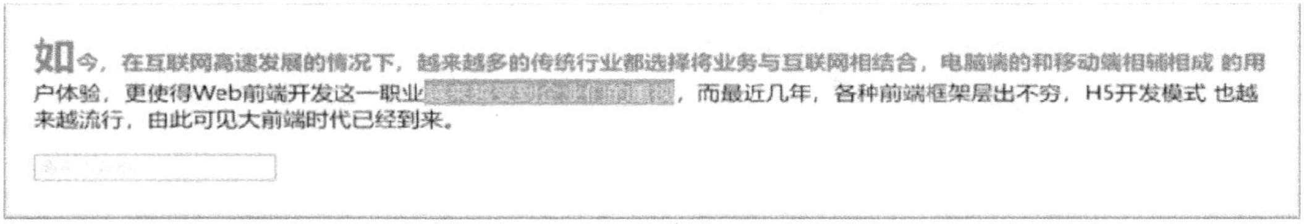

图 4-20　伪元素选择器示例效果

示例说明：

示例 4-21 中，p::first-letter{font-size: 30px;}将<p>元素中内容的首字母字号设置为 30px，p::first-line{color: red;font-weight: bold;}将<p>元素中内容的首行设置为红色，且字体加粗，p::selection{color: pink;background-color: cornflowerblue;}设置了选中内容的字体颜色及背景颜色，input::placeholder{color: rgba(0, 0, 255, 0.2);}设置了表单输入框<input>的 placeholder 属性。

CSS 伪元素选择器还可以利用 CSS 创建新标签元素，而不需要 HTML 标签，因此可以简化 HTML 结构。其常用类型如下：

(1) ::before：可在元素内容之前插入新的内容；

(2) ::after：可在元素内容之后插入新的内容。

注意：

(1) ::before 和::after 创建的元素属于行内元素；

(2) ::before 和::after 创建的元素在文档树中是找不到的，因此称为伪元素。

【示例 4-22】 通过伪元素选择器创建标签元素。

代码如下：

```
<!DOCTYPE html>
<html>
  <head>
    <meta charset="utf-8">
    <title></title>
    <style>
      p::before{
        content: "2023";
      }
      p::after{
        content: "技术";
      }
    </style>
  </head>
  <body>
      <p>Web 前端</p>
  </body>
</html>
```

示例效果如图 4-21 所示。

2023Web前端技术

图 4-21　伪元素选择器 before&after 示例效果

示例说明：

示例 4-22 中，p::before{content: "2023";}在<p>原有内容“Web 前端”前插入了“2023”，p::after{content: "技术";}在<p>原有内容“Web 前端”后插入了“技术”。

4.4　CSS 的基本特性

4.4.1　继承特性

CSS 的继承特性是指子元素可以继承父元素的可继承的样式风格，并且可以在此基础上进行修改，产生新的样式风格，但完全不影响父元素的样式风格。适当的使用继承可以简化代码，降低 CSS 样式的复杂性。

【示例 4-23】 CSS 的继承特性举例。

代码如下：

```
<!DOCTYPE html>
<html>
  <head>
    <meta charset="utf-8">
    <title></title>
    <style>
      div{
        font-size: 26px;
      }
      div p{
        text-decoration: underline;
      }
    </style>
  </head>
  <body>
    <div>
      Web 前端技术
      <p>我是 div 的子元素，我可以继承 div 的样式</p>
    </div>
    <p>我不是 div 的子元素，我不能继承 div 的样式</p>
  </body>
</html>
```

示例效果如图 4-22 所示。

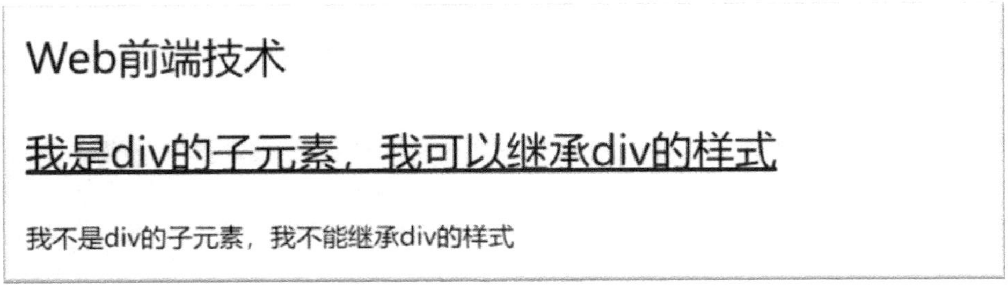

Web前端技术

我是div的子元素，我可以继承div的样式

我不是div的子元素，我不能继承div的样式

图 4-22　CSS 继承特性示例效果

示例说明：

示例 4-23 中，位于<div>里面的<p>元素，作为<div>的子元素继承了<div>关于字号的样式，而位于<div>外的<p>元素则不能继承该样式。代码 div p{text-decoration: underline;}对于<div>的子元素<p>的样式的修改不会影响其父元素<div>的样式。

4.4.2 层叠特性

CSS 的层叠特性是指，当多种 CSS 样式不冲突时可以叠加。当给同一个元素设置相同的样式名、不同的样式值时，会产生“冲突”，此时，最终呈现的效果取决于选择器的权重，谁的权重高，就呈现谁的效果。复合选择器有权重叠加的问题，权重会叠加，但不会有进位。

不同选择器的权重值如表 4-1 所示。

表 4-1　不同选择器的权重

选择器	选择器权重
继承	0，0，0，0
标签选择器	0，0，0，1
类别选择器	0，0，1，0
ID 选择器	0，1，0，0
行内样式	1，0，0，0

【示例 4-24】 CSS 的层叠特性举例。

代码如下：

```
<!DOCTYPE html>
<html>
  <head>
    <meta charset="utf-8">
    <title></title>
    <style>
      /* 0,0,0,0 */
      div{
        color:pink;
      }
      /* 0,0,0,1 */
      p{
        color: green;
      }
      /* 0,0,1,0 */
      .p1{
        color: blue;
      }
      /* 0,1,0,0 */
      #id1{
        color: gold;
      }
```

```
        /* 0001+0010=0011 */
        p.p1{
            color: skyblue;;
        }
        /* 0001+0100=0101 */
        p#id1{
            color: purple;
        }
        /* 0001+0001+0100=0102 */
        div p#id1{
            color: red;
            text-decoration: underline;
        }
    </style>
  </head>
  <body>
    <div>
        <p class="p1" id="id1">
            Web 前端技术
        </p>
    </div>
  </body>
</html>
```

示例效果如图 4-23 所示。

图 4-23　CSS 层叠特性示例效果

示例说明：

示例 4-24 中，在对元素<p>的颜色设置中出现了冲突，通过对选择器权重进行计算和叠加，最终呈现的效果为权重最高的选择器所设定的颜色，即红色，并为其添加下划线。

4.5 综合案例

在很多网站的页面布局中，都用到了手风琴效果，大部分情况下需要使用 JavaScript 来实现该效果，在本案例中，使用纯 CSS 结合伪类选择器实现一个简单的手风琴效果。页面效果图如图 4-24 所示，具体代码如下：

图 4-24　使用 CSS 实现手风琴效果

```
<!DOCTYPE html>
<html>
  <head>
    <meta charset="utf-8">
    <title></title>
    <style type="text/css">
      * {  /* 通用选择器，消除页面的内外边距 */
        padding: 0;
        margin: 0;
      }
      div{
        display: flex;  /* 弹性布局，实现页面元素的水平居中和垂直居中 */
        justify-content: center;
        align-items: center;
        height: 100vh;
        background-color: #002099;
      }
      div ul {
        width: 1000px;
        height: 320px;
        overflow: hidden;  /* 超出的部分隐藏 */
        transition: all .1s;  /* 过渡为 0.1 秒 */
      }
      div ul li {
        float: left;
        list-style-type: none;
        width: 150px;
        height: 320px;
```

```
            transition: all .3s;
        }
        div ul:hover li {
            width: 100px;    /*鼠标悬停时，所有 li 的宽度变为 100px */
        }
        div ul li:hover {
            width: 600px;   /* 鼠标悬停时，当前的宽度变为 600px */
        }
    </style>
</head>
<body>
    <div>
        <ul>
            <li>
                <img src="img/1.jpg" alt="" />
            </li>
            <li>
                <img src="img/2.jpg" alt="" />
            </li>
            <li>
                <img src="img/3.jpg" alt="" />
            </li>
            <li>
                <img src="img/4.jpg" alt="" />
            </li>
            <li>
                <img src="img/5.jpg" alt="" />
            </li>
        </ul>
    </div>
</body>
</html>
```

案例说明：

上述案例中，使用弹性布局实现页面元素的水平居中和垂直居中，并通过伪类选择器，在鼠标悬停时改变<li>的宽度，以此使用纯 CSS 实现了手风琴效果。

本 章 小 结

本章主要介绍了 CSS 的基本概念、引用方法、选择器及其基本特性等。

CSS 的出现，实现了内容和样式的分离，便于网页风格的统一，根据 CSS 代码位置的不同，CSS 可分为行内样式表、内嵌样式表、链接样式表和导入样式表。其中内嵌样式表、链接样式表为我们使用最多的两种形式。

CSS 的选择器分为基本选择器、复合选择器、伪类选择器、属性选择器和伪元素选择器等。其中基本选择器包括标签选择器、类别选择器、ID 选择器和通用选择器等，复合选择器包括交集选择器、并集选择器、后代选择器、子选择器、相邻兄弟选择器和通用兄弟选择器等，伪类选择器有动态伪类选择器、结构伪类选择器、状态伪类选择器、否定伪类选择器等，掌握选择器的使用方法就可以选取任何需要设置样式的 HTML 元素。

CSS 具有继承特性和层叠特性，子标签会继承父标签的样式风格，当多种样式应用到某一个对象上面时，会产生“冲突”，而最终呈现的效果取决于选择器的权重，谁的权重高，就呈现谁的效果。

习题与实验 4

一、选择题

1. CSS 是(　　)的缩写。

A. Colorful Style Sheets　　B. Cascading Style Sheets

C. Creative Style Sheets　　D. Computer Style Sheets

2. 引用外部样式表的元素应该放在(　　)。

A. head 元素中　　B. body 元素中

C. HTML 文档的开始的位置　　D. HTML 文档的结束的位置

3. 下列选项中对 CSS 样式表的定义格式正确的是(　　)。

A. {body:color=blue(body);}　　B. body:color=blue;

C. body {color：blue;}　　D. {body；color：blue;}

4. 以下关于类别选择器和 ID 选择器的说法错误的是(　　)。

A. 类别选择器的定义方法是：.类名{样式}；

B. ID 选择器的应用方法是：<指定标签 id="id 名">

C. 类别选择器的应用方法是：<指定标签 class="类名">

D. ID 选择器和类别选择器只是在写法上有区别，在应用和意义上没有区别

5. 下列选项中 CSS 样式的优先级最高的是(　　)。

A. id 样式　　B. 标签样式

C. 行内样式　　D. class 样式

二、填空题

1. CSS 中 ID 选择器在元素的前面要有指示符 ________。

2. CSS 伪类选择器中 ________ 为未访问链接的超级链接文本样式，________为已访问过的超级链接文本样式，________为鼠标悬停到超级链接文本上方的样式，________为在超级链接激活时的样式。

3. CSS 具有继承特性和 ________特性。

三、实验题

1. 使用链接外部样式表，实现如图 4-25 所示的页面效果，设计要求如下：

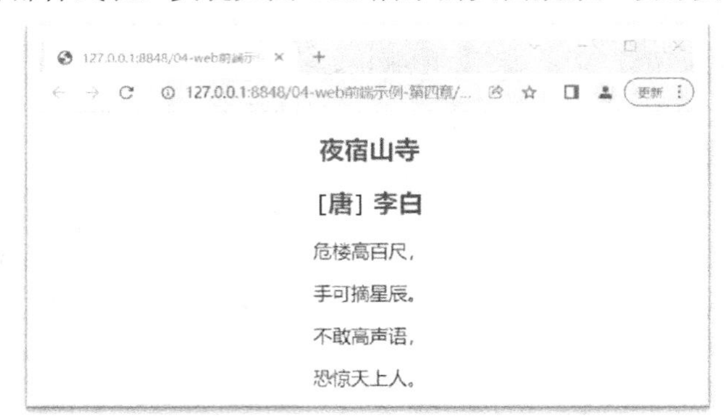

图 4-25　古诗排版效果图

(1) 新建两个外部样式表 red.css 和 blue.css；

(2) 使用链接外部样式表的方式引入这两个 CSS 样式表；

(3) 在外部样式表 red.css 中，通过标签选择器实现标题和作者文本 24px、红色、居中效果；

(4) 在外部样式表 blue.css 中，通过标签选择器实现诗体文本 18px、蓝色、居中效果。

2. 实现新浪微博网页效果，如图 4-26 所示，设计要求如下：

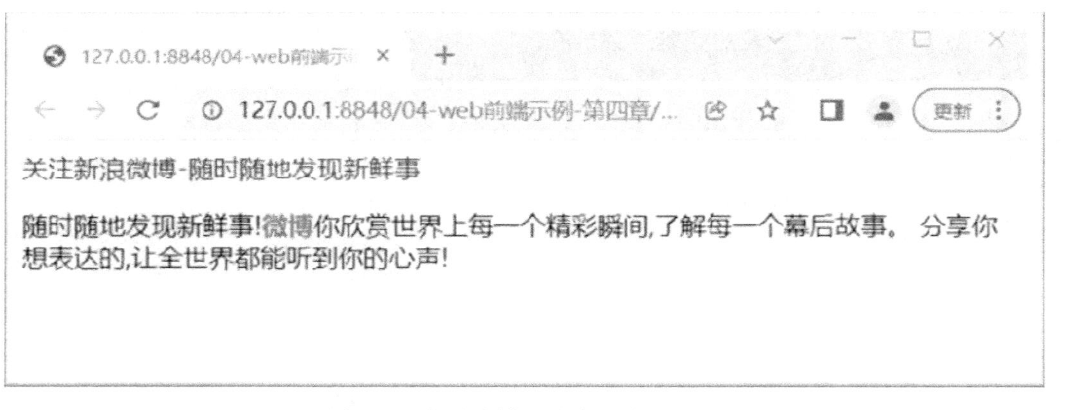

图 4-26　新浪微博网页效果图

(1) 使用伪类选择器设置超链接样式，在未访问状态下为蓝色、没有下划线，在悬停状态下为红色、加下划线；

(2) 设置文本为黑体、16px、黑色字体；

(3) 设置“微博”为红色、加粗字体。

第 5 章

CSS 盒子模型

思维导图

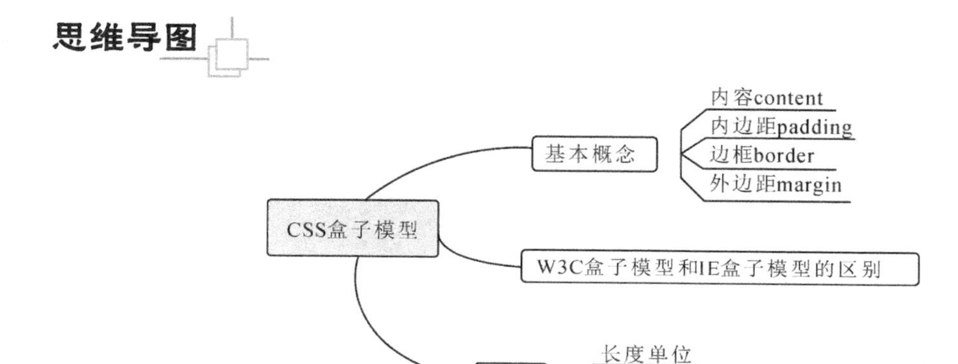

学习目标

(1) 掌握 W3C 标准盒子模型的概念。
(2) 了解 W3C 盒子模型和 IE 盒子模型的区别。
(3) 了解 CSS 中的长度单位和颜色单位。

在第 4 章中，我们介绍了如何使用元素、类和 ID 选择器等不同类型的选择器，以及它们在 CSS 样式表中的用法。本章我们将转向另一个重要的 CSS 概念——盒子模型。盒子模型是 CSS 布局的基础，它描述了元素如何被渲染以及如何与页面上的其他元素进行交互。在本章中，我们将详细介绍盒子模型的组成、类型及如何应用它来解决常见的布局问题，在理解盒子模型之后，我们将能够更轻松地使用 CSS 技术控制元素的布局、位置和尺寸。

5.1 CSS 盒子模型概述

5.1.1 CSS 盒子模型概念

CSS 盒子模型可以理解为将 HTML 元素看作是一个矩形的盒子，这个盒子由内容区域、内边距、边框和外边距四个部分组成，每个部分都有其特定的作用和属性。盒子模型示意图如图 5-1 所示。

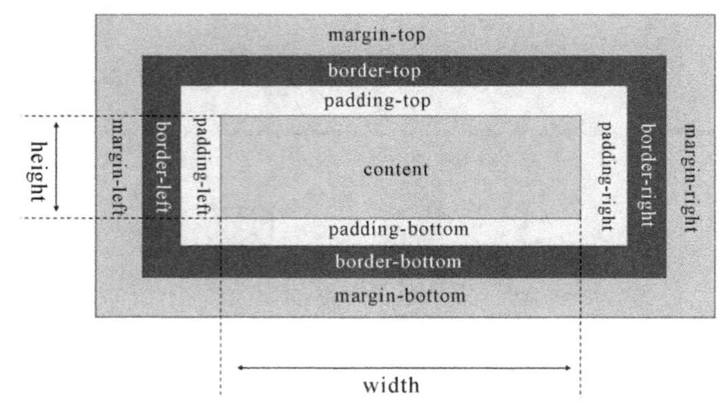

图 5-1 盒子模型

内容区域(content)是元素实际显示内容的部分，可以包含文本、图像、媒体等。内容区域的大小由元素的宽度和高度属性决定。

内边距(padding)是内容区域与边框之间的空白区域，用于调整内容与边框之间的距离。内边距可以通过 CSS 中 padding 属性来设置，可以为元素提供额外的空间或改变元素的外观。

边框(border)是包围内容和内边距的线条，用于界定元素的边界和形状。边框可以通过 CSS 中 border 属性来设置，可以控制边框的样式、宽度和颜色。

外边距(margin)是元素与相邻元素之间的空白区域，用于调整元素与其他元素之间的距离。外边距可以通过 CSS 中 margin 属性来设置，可以改变元素之间的间隔和布局。

理解盒子模型的重要性在于页面中盒子的属性值的大小决定了元素在页面中的尺寸和位置。通过调整盒子模型的各个部分，可以实现元素的布局和排列。

5.1.2 内边距 padding

填充属性是 padding，也称为内边距，表示元素内容与边框之间的距离，属性值为长度值、百分数，属性效果是包含在元素边框里面并围绕着元素内容的“元素背景”，也称内空白。内边距可以用于控制元素内部内容与边框之间的距离。通过设置内边距，可以调整元素的大小、形状和布局效果。

基本语法：

padding-(top|right|bottom|left): 长度单位|百分比

padding 属性值的设置如下所示：

padding-top：设置元素的上内边距。

padding-bottom：设置元素的下内边距。

padding-left：设置元素的左内边距。

padding-right：设置元素的右内边距。

padding：可以同时设置上、下、左、右四个方向的内边距。

语法说明：

(1) 通过调整元素的内边距，可以实现不同的布局效果。例如，可以通过设置元素的内边距来增加元素的可点击区域，或者通过设置内边距来调整元素内部内容的对齐方式和间距。

(2) 内边距的值只能是正值，它会增加元素的尺寸，并将内容区域与边框之间的距离扩大。

(3) 内边距的值可以使用百分比来表示，相对于父元素的宽度进行计算，这种方式可以实现响应式布局效果。

例如：

```
padding:10px 10px 20px 30px;    /*按顺时针方向分别设置上、右、下、左内边距*/
padding:10px 20px 30px;    /*设置上内边距为 10px、左右内边距为 20px、下内边距为 30px*/
padding:20px 30px;         /*设置上下内边距为 20px、左右内边距为 30px*/
padding:10px ;             /*设置 4 个内边距均为 10px*/
p{padding-top:20px;}       /*设置上内边距为 20px*/
p{padding-bottom:20%;}     /*设置下内边距为父元素宽度的 20%*/
```

5.1.3　边框 border

边框 border 是 CSS 盒子模型的一个重要属性，它可以为元素添加一个可见的边框，使其在页面中更加突出和有层次感。在 CSS 中，border 属性用于定义元素的边框样式(border-style)、边框宽度(border-width)和边框颜色(border-color)。

1. border-style 属性

border-style 属性用于设置不同风格的边框样式。

基本语法：

```
border-style:none|hidden|dotted|dashed|solid|double|groove|ridge|inset|outset
```

属性说明：

边框样式也可以通过单边样式属性进行设置，具有 4 个单边边框样式属性：

```
border-top-style：样式值；        /*设置上边框的风格样式*/
border-right-style：样式值；      /*设置右边框的风格样式*/
border-bottom-style：样式值；     /*设置下边框的风格样式*/
border-left-style：样式值；       /*设置左边框的风格样式*/
```

【示例 5-1】 对段落<p>设置不同类型的边框样式。

代码如下：

```
<!DOCTYPE html>
<html>
  <head>
    <style>
      p.none {border-style: none;}
      p.dotted {border-style: dotted;}
      p.dashed {border-style: dashed;}
      p.solid {border-style: solid;}
      p.double {border-style: double;}
      p.groove {border-style: groove;}
      p.ridge {border-style: ridge;}
```

```
        p.inset {border-style: inset;}
        p.outset {border-style: outset;}
        p.hidden {border-style: hidden;}
        p.mix {border-style: dotted dashed solid double;}
    </style>
</head>
<body>
    <h1>border-style 属性</h1>
    <p>此属性规定要显示的边框类型：</p>
    <p class="none">这是无边框。</p>
    <p class="dotted">这是点状边框。</p>
    <p class="dashed">这是虚线边框。</p>
    <p class="solid">这是实线边框。</p>
    <p class="double">这是双线边框。</p>
    <p class="groove">这是凹槽边框。</p>
    <p class="ridge">这是垄状边框。</p>
    <p class="inset">这是 3D inset 边框。</p>
    <p class="outset">这是 3D outset 边框。</p>
    <p class="hidden">这是隐藏边框。</p>
    <p class="mix">这是混合边框。</p>
</body>
</html>
```

示例效果如图 5-2 所示。

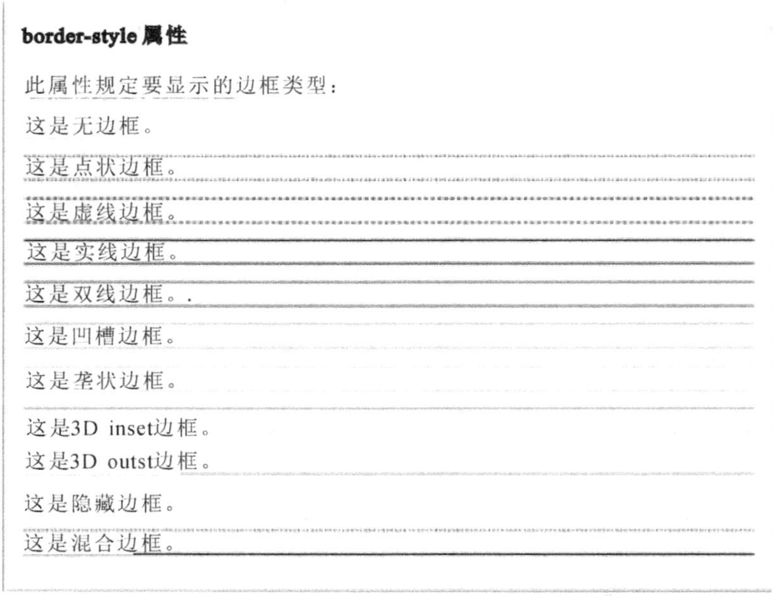

border-style 属性

此属性规定要显示的边框类型：

这是无边框。

这是点状边框。

这是虚线边框。

这是实线边框。

这是双线边框。.

这是凹槽边框。

这是垄状边框。

这是3D inset边框。

这是3D outst边框。

这是隐藏边框。

这是混合边框。

图 5-2　设置边框样式属性

2. border-width 属性

border-width 属性用于设置边框的宽度，其值可以是长度值或关键字 thin(小于默认宽度)、medium(默认宽度)、thick(大于默认宽度)。

基本语法：

```
border-width: medium|thin|thick|length
```

属性说明：

边框宽度也可以通过单边宽度属性进行设置，具有 4 个单边边框宽度属性：

```
border-top-width：样式值；         /*设置上边框的宽度*/
border-right-width：样式值；       /*设置右边框的宽度*/
border-bottom-width：样式值；      /*设置下边框的宽度*/
border-left-width：样式值；        /*设置左边框的宽度*/
```

【示例 5-2】 对段落<p>设置不同类型的边框宽度。

代码如下：

```
<!DOCTYPE html>
<html>
  <head>
    <style>
      p.one {    border-style: solid;border-width: 5px;}
      p.two {border-style: solid;border-width: medium;}
      p.three {border-style: dotted;border-width: 2px;}
      p.four {border-style: dotted;border-width: thick;}
      p.five {border-style: double;border-width: 15px;}
      p.six {border-style: double;border-width: thick;}
    </style>
  </head>
  <body>
    <h1>border-width  属性</h1>
    <p>此属性规定四条边框的宽度：</p>
    <p class="one">实线 5px 宽度</p>
    <p class="two">实线中等宽度</p>
    <p class="three">点虚线 2px 宽度</p>
    <p class="four">点虚线厚宽度</p>
    <p class="five">双线 15px 宽度</p>
    <p class="six">双线厚宽度</p>
  </body>
</html>
```

示例效果如图 5-3 所示。

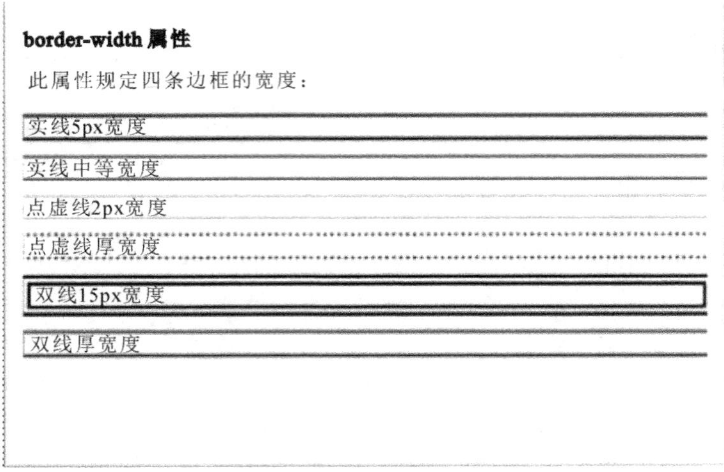

图 5-3 设置边框宽度属性

3. border-color 属性

border-color 属性用于设置边框的颜色，与 color 类似，border-color 属性可以设置多个值，支持值复制。需要注意的是 border-color 属性单独使用时不起作用，需首先使用 border-style 属性设置样式。

基本语法：

```
border-color: color    /*设置四个边框的颜色*/
```

属性说明：

边框颜色也可以通过单边颜色属性进行设置，具有 4 个单边边框颜色属性：

```
border-top-color：样式值；          /*设置上边框的颜色*/
border-right-color：样式值；        /*设置右边框的颜色*/
border-bottom-color：样式值；       /*设置下边框的颜色*/
border-left-color：样式值；         /*设置左边框的颜色*/
```

4. border 复合属性

如果对上、下、左、右四条边框设置同样的样式、宽度及颜色，可以直接使用 border 复合属性，一次设置边框的粗细、样式和颜色。

基本语法：

```
border: border-width|border-style|border-color
```

【示例 5-3】 对段落<p>设置复合边框属性。

代码如下：

```
<!DOCTYPE html>
<html>
  <head>
    <style>
      p {border: 5px solid red;}
    </style>
```

```
    </head>
    <body>
      <h1>border 属性</h1>
      <p>此属性是 border-width、border-style 以及 border-color 的简写属性。</p>
    </body>
  </html>
```

示例效果如图 5-4 所示。

border 属性

此属性是 border-width、border-style 以及 border-color 的简写属性。

图 5-4　设置边框复合属性

5.1.4　外边距 margin

CSS 盒子模型的外边距(margin)是指元素与相邻元素之间的空白区域。它可以用于控制元素与相邻元素之间的间距。通过设置外边距，可以调整元素的位置、对齐方式和布局效果。通过调整元素的外边距，可以实现不同的布局效果。

基本语法：

```
margin-(top|right|bottom|left): 长度单位|百分比|auto
```

margin 属性值的设置如下所示：

margin-top：设置元素的上外边距。

margin-bottom：设置元素的下外边距。

margin-left：设置元素的左外边距。

margin-right：设置元素的右外边距。

margin：可以同时设置上、下、左、右四个方向的外边距。

语法说明：

(1) auto 表示采用默认值，由浏览器计算边距；可以通过设置元素的上下外边距为 auto，使元素在垂直方向上居中对齐；或者通过设置元素的左右外边距为 auto，使元素在水平方向上居中对齐。

(2) 设置边界需要设置四个参数值，分别是表示“上、右、下、左”四个边。如果只设一个参数，则表示四个边界相同；如果只设两个参数，则第一个参数表示上、下边界，第二个参数表示左、右边界；如果设置三个参数，则第一个参数表示上边界，第二个参数表示左右边界，第三个参数表示下边界。

(3) 外边距不会影响元素的宽度和高度，它只会影响元素与其他元素之间的间距。

(4) 在 CSS 中，margin 属性值可以是负值，可以用来调整元素之间的距离。例如 margin-top：-10px，意味着盒子向上移 10 像素。

(5) 外边距在某些情况下会发生合并现象。当两个相邻元素的上下外边距相遇时，它们会合并为一个外边距，取其中较大的值。这种合并现象在垂直方向上的外边距中常常出现。

例如：

```
margin:10px 10px 20px 30px;      /*按顺时针方向分别设置上、右、下、左外边距*/
margin:10px 20px 30px;           /*设置上外边距为 10px、左右外边距为 20px、下外边距为 30px*/
margin:20px 30px;                /*设置上下外边距为 20px、左右外边距为 30px*/
margin:10px ;                    /*设置 4 个外边距均为 10px*/
p{margin-top:20px;}              /*设置上外边距为 20px*/
p{margin-right:2em;}             /*设置右外边距为上一字符大小的 2 倍*/
p{margin-left:20%;}              /*设置左外边距为父元素宽度的 20%*/
```

5.2　W3C 盒子模型和 IE 盒子模型的区别

W3C 盒子模型和 IE 传统盒子模型是两种不同的 CSS 盒子模型，用于描述 HTML 元素在浏览器中的布局和渲染方式。它们之间的主要区别在于边框和内边距的计算方式。

W3C 盒子模型是标准盒子模型，也被称为内容盒子模型。在 W3C 盒子模型中，一个元素的总宽度和高度由内容区域的宽度和高度决定，不包括边框和内边距。

IE 传统盒子模型是一种非标准的盒子模型，也被称为 IE 盒子模型。在 IE 传统盒子模型中，一个元素的总宽度和高度包括了内容区域、内边距、边框以及可选的外边距。

W3C 盒子模型和 IE 盒子模型对比图如图 5-5 所示。

■ W3C盒子模型

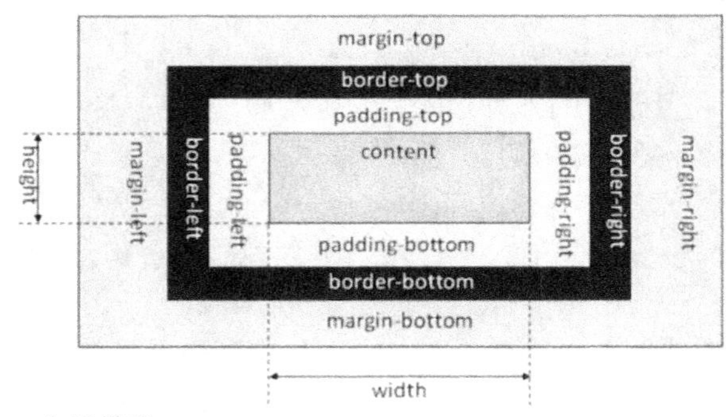

■ IE盒子模型

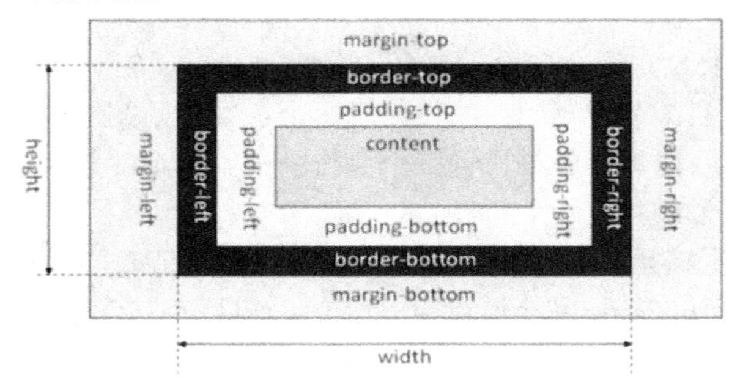

图 5-5　W3C 盒子模型和 IE 盒子模型对比图

在 CSS 中，可以通过设置 box-sizing 属性来指定使用哪种盒子模型。默认情况下，box-sizing 属性值为 content-box，即使用 W3C 盒子模型。如果将 box-sizing 属性值设置为

border-box，则使用 IE 盒子模型，元素的宽度和高度将包括边框和内边距。

需要注意的是，IE 盒子模型在旧版本的 Internet Explorer 浏览器中被广泛支持，但在现代浏览器中，W3C 盒子模型是标准的盒子模型。因此，为了保持一致性和跨浏览器的兼容性，通常建议使用 W3C 盒子模型。

5.3　CSS 常用单位

在 CSS 中，最具挑战性的部分之一是选择适当的单位。从长度单位到颜色单位，再到 URL 地址等，单位的选择很大程度上取决于用户的显示器和浏览器。单位不正确可能会导致页面布局出现许多问题，因此在设置属性值时，须慎重考虑，合理使用适当的单位。

5.3.1　长度单位

在长度单位中，最常见的是相对长度单位及绝对长度单位这两种类型，不同的显示器和浏览器可能会要求不同，因此这里对这两种类型的单位进行详细介绍。

1. 绝对长度单位

绝对长度单位在网页中很少使用，一般多用在传统平面印刷中，但在特殊场合使用绝对长度单位也是很有必要时的。CSS 中经常使用的绝对长度单位包括英寸、厘米、毫米、磅和皮卡等，下面分别进行说明。

(1) 英寸(in)：使用最广泛的长度单位(1in=2.54cm)。

(2) 厘米(cm)：生活中最常用的长度单位。

(3) 毫米(mm)：在研究领域使用广泛。

(4) 磅(pt)：在印刷领域使用广泛，也称为点。CSS 中也常用 pt 设置字体大小，12 磅的字体等于 1/6 英寸大小(1pt=1/72in)。

(5) 皮卡(pc)：在印刷领域使用，1pc=12pt，所以也称为 12 点活字。

2. 相对长度单位

相对长度单位与绝对长度单位相比，相对长度单位长度不是固定的，它所设置的对象受屏幕分辨率、视觉区域、浏览器设置以及相关元素的大小等因素影响。CSS 中经常使用的相对长度单位包括 em、ex、px、%、vh、vw 等，下面分别进行说明。

(1) em：表示其单位长度根据元素的文本垂直长度来决定。

(2) ex：表示根据所使用的字体中小写字母 x 的高度作为参考。在实际使用中，浏览器将通过 em 的值除以 2 得到 ex 的值。

(3) px：表示其单位长度根据屏幕像素点来确定，这样不同的显示分辨率就会使相同取值的 px 单位所显示出来的效果截然不同。

(4) %：百分比的值总是通过另一个值来进行计算，一般参考父元素中相同属性值。

(5) vh：相对于视口高度的百分比。例如，height: 50vh; 表示元素的高度为视口高度的 50%。

(6) vw：相对于视口宽度的百分比。例如，height: 50vw; 表示元素的宽度为视口高度的 50%。

5.3.2 颜色单位

在 CSS 样式设置中经常会用到颜色，比如 color 属性用于设置元素字体的颜色，该属性的语法比较简单，但取值比较多样，可以用颜色英文名称、rgb()函数、十六进制数等形式来表达。

1. 颜色英文名称

使用 red、blue、yellow 等 CSS 预定义的表示颜色的参数。CSS 预定义了 17 种颜色，常用颜色包括红色(red)、蓝色(blue)、绿色(green)、黄色(yellow)、橙色(orange)、紫色(purple)、粉色(pink)、棕色(brown)、黑色(black)、白色(white)等。

2. rgb()函数

使用 rgb(r, g, b)函数或 rgb(r%, g%, b%)函数，其中字母 r、g、b 分别表示颜色分量为红色、绿色、蓝色，前者参数的取值为 0～255，后者参数的取值为 0～100。

3. 十六进制数

使用“#rrggbb”或”“#rgb”的形式，其中每个两位十六进制数从 0～F 取值，例如“#FFC0CB”表示 pink。

本 章 小 结

本章深入讲解了 CSS 盒子模型的概念，并详细介绍了 W3C 标准盒子模型的内容、边框、内边距和外边距，以及 W3C 盒子模型和传统 IE 盒子模型的区别。同时，还介绍了 CSS 中常用的长度单位和颜色单位。通过学习相对长度单位和绝对长度单位的概念，以及深入了解盒子模型，为后续学习 CSS 常用样式和布局定位打下了坚实的基础。本章内容将帮助我们更好地理解和运用 CSS，从而能够创建出符合设计要求的网页布局。

习题与实验 5

一、选择题

1. 盒子模型包括(　　)。
A. 内容、边框、内边距、外边距
B. 文本、边框、填充、间距
C. 宽度、高度、颜色、位置
D. 内容、背景、字体、外观

2. 相对长度单位 em 的特点是(　　)。
A. 相对于父元素的字体大小
B. 相对于屏幕宽度
C. 相对于浏览器默认字体大小
D. 相对于元素自身的字体大小

3. 绝对长度单位 px 的特点是(　　)。

A. 相对于父元素的字体大小
B. 相对于屏幕宽度
C. 相对于浏览器默认字体大小
D. 固定像素大小，不随其他因素变化
4. 下面可以正确表示 CSS 颜色属性值的是(　　)。
A. rgb(127, 127, 127)
B. Red
C. #fff
D. 以上所有选项都正确
5. 在 CSS 中，用来设置盒子的边框宽度、样式和颜色的属性是(　　)。
A. border-width
B. border-style
C. border-color
D. 以上所有选项都正确

二、填空题

1. 在 CSS 中，盒子的模型包括 ________、内边距、________和________四个部分。
2. CSS 中的边距属性可以控制元素与周围元素的距离，这些属性是____________和____________。
3. 在 CSS 中，使用________属性来设置文本的颜色。
4. 要在 CSS 中设置元素的宽度和高度，通常使用________和________属性。
5. 在 CSS 中，使用________属性来设置元素的字体大小。

三、实验题

根据以下两个示例代码在 Hbuilder 中进行实验，并计算出两个盒子的大小。
示例 a:

```
div {
  width: 300px;
  height: 200px;
  border: 10px solid black;
  margin: 20px;
  padding: 10px;
}
```

示例 b:

```
div {
  width: 300px;
  height: 200px;
  border: 10px solid black;
  padding: 10px;
  box-sizing: border-box;
}
```

第6章

CSS常用样式

思维导图

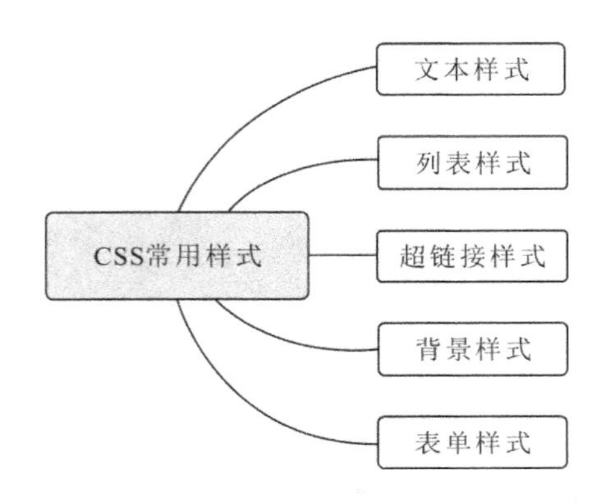

学习目标

(1) 掌握页面中文本样式的设置方法。
(2) 掌握页面中列表样式的属性及设置方法。
(3) 了解超链接样式涉及的伪类选择器及属性和设置方法。
(4) 了解 CSS3 的背景样式的属性及设置方法。
(5) 掌握页面中表单类样式的属性及应用。

为了使页面易于维护和修改，可以通过使用 CSS 将页面中的样式集中到一个外部样式表中，将样式与 HTML 内容分离，与此同时也须掌握 CSS 控制页面的文字、背景、列表、表格及表单等样式的属性及设置方法，使之达到精确控制每一元素的目的。本章重点介绍常用的文本样式、列表样式、超链接样式、背景样式及表单样式的属性和设置方法，以便实现所需的精确控制和定制化效果。

6.1 文本样式

6.1.1 font-size 属性

font-size 属性用于设置文本字体大小，其值可以是绝对值或相对值。绝对值不允许用

户在浏览器中改变文本字体大小；相对值是相对于周围的元素来设置大小，允许用户在浏览器中改变文本字体大小。

基本语法：

```
font-size:绝对长度大小|相对长度大小|关键字;
```

语法说明：

(1) 绝对长度大小：可以使用 in，cm，mm，pt，pc 等单位为 font-size 属性赋值。

(2) 相对长度大小：可以使用 em，ex，px，%，rh，vw 等单位为 font-size 属性赋值。

6.1.2　font-family 属性

font-family 属性用于设置字体名称。

基本语法：

```
font-family:字体 1,字体 2,...,字体 n;
```

语法说明：

属性值为多个字体名称时，可以使用逗号“，”分隔。当浏览器找不到“字体 1”时，将会用“字体 2”代替，以此类推；当浏览器完全找不到字体名称时，则使用默认字体(一般为宋体)。如果字体名称中出现空格，则必须使用双引号将字体括起来，比如“Times New Roman”。

需要注意的是，字体名称可以是具体的字体名称，也可以是通用的字体系列，如 sans-serif、serif、monospace 等。通用字体系列会根据操作系统和浏览器的默认字体来显示。

【示例 6-1】 对页面中显示文字设置字体大小及字体。

核心代码如下：

```
#p1{ font-size:24px;
    font-family:宋体,"Times New Roman", serif;
    }
```

示例效果如图 6-1 所示。

这段文字的字体是24px，字体为宋体。

图 6-1　设置字体大小、字体属性

6.1.3　font-variant 属性

font-variant 属性用于设置字体变体，主要用于设置英文字体。

基本语法：

```
font-variant:normal| small-caps;
```

语法说明：

属性值为 normal 表示正常的字体，是 font-variant 属性的默认值；属性值为 small-caps 表示使用小型的大写字母字体，意味着所有的小写字母均会被转为大写字母。

6.1.4 font-style 属性

font-style 属性用于设置文本的字体风格，该属性可以控制文本字体显示的斜体形式。

基本语法：

```
font-style:normal| italic| oblique;
```

语法说明：

(1) normal 表示文本以默认的字体风格显示，即正常字体。

(2) italic 表示文本以斜体形式显示。斜体字体通常具有向右倾斜的外观。

(3) oblique 表示文本以倾斜形式显示，类似于斜体字体。但与 italic 不同的是，oblique 并不是基于字体本身的斜体设计，而是通过倾斜字形来实现。

(4) font-style 属性是可继承的，如果在父元素上设置了 font-style 属性，子元素通常会继承该属性值。但是，如果在子元素上显式地设置了 font-style 属性，将覆盖继承的值。

6.1.5 font-weight 属性

在 HTML 中使用<strong></strong>或<b></b>标签来设置字体加粗。在 CSS 中可以使用 font-weight 属性用于设置文本字体的粗细。

基本语法：

```
font-weight:normal|bold|lighter|bolder|100|200|300|...|900;
```

语法说明：

(1) normal 表示文本以默认的字体粗细显示，即正常字体。

(2) bold 表示文本以粗体形式显示。粗体字体通常具有更加明显的笔画粗细。

(3) lighter 表示文本以比正常字体更轻的粗细显示。

(4) bolder 表示文本以比正常字体更粗的粗细显示。

(5) 数字值可以使用从 100 到 900 的数值来指定字体的具体粗细程度，数值越大表示字体越粗。

(6) font-weight 属性是可继承的。

(7) 字体本身必须支持所设置的粗细程度，否则浏览器会根据字体的最接近粗细程度来显示文本。

6.1.6 font 复合属性

font 属性是一种复合属性，可以同时对文字设置多个属性。包括字体、大小、风格、加粗及字体变体。

基本语法：

```
font:font-style font-weight font-variant font-size/line-height font-family
```

语法说明：

(1) 利用 font 属性同时设置多个文字属性时，属性与属性之间必须使用空格隔开。

(2) 前三个属性次序不定或省略，默认为 normal。

(3) 大小和字体系列必须显式指定，先设置大小，再设置字体系列。

(4) 行高必须直接出现在字体大小的后面，中间用“/”分开，行高为可选的属性。

(5) font 属性是可继承的。

【示例 6-2】 设置字体变体、粗细、复合属性。

代码如下：

```
<!DOCTYPE html>
<html>
  <head>
    <meta charset="utf-8">
    <title>设置字体变体、粗细、复合属性</title>
    <style type="text/css">
      h3{text-align: center;color: blue;}
      hr{color: #660066;}
      #p1{font-variant: normal;font-weight: lighter;}
      #p2{font-variant: small-caps;font-weight: bold;}
      #p3{font-weight: 600;font: italic 28px 黑体;}
      #p4{font: italic bolder small-caps 24px 宋体;}
    </style>
  </head>
  <body>
    <h3>设置字体变体、粗细、复合属性</h3>
    <hr>
    <p>两岸猿声啼不住，轻舟已过万重山。(初始默认状态)</p>
    <p id="p1">两岸猿声啼不住，轻舟已过万重山。hello world! 正常较细字体</p>
    <p id="p2">两岸猿声啼不住，轻舟已过万重山。hello world! 小型大写字母、字体标准粗细</p>
    <p id="p3">两岸猿声啼不住，轻舟已过万重山。hello world! 粗细为 600、斜体、字号 28px、字体黑体</p>
    <p id="p4">两岸猿声啼不住，轻舟已过万重山。hello world! 斜体、特粗、小型大写、字号 24px、字体宋体</p>
  </body>
</html>
```

示例效果如图 6-2 所示。

图 6-2　设置字体复合属性

6.1.7 letter-spacing 属性

letter-spacing 属性可以设置字符与字符之间的距离。

基本语法：

```
letter-spacing:normal|长度单位
```

语法说明：

normal 表示默认间距，长度一般为正数，也可以使用负数，取决于浏览器是否支持。word-spacing 属性主要针对英文单词，而 letter-spacing 属性对中文、英文字符串均起作用。

6.1.8 line-height 属性

line-height 属性用于设置行与行之间的距离。

基本语法：

```
line-height : normal | length
```

语法说明：

line-height 属性值为 normal，表示正常行高，此值为默认。line-height 属性值也可以取百分比、数字，百分比取值是基于字体的高度，由浮点数和单位标识符组成的长度值，允许为负值。

6.1.9 text-indent 属性

在 HTML 中，段落首行空 2 个字符的排版格式往往需要通过插入 4 个“ ”才能实现，而在 CSS 中首行缩进量可以使用 text-indent 属性来设置。

基本语法：

```
text-indent: 长度单位|百分比单位
```

语法说明：

长度单位可以使用绝对长度单位和相对长度单位，也可以使用百分比单位。

【示例 6-3】 同时设置字符间距、行高及首行缩进的案例。

代码如下：

```
<!DOCTYPE html>
<html>
  <head>
    <meta charset="utf-8">
    <title>设置字符间距、行高及首行缩进</title>
    <style type="text/css">
      h3{text-align: center;color: #3300ff}
      hr{color: brown;}
      #p1{letter-spacing: 2px;line-height: 1em;text-indent: 2em;}
```

```
            #p2{letter-spacing: 4px;line-height: 1.5em;text-indent: 3em;}
            #p3{letter-spacing: 6px;line-height: 2em;text-indent:4em;
            word-spacing: 10px;}
        </style>
    </head>
    <body>
        <h3>设置字符间距、行高及首行缩进</h3>
        <hr>
        <p id="p1">全党全军全国各族人民要更加紧密地团结起来，不忘初心，牢记使命，继续把我们的人民共和国巩固好、发展好，继续为实现“两个一百年”奋斗目标、实现中华民族伟大复兴的中国梦而努力奋斗！(字符间距 2px、行高 1em、首行缩进 2em)</p>
        <p id="p2">全党全军全国各族人民要更加紧密地团结起来，不忘初心，牢记使命，继续把我们的人民共和国巩固好、发展好，继续为实现“两个一百年”奋斗目标、实现中华民族伟大复兴的中国梦而努力奋斗！(字符间距 4px、行高 1.5em、首行缩进 3em)</p>
        <p id="p3">全党全军全国各族人民要更加紧密地团结起来，不忘初心，牢记使命，继续把我们的人民共和国巩固好、发展好，继续为实现“两个一百年”奋斗目标、实现中华民族伟大复兴的中国梦而努力奋斗！(字符间距 6px、行高 2em、首行缩进 4em、单词间距 10px)</p>
    </body>
</html>
```

示例效果如图 6-3 所示。

设置字符间距、行高及首行缩进

全党全军全国各族人民要更加紧密地团结起来，不忘初心，牢记使命，继续把我们的人民共和国巩固好、发展好，继续为实现“两个一百年”奋斗目标、实现中华民族伟大复兴的中国梦而努力奋斗！(字符间距2px、行高1em、首行缩进2em)

全党全军全国各族人民要更加紧密地团结起来，不忘初心，牢记使命，继续把我们的人民共和国巩固好、发展好，继续为实现“两个一百年”奋斗目标、实现中华民族伟大复兴的中国梦而努力奋斗！(字符间距4px、行高1.5em、首行缩进3em)

全党全军全国各族人民要更加紧密地团结起来，不忘初心，牢记使命，继续把我们的人民共和国巩固好、发展好，继续为实现“两个一百年”奋斗目标、实现中华民族伟大复兴的中国梦而努力奋斗！(字符间距6px、行高2em、首行缩进4em、单词间距10px)

图 6-3　设置字符间距、行高及首行缩进

6.1.10　text-decoration 属性

text-decoration 属性主要用来完成文字加上划线、下划线、删除线等效果。

基本语法：

```
text-decoration : none| underline | overline | line-through
```

语法说明：

(1) none：表示文字无装饰。

(2) underline：表示文字加下划线。

(3) overline: 表示文字加上划线。

(4) line-through：表示文字加删除线。

6.1.11 text-transform 属性

text-transform 属性用于控制文本内容中字母的大小写转换方式。

基本语法：

```
text-transform: capitalize| uppercase| lowercase| none
```

语法说明：

(1) capitalize：将每个单词的第一个字母转换成大写，其余无转换发生。

(2) uppercase：转换成大写。

(3) lowercase：转换成小写。

(4) none：无转换发生。

需注意，text-transform 属性只对块级元素(block)和表格单元格元素(table-cell)的文本内容生效。对于行内元素(inline)来说，可以使用 text-transform 属性的值来控制其父元素的文本内容大小写转换方式。

6.1.12 text-align 属性

text-align 属性规定元素中的文本的水平对齐方式。

基本语法：

```
text-align: left | right | center | justify
```

语法说明：

(1) left：表示左对齐，默认值。

(2) right：表示右对齐。

(3) enter：表示居中。

(4) justify：表示两端对齐。

需注意，text-align 属性只对块级元素(block)和表格单元格元素(table-cell)生效。对于行内元素(inline)来说，可以使用 text-align 属性的值来控制其父元素的文本内容对齐方式。

6.1.13 vertical-align 属性

vertical-align 属性用于控制行内元素(inline)或表格单元格元素(table-cell)的垂直对齐方式。

基本语法：

```
vertical-align: baseline|top |text-top |middle |bottom |text-bottom
```

语法说明：

(1) baseline：默认值，使元素的基线与父元素的基线对齐。

(2) top：使元素的顶部与父元素的顶部对齐。

(3) text-top：使元素的顶部与父元素的文本内容的顶部对齐。

(4) middle：使元素的中部与父元素的中部对齐。

(5) bottom：使元素的底部与父元素的底部对齐。

(6) text-bottom：使元素的底部与父元素的文本内容的底部对齐。

需注意，vertical-align 属性只对行内元素和表格单元格元素生效，对块级元素无效。此外，vertical-align 属性的具体效果还受到父元素的高度、行高、字体大小等因素的影响，因此在使用时需要综合考虑。

【示例 6-4】 同时展示字符装饰 text-decoration 属性、英文大小写转换 text-transform 属性、水平对齐 text-align 属性和垂直对齐 vertical-align 属性的案例。

代码如下：

```
<!DOCTYPE html>
<html>
  <head>
    <meta charset="utf-8">
    <title>字符装饰、英文大小写、文本水平垂直对齐</title>
    <style type="text/css">
      h3{text-align: center;color: blue;}
      hr{width: 80%; color: #660066;}
      #p1{text-decoration:underline;
        text-transform: capitalize;
        text-align: left;}
      #p2{text-decoration:line-through;
        text-transform: lowercase;
        text-align: center;}
      #p3{text-decoration:overline;
        text-transform: uppercase;
        text-align: right;}
      img{ height: 80px;}
      #img1{vertical-align: text-top;}
      #img2{vertical-align: middle;}
      #img3{vertical-align: text-bottom;}
    </style>
  </head>
```

```
    <body>
      <h3>字符装饰、英文大小写、文本水平垂直对齐</h3>
      <hr>
      <p id="p1">文字下划线、首字母大写 capitalize uppercase lowercase、文字水平居左，<img
src="img/1.png" alt="" id="img1">图像居于顶部</p>
      <p id="p2">文字删除线、字母小写 capitalize uppercase lowercase、文字水平居中，<img
src="img/1.png" alt="" id="img2">图像居于中部</p>
      <p id="p3">文字上划线、字母大写 capitalize uppercase lowercase、文字水平居右，<img
src="img/1.png" alt="" id="img3">图像居于底部</p>
    </body>
  </html>
```

示例效果如图 6-4 所示。

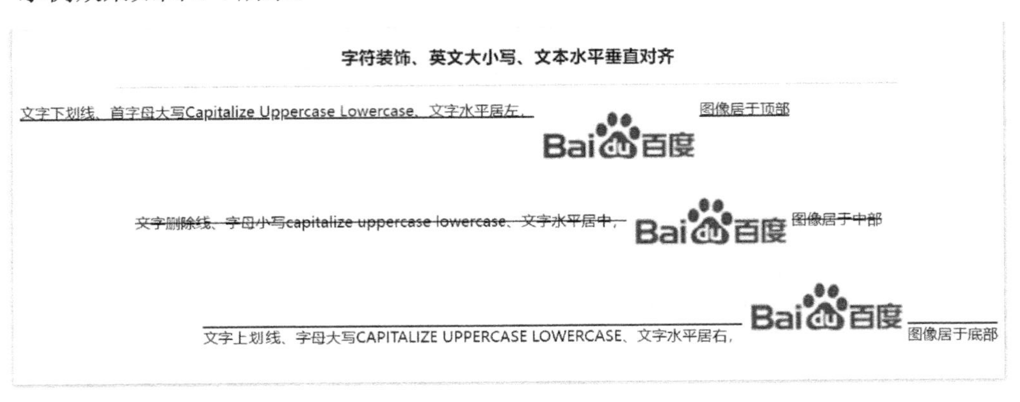

图 6-4 字符装饰、英文大小写、文本水平垂直对齐

6.2 列表样式

HTML 中列表包含三种类型，分别是无序列表、有序列表和定义列表。在实际运用中，常使用无序列表来实现导航和新闻列表的设置；使用有序列表实现条文款项的表示；使用定义列表来制作图文混排的排版模式。CSS 中提供了 3 个属性 list-style-type、list-style-image 和 list-style-position 来改变列表符的样式。

6.2.1 list-style-type 属性

基本语法：

```
list-style-type：属性值                                                  /*设置列表类型*/
list-style-image：url("图像相对路径和文件名称")；                        /*设置列表替代图像*/
list-style-position：outside|inside；                                    /*设置图像位置*/
list-style: list-style-type list-style-image list-style-position；       /*复合属性*/
```

语法说明：

list-style-type 属性可为图形、阿拉伯数字、字母或者罗马数字，其取值如表 6-1 所示。

表 6-1　list-style-type 属性取值

属 性 值	描　　述
none	无标记
disc	默认，标记是实心圆
circle	标记是空心圆
square	标记是实心方块
decimal	标记是数字
lower-roman	小写罗马数字(i, ii, iii, iv, v 等)
upper-roman	大写罗马数字(I, II, III, IV, V 等)
lower-alpha	小写英文字母(a, b, c, d, e 等)
upper-alpha	大写英文字母(A, B, C, D, E 等)
lower-greek	小写希腊字母(α, β, γ 等)
lower-latin	小写拉丁字母(a, b, c, d, e 等)
upper-latin	大写拉丁字母(A, B, C, D, E 等)

6.2.2　list-style-image 属性

list-style-image 属性用于为列表项(<li>元素)设置自定义的列表标记图像。通过指定一个图像的 URL 路径，可以将其设置为列表项的标记图像；图像可以是任何合法的图像文件，如 PNG、JPEG、GIF 等；如果图像无法加载或不存在，将使用默认的列表标记(通常是实心圆点)；图像的大小和比例会根据列表项的字体大小和行高进行调整；可以使用 none 值来移除列表项的标记图像。

【示例 6-5】 修改列表的标记图像。

核心代码如下：

```
ul {
  list-style-image: url("bullet.png");
}
<ul>
  <li>列表项 1</li>
  <li>列表项 2</li>
  <li>列表项 3</li>
</ul>
```

示例说明：

在上述示例中，将 list-style-image 属性应用于<ul>元素，将 bullet.png 图像设置为列表项的标记图像。这将导致列表项的标记图像被替换为 bullet.png 图像。另外，如果图像无法加载或不存在，将显示默认的列表项标记(bullet 或 number)。

6.2.3　list-style-position 属性

list-style-position 属性值为 outside 和 inside，其中 outside 为默认值，将列表符放在文本之外，而且任何换行文本在列表符下均不对齐；inside 将列表符放在文本之内，而且任何换行文本在列表符下均对齐。

【示例 6-6】 将列表符修改为图像并设置其所在位置。

代码如下：

```
<!DOCTYPE html>
<html>
  <head>
    <meta charset="utf-8">
    <title>列表</title>
    <style type="text/css">
      ul{
        list-style-image: url(../img/icon1.jpg);
        list-style-position: outside;}
      ul li{font-size: 20px;}
    </style>
  </head>
  <body>
    <h2>数信学院的专业介绍</h2>
    <ul>
      <li>网络工程</li>
      <li>计算机科学与技术</li>
      <li>通信工程</li>
      <li>数字媒体</li>
    </ul>
  </body>
</html>
```

示例效果如图 6-5 所示。

图 6-5　list-style 设置

6.2.4　综合案例

综合利用 6.2 节所学的属性，创建一个如图 6-6 所示的旅游目的地列表。

图 6-6　列表综合案例

HTML 部分代码如下：

```
<!DOCTYPE html>
<html>
  <head>
    <meta charset="utf-8">
    <title>二级导航栏</title>
    <link rel="stylesheet" type="text/css" href="styles.css">
  </head>
  <body>
    <div class="container">
      <h1>旅游目的地列表</h1>
      <ul class="destination-list">
        <li>
          <img src="img/北京.png" alt="北京">
          <p class="destination-description">北京</p>
        </li>
        <li>
          <img src="img/上海.png" alt="上海">
          <p class="destination-description">上海</p>
        </li>
        <li>
          <img src="img/西安.png" alt="西安">
```

```
            <p class="destination-description">西安</p>
          </li>
        </ul>
      </div>
    </body>
  </html>
```

CSS 部分代码如下：

```
.container {width: 90%; margin: 0 auto; padding: 20px;}
h1 {text-align: center;  color: #333;}
.destination-list { list-style: none;padding: 0;}
.destination-list li {display: inline-block;width: 30%;margin: 10px; padding: 10px; border: 1px solid #ccc; box-shadow: 2px 2px 5px rgba(0, 0, 0, 0.3);}
.destination-list img {  width: 100%;height: auto;}
.destination-description {text-align: center;font-size: 20px;color: #333; margin-top: 10px;}
```

在这个案例中，我们创建了一个旅游目的地列表。每个目的地由一个图像和一个描述组成，图像和描述都包含在一个列表项中。我们使用 CSS 来定义标题、列表和列表项的样式。图像和描述使用 CSS 来设置样式，如宽度、高度、对齐方式和颜色。

6.3 超链接样式

在 CSS 中，通过调整和超链接样式相关的属性的值，可以修改超链接的样式。例如，修改链接文字的颜色、移除下划线等，也可以使用伪类选择器来指定链接的不同状态下的样式，如鼠标悬停、被点击和已访问状态。由于在第 4 章中已经介绍了伪类选择器的应用，本小节通过超链接案例来综合展示超链接的相关属性。

【示例 6-7】 通过超链接模拟按钮的案例来综合展示超链接的相关属性。

代码如下：

```
<!DOCTYPE html>
<html>
  <head>
    <meta charset="utf-8">
    <title>伪类选择器</title>
    <style type="text/css">
      a{
        font-size: 60px;
        text-decoration: none;
        }
      a:link{
        border-top:1px solid #eee ;
```

```
        border-left:1px solid #eee ;
        border-right: 1px solid #717171;
        border-bottom: 1px solid #717171;
        color: blue;
        }
      a:visited{
        border-top:1px solid #eee ;
        border-left:1px solid #eee ;
        border-right: 1px solid #717171;
        border-bottom: 1px solid #717171;
        color: yellow;
        }
      a:hover{
        border-top:1px solid #717171 ;
        border-left:1px solid #717171 ;
        border-right: 1px solid #eee;
        border-bottom: 1px solid #eee;
        color: red;
        }
      a:active{color: purple;}
    </style>
  </head>
  <body>
    <a href="http://www.baidu.com">百度</a>
  </body>
</html>
```

示例效果如图 6-7 所示。

图 6-7　模拟按钮的展示图(左侧为默认状态，右侧为悬停状态)

上述代码展示了使用伪类选择器来设置链接(<a>元素)的不同状态下的样式。HTML 部分定义了一个链接<a>元素，其 href 属性指向百度网站，显示文本为“百度”。在 CSS 部分，首先设置了所有链接的字体大小和文本装饰为无。接下来，使用伪类选择器设置了不同状态下的样式：

a:link：表示未访问的链接状态。设置了链接的边框样式为实线，颜色为灰色，字体颜色为蓝色。

a:visited：表示已访问的链接状态。设置了链接的边框样式为实线，颜色为灰色，字体颜色为黄色。

a:hover：表示鼠标悬停在链接上的状态。设置了链接的边框样式为实线，颜色为灰色和白色的交替，字体颜色为红色。

a:active：表示鼠标点击链接时的状态。设置了字体颜色为紫色。

这样，链接在不同状态下会显示不同的边框样式和字体颜色，以及在鼠标悬停和点击时的样式变化，从而增强用户对链接的视觉反馈和交互体验。用户可以通过鼠标悬停和点击链接，观察链接样式的变化，以便更好地理解链接的状态和行为。

6.4　背景样式

CSS3 相较于之前的 CSS 版本，带来了一些增强的背景样式属性，提供了更多的灵活性和创造力，具有以下 CSS3 背景样式属性的优点。

(1) 背景图像处理：CSS3 中引入了 background-size 属性，可以轻松地调整背景图像的大小，以适应元素的尺寸。此外，background-origin 和 background-clip 属性可以进一步控制背景图像的起始位置和裁剪区域。

(2) 背景图像定位：CSS3 中的 background-position 属性提供了更多的定位选项，如关键词 top、bottom、left、right，以及百分比值，使得背景图像在元素中的定位更加精确和灵活。

(3) 背景图像重复：CSS3 中的 background-repeat 属性引入了更多的选项，如 round 和 space，使得背景图像的重复方式更加多样化。这些选项可以更好地控制背景图像在元素中的重复效果，避免了传统的简单平铺效果。

(4) 背景图像的滚动方式：CSS3 中引入了 background-attachment 属性，用于指定背景图像是否固定或随页面滚动。

总的来说，CSS3 中的背景样式属性提供了更多的选项和灵活性，使得开发人员可以更加轻松地实现各种独特和创新的背景效果，而无需依赖图像编辑工具或复杂的技术。这为网页设计师和开发人员提供了更大的自由度和创造力，使得网页背景更加丰富、吸引人，提升了用户体验。

6.4.1　CSS3 background-image 属性

CSS3 中可以通过 background-image 属性添加背景图片。如果需要同时设置背景颜色和背景图像，可以使用 background-color 属性来设置背景颜色。如果需要设置多个背景图像，可以使用 background-image 属性的多个值，用逗号分隔。

基本语法：

```
background-image:url(background.png), url(background.jpeg),…,url(background.gif);
```

语法说明：

(1) 通过指定一个图像的 URL 路径，可以将其设置为元素的背景图像。

(2) 图像可以是任何合法的图像文件，如 PNG、JPEG、GIF 等。

(3) 可以通过设置多个背景图像，使用逗号分隔它们，实现多重背景效果。

(4) 如果图像无法加载或不存在，将会显示背景的默认值，如背景颜色或其他背景图像。

(5) 可以使用 none 值来移除元素的背景图像。

6.4.2　CSS3 background-size 属性

background-size 属性指定背景图像的大小。在 CSS3 推出之前，背景图像大小由图像的实际大小决定。CSS3 中可以指定背景图像，可以重新在不同的环境中指定背景图片的大小，可以指定像素或百分比大小。但是需要注意的是，指定的背景图片的大小是相对于父元素的宽度和高度的百分比的大小。

基本语法：

```
background-size:px | % |contain | cover;
```

语法说明：

(1) 百分比的大小是指相对于父元素的宽度和高度的百分比的大小。

(2) contain 将背景图像缩放为尽可能大的尺寸(但其宽度和高度都必须适合内容区域)。这样，取决于背景图像和背景定位区域的比例，可能存在一些未被背景图像覆盖的背景区域。

(3) cover 会缩放背景图像，以使内容区域完全被背景图像覆盖(其宽度和高度均等于或超过内容区域)。这样，背景图像的某些部分可能在背景定位区域中不可见。

6.4.3　CSS3 background-origin 属性

background-origin 属性决定了背景图像的起始位置相对于元素的边框盒子，可以使用关键词或像素值来指定起始位置。

基本语法：

```
background-origin:px | border-box |padding-box|content-box;
```

语法说明：

(1) border-box 表示背景图像从边框的左上角开始。

(2) padding-box 表示背景图像从内边距边缘的左上角开始(默认)。

(3) content-box 表示背景图像从内容的左上角开始。

上述三种关键字设置背景图像的起始位置如图 6-8 所示。

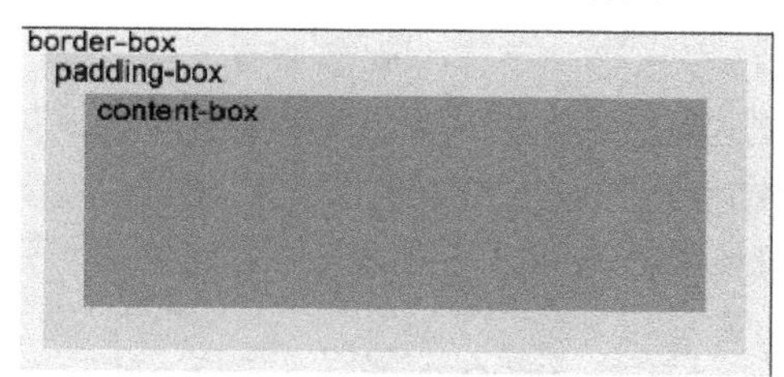

图 6-8　三种关键字设置的背景图起始位置

6.4.4　CSS3 background-clip 属性

background-clip 属性用于控制背景图像或背景色的裁剪区域，可以使用关键词或盒子模型属性值来指定裁剪区域。

基本语法：

```
background-clip:border-box |padding-box|content-box;
```

语法说明：

(1) border-box 表示背景图像或背景色覆盖整个边框盒子(默认)。

(2) padding-box 表示指定背景图像或背景色裁剪到内边距区域。

(3) content-box 表示指定背景图像或背景色裁剪到内容区域。

6.4.5 CSS3 background-position 属性

background-position 属性设置背景图像的起始位置。如果指定的位置没有任何背景，则图像总是放在元素的左上角。background-position 属性可以通过关键词、百分比值或长度值来指定背景图像的位置。

基本语法：

```
background-position: left | right | center | top | bottom | xpos ypos | px|%|inherit;
```

语法说明：

(1) 可以使用关键词 left、right、center、top、bottom 来指定位置。

(2) 可以设置水平位置和垂直位置，用空格或斜杠分隔。

(3) 如果只指定一个值，则表示水平位置，垂直位置默认为居中。

(4) 长度值可以是正数、负数或带单位的值，如像素或百分比。

(5) 百分比值相对于元素的尺寸进行定位，0%表示左上角，100%表示右下角。

(6) inherit 指定 background-position 属性应该从父元素继承。

6.4.6 CSS3 background-repeat 属性

background-repeat 属性用于控制背景图像在元素背景中的重复方式。

基本语法：

```
background-repeat: repeat |repeat-x |repeat-y |no-repeat | xpos ypos;
```

语法说明：

(1) 可以使用关键词或两个值来指定水平和垂直方向的重复方式。

(2) repeat 表示背景图像在水平和垂直方向都重复。

(3) repeat-x 表示背景图像在水平方向重复，垂直方向不重复。

(4) repeat-y 表示背景图像在垂直方向重复，水平方向不重复。

(5) no-repeat 表示背景图像不重复，只显示一次。

6.4.7 CSS3 background-attachment 属性

background-attachment 属性用于控制背景图像的滚动方式，决定了背景图像是否固定或随页面滚动。

基本语法：

```
background-attachment: scroll|fixed|local ;
```

语法说明：

(1) scroll 表示背景图像会随页面滚动。

(2) fixed 表示背景图像固定在视口中，不随页面滚动。

(3) local 表示背景图像固定在元素内部，不随元素的内容滚动。

6.4.8　综合案例

通过组合使用上述背景样式相关属性，来实现背景颜色、背景图像、重复方式、位置、大小和滚动等多个方面的定制化效果，效果如图 6-9 所示。

图 6-9　CSS3 background 综合应用

代码如下：

```
<!DOCTYPE html>
<html>
  <head>
    <meta charset="utf-8">
    <title>CSS3 background 综合案例</title>
    <style type="text/css">
      div {
        width: 1300px;
        height: 600px;
        background-color: #F0F0F0;
        background-image: url("img/background.jpg");
        background-repeat: no-repeat;
        background-position: center;
        background-size: cover;
        background-attachment: fixed;
      }
    </style>
```

```
    </head>
    <body>
      <div></div>
    </body>
</html>
```

上述案例中，在 HTML 中创建了一个具有固定宽度和高度的<div>元素，并使用 CSS3 中的 background 属性来设置背景样式。background-color 属性设置背景颜色为#F0F0F0，background-image 属性设置背景图像为 background.jpg，background-repeat 属性设置背景图像不重复，background-position 属性将背景图像居中，background-size 属性将背景图像按比例缩放以覆盖整个元素，background-attachment 属性将背景图像固定在视口中，不随页面滚动。

6.4.9 精灵图

CSS 精灵图(也称 CSS 雪碧图，CSS sprite)是将多个小图标或图片合并为一张大图的技术。通过将多个图标合并到一张图上，可以减少页面加载时的 HTTP 请求次数，从而提高网页加载速度。要设置 CSS 精灵图，可以按照以下步骤进行：

(1) 创建精灵图。将多个小图标或图片合并到一张大图上，可以使用图像编辑工具(如 Photoshop)进行操作。确保每个小图标在大图上有足够的间距，以便在使用时不会出现重叠。

(2) 定义图标的 CSS 类。为每个小图标定义一个 CSS 类，并设置宽度、高度和背景图像位置。

(3) 设置背景图像位置。通过设置 background-position 属性来指定每个小图标在精灵图中的位置。根据需要，可以使用负值来调整图标在背景中的位置。

(4) 在 HTML 中使用图标。在 HTML 元素中添加相应的 CSS 类，以显示对应的图标。

下面将通过一个综合案例来展示精灵图的应用。精灵图如图 6-10 所示，代码如下所示：

图 6-10 icon 原始图(左)及精灵图的应用(右)

```
<!DOCTYPE html>
```

```
<html>
  <head>
    <meta charset="utf-8">
    <title></title>
    <style type="text/css">
      ul li {list-style: none;    margin: 0;    padding: 0;}
      a { color: #333;
        text-decoration: none;}
      .sidebar { width: 150px;
        border: 1px solid #ddd;
        background: #f8f8f8;
        padding: 0 10px;
        margin: 50px auto;}
      .sidebar li {border-bottom: 1px solid #eee;
        height: 40px;
        line-height: 40px;
        text-align: center;}
      .sidebar li a {font-size: 18px;}
      .sidebar li a:hover {color: #e91e63;}
      .sidebar li .spr-icon {
        display: block;
        float: left;
        height: 24px;
        width: 30px;
        background: url(css-sprite.jpg) no-repeat;
        margin: 8px 0px;}
      .sidebar li .icon1 { background-position: -35px 0px;}
      .sidebar li .icon2 { background-position: -35px -24px;}
      .sidebar li .icon3 { background-position:-35px -48px;}
      .sidebar li .icon4 { background-position: -35px -72px;}
      .sidebar li .icon5 {background-position: -35px -96px;}
      .sidebar li .icon6 {background-position: -35px -120px;}
      .sidebar li .icon7 { background-position: -35px -144px;}
      .sidebar li .icon8 { background-position: -35px -168px;}
    </style>
  </head>
  <body>
    <div>
      <ul class="sidebar">
```

```
            <li><a href=""><span class="spr-icon icon1"></span>窗帘</a></li>
            <li><a href=""><span class="spr-icon icon2"></span>电视</a></li>
            <li><a href=""><span class="spr-icon icon3"></span>坚果</a></li>
            <li><a href=""><span class="spr-icon icon4"></span>杯子</a></li>
            <li><a href=""><span class="spr-icon icon5"></span>汽车</a></li>
            <li><a href=""><span class="spr-icon icon6"></span>乐器</a></li>
            <li><a href=""><span class="spr-icon icon7"></span>地图</a></li>
            <li><a href=""><span class="spr-icon icon8"></span>金钱</a></li>
        </ul>
        </div>
    </body>
</html>
```

上述案例中，① 在 HTML 部分创建了一个<div>元素，包含一个无序列表<ul>作为侧边栏菜单的容器。在<ul>中，每个菜单项都是一个列表项<li>，包含一个链接<a>和一个图标容器<span>。② 在 CSS 部分设置了菜单的样式；.sidebar 类设置了侧边栏的宽度、边框、背景颜色和内边距；.sidebar li 类设置了每个菜单项的边框样式、高度和行高；.sidebar li a 类设置了链接的字体大小和颜色；.sidebar li a:hover 类设置了鼠标悬停时链接的颜色。③ 通过.spr-icon 类和不同的.icon 类，设置了每个图标容器的背景图像和背景位置，使用了 CSS 精灵图技术，即每个图标容器都具有相同的高度和宽度，通过设置不同的背景位置，显示不同的图标。

6.5 表单样式

6.5.1 选择器

<input> 元素的宽度为 100%，如果只想设置指定类型的输入框，可以使用以下属性选择器：

(1) input[type=text]：选取类型为文本的输入框。

(2) input[type=password]：选取类型为密码的输入框。

(3) input[type=number]：选取类型为数字的输入框。

6.5.2 聚焦

默认情况下，一些浏览器在输入框获取焦点时(点击输入框)会有一个蓝色轮廓。我们可以设置 input 样式为 outline: none; 来忽略该效果。使用 :focus 选择器可以设置输入框在获取焦点时的样式：

```
input[type=text]:focus {background-color: lightblue;}
```

其显示效果如图 6-11 所示。

图 6-11　input 获取焦点时的效果

6.5.3　综合案例

当涉及表单样式的综合应用时，可以通过 CSS 来实现各种样式的定制化，包括表单元素的外观、布局和交互效果。下面图 6-12 是一个简单的表单样式综合应用的示例。

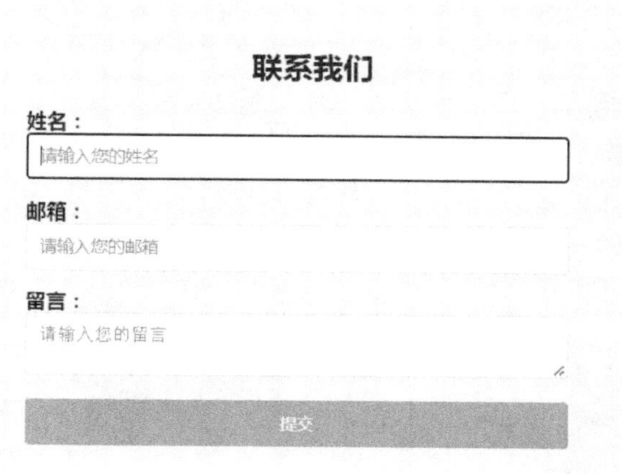

图 6-12　表单的综合应用

代码如下：

```
<!DOCTYPE html>
<html>
  <head>
    <meta charset="utf-8">
    <title>表单综合</title>
    <style type="text/css">
      .my-form {
        max-width: 450px;
        margin: 0 auto;
        padding: 20px;
        background-color: #f2f2f2;
        border-radius: 5px;}
      .my-form h2 {text-align: center;margin-bottom: 20px;}

      .form-group {margin-bottom: 15px;}
      label {display: block;font-weight: bold;}
```

```
        input,textarea {
            width: 90%;
            padding: 10px;
            border: 1px solid #ccc;
            border-radius: 3px;}
        button {
            display: block;
            width: 95%;
            padding: 10px;
            background-color: #4CAF50;
            color: white;
            border: none;
            border-radius: 3px;
            cursor: pointer;}
        button:hover {background-color: #45a049;}
    </style>
</head>
<body>
    <form class="my-form">
        <h2>联系我们</h2>
        <div class="form-group">
            <label for="name">姓名：</label>
            <input type="text" id="name" name="name" placeholder="请输入您的姓名" required>
        </div>
        <div class="form-group">
            <label for="email">邮箱：</label>
            <input type="email" id="email" name="email" placeholder="请输入您的邮箱" required>
        </div>
        <div class="form-group">
            <label for="message">留言：</label>
            <textarea id="message" name="message" placeholder="请输入您的留言" required>
</textarea>
    </div>
        <button type="submit">提交</button>
    </form>
</body>
</html>
```

在这个综合案例中，创建了一个简单的联系表单。通过 CSS 样式，对表单进行了如下定制：

(1) 设置表单的最大宽度、居中对齐、背景色和圆角边框。
(2) 设置标题的居中对齐和底部边距。
(3) 设置表单组的底部边距。
(4) 设置标签的显示方式为块级元素和加粗字体。
(5) 设置输入框和文本域的宽度、内边距、边框和圆角边框。
(6) 设置提交按钮的显示方式为块级元素、背景色、文字颜色、边框和圆角边框。
(7) 设置鼠标悬停在提交按钮上时的背景色。

通过这些样式的定制，可以使表单看起来更加美观，并提供更好的用户体验。当然，这只是一个简单的示例，实际应用中可以根据需求进行更加复杂的样式定制和交互效果的添加。

本 章 小 结

CSS 是一种用于网页样式设计的标记语言，本章重点阐述了 CSS 的常用样式，如文本样式(颜色、字体、大小)、背景样式(颜色、图片)、列表样式(列表符的类型、位置等)、超链接样式以及表单样式等，通过灵活运用这些样式的属性和值，可以实现各种各样的网页效果。本章既是 CSS 学习的重点也是难点，掌握这些常用样式能够让我们设计出更加流畅、专业的网页外观。

习题与实验 6

一、选择题

1. 在 CSS 中，用来设置文本颜色的属性是(　　)。
A. text-color　　B. font-color
C. color　　D. text-style

2. 下列语句中，用来设置背景颜色为红色的是(　　)。
A. background-color: red;　　B. background: red;
C. background-color: #red;　　D. background: #red;

3. 下列语句中，用来设置列表项的标志样式为实心圆圈的是(　　)。
A. list-style-type: circle;　　B. list-style-type: square;
C. list-style-type: disc;　　D. list-style-type: none;

4. 下列语句中，用来设置超链接的鼠标悬停样式为下划线的是(　　)。
A. a:hover { text-decoration: underline; }
B. a:active { text-decoration: underline; }
C. a:focus { text-decoration: underline; }
D. a:visited { text-decoration: underline; }

5. 下列语句中，用来设置表单输入框的边框样式为实线，颜色为蓝色的是(　　)。
A. input { border: solid blue; }

B. input { border-style: solid; border-color: blue; }

C. input { border-width: solid; border-color: blue; }

D. input { border: 1px solid blue; }

二、填空题

1. CSS 中的 __________ 属性用于设置元素的字体大小。
2. CSS 中的 __________ 属性用于设置元素的文本对齐方式。
3. CSS 中的 __________ 属性用于设置元素的背景图片、颜色等。
4. CSS 中的 __________ 属性用于设置表单元素的边框、背景、边框样式等。
5. CSS 中的 __________ 属性用于设置元素的显示方式，例如块级元素和行内元素。
6. 样式表定义#title{color:red}表示__________________________。
7. 样式表定义.outer {background-color:yellow}表示__________________________。

三、实验题

创建一个页面，主题为大学生的暑假生活。

内容要求：

内容积极向上，语言流利，图文并茂。

技术要求：

(1) HTML 结构：创建适当的 HTML 结构，包括标题、导航、主要内容区域和页脚等部分。使用语义化的标签来组织内容，如<header>、<nav>、<main>、<section>、<article> 等。

(2) CSS 样式：设置背景颜色、字体、大小、对齐方式等，以达到整体风格的一致性。

(3) 图文混排：通过使用 <img> 标签插入图片，并使用 CSS 样式控制图片的大小和位置。使用 float 属性将图片和文字进行对齐，并使用 margin 属性调整它们之间的间距。

(4) 首字符下沉：使用 CSS 样式的 text-indent 属性，将段落的首字符下沉指定的距离，以实现首字符下沉的效果。

(5) 导航链接：使用<nav>标签和无序列表<ul>、列表项<li>，创建导航菜单。为每个导航链接设置合适的样式，并使用 :hover 伪类为链接设置悬停效果。

(6) 页面背景：选择合适的背景图片或颜色，并使用 CSS 样式的 background-image 和 background-color 属性设置页面背景。

第 7 章

CSS 定位和布局

思维导图

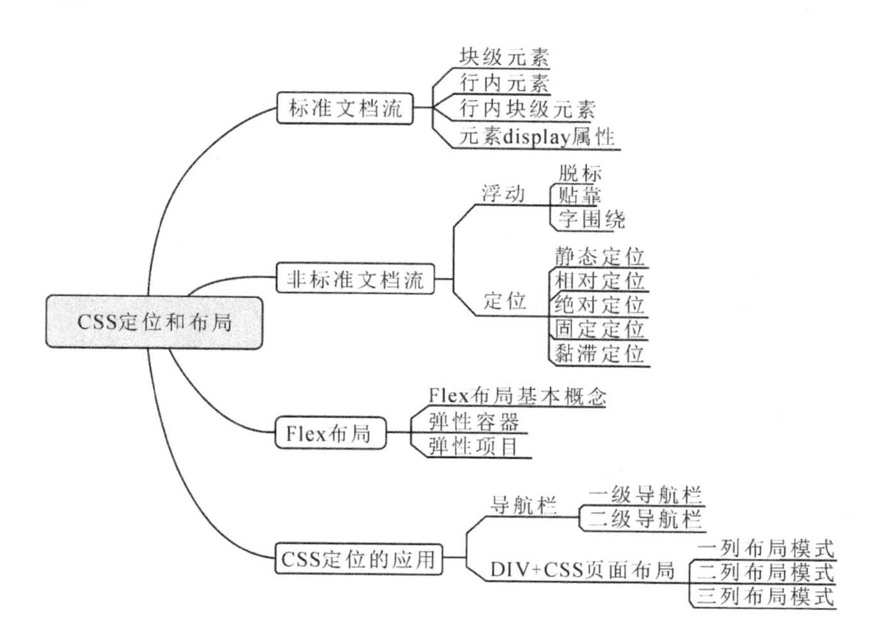

学习目标

(1) 理解标准文档流下元素的定位机制。
(2) 掌握块级元素、行内元素及行内块级元素的特点。
(3) 掌握浮动的特点及实现。
(4) 掌握常用的定位：静态定位、相对定位、绝对定位、固定定位和黏滞定位。
(5) 掌握 Flex 布局的用法。
(6) 掌握各种导航栏的制作方法。
(7) 掌握 DIV+CSS 布局方法。

目前主流的大型网站布局几乎都是采用 DIV + CSS 技术，这种布局方式能够实现页面元素的精准控制，同时内容与样式的分离也使得网站的风格变换和代码维护更加方便简捷，而定位技术是实现页面布局的基础，本章将针对这些问题逐一进行讲解。

通过盒子模型可以控制页面元素的大小，边框的样式，以及与其他盒子的距离。而定位机制可以在此基础上解决元素放在哪的问题，包括标准文档流、浮动和定位。除此之外，Flex 布局能够解决这些传统定位方式中特殊布局难以实现的问题，并将成为未来布局的首选方案。下面分别就这几种定位及布局方式进行介绍和讲解。

7.1 标准文档流

标准文档流指的是不使用与排列和定位相关的特殊 CSS 规则时，各种元素的排列方式。根据元素在页面上的显示特点，可以将元素分为块级元素、行内元素和行内块级元素，下面分别进行介绍。

7.1.1 块级元素

块级元素(block)占据一个矩形的区域，并且和紧邻的对象垂直排列，不会排在同一行，即块级元素总是从新行开始，并且占据全部的可用宽度(尽可能向左和向右伸展)。

特点：元素独占一行。元素的 height、width、margin、padding 都可设置。

常见块级元素举例：<div>、<p>、<h1>～<h6>、<ol>、<ul>、<table>、<form>等。

注意：

(1) 块级元素独占一行，不与其他任何元素并列，默认自动扩展，能进行宽度和高度设置。

(2) 块级元素垂直距离为上下 margin 中的较大者。

(3) 盒子存在嵌套时，子块和父块边框的距离为 margin+padding。

(4) margin 还可以是负数。

【示例 7-1】 对块级元素<div>进行样式设置。

代码如下：

```
<!DOCTYPE html>
<html>
  <head>
    <meta charset="utf-8" />
    <title></title>
    <style type="text/css">
      div{
        border: 3px solid red;
        height: 200px;
      }
    </style>
  </head>
```

```
    <body>
      <div class="div1"></div>
      <div class="div2"></div>
    </body>
  </html>
```

示例效果如图 7-1 所示。

图 7-1　块级元素

示例说明：

示例 7-1 中定义了两个<div>，在<div>的样式中没有设置宽度，发现<div>默认在父容器里自动扩展。下面修改<div>样式，增加宽度设置：

```
<style type="text/css">
  div{
    border: 3px solid red;
    height: 200px;
    width: 200px;
  }
</style>
```

设置宽度后，两个<div>仍旧垂直排列，各自独占一行，效果如图 7-2 所示。

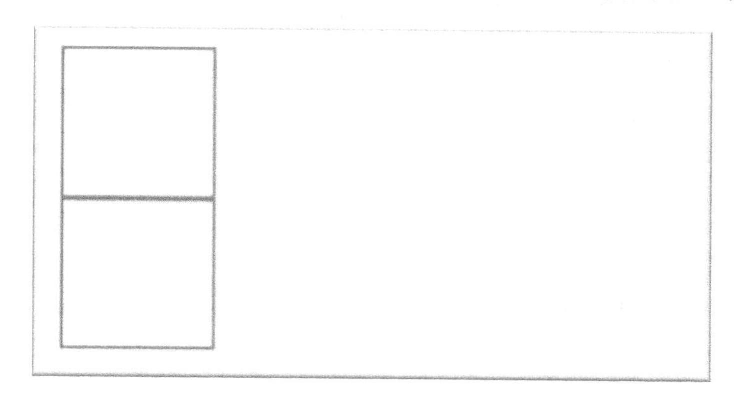

图 7-2　块级元素独占一行

【示例 7-2】 块级元素垂直距离为上下 margin 中较大者。

代码如下：

```
<!DOCTYPE html>
<html>
  <head>
    <meta charset="utf-8" />
    <title></title>
    <style type="text/css">
      div{
        border: 3px solid red;
        height: 200px;
        width: 200px;
      }
      .div1{
        margin-bottom: 20px;
      }
      .div2{
        margin-top: 30px;
      }
    </style>
  </head>
  <body>
    <div class="div1"></div>
    <div class="div2"></div>
  </body>
</html>
```

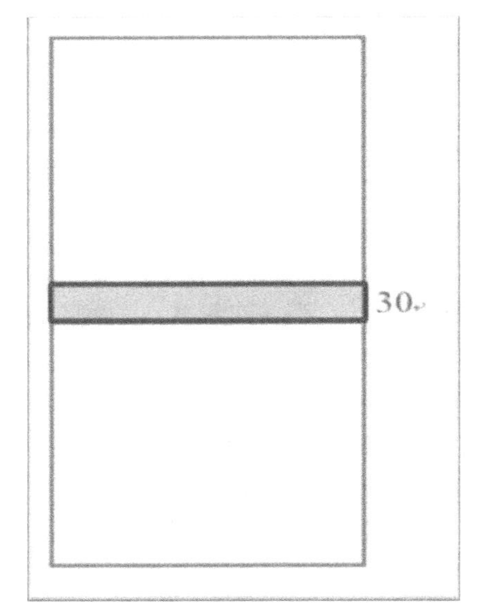

图 7-3 块级元素垂直距离为上下 margin 中较大者

示例效果如图 7-3 所示。

示例说明：

示例 7-2 中 div1 的 margin-botom 设置为 20px，div2 的 margin-top 设置为 30px，div1 和 div2 的垂直距离为 30px，正是两者中较大的 div2 的 margin 值。

【示例 7-3】 盒子存在嵌套时，子块和父块边框的距离为 margin+padding。

代码如下：

```
<!DOCTYPE html>
<html>
  <head>
    <meta charset="utf-8" />
    <title></title>
    <style type="text/css">
      div{
        border: 3px solid red;
```

```
        }
        .div1{
            width: 200px;
            height: 200px;
            padding-left: 30px;
        }
        .div2{
            width: 100px;
            height: 100px;
            margin-left: 20px;
        }
    </style>
</head>
<body>
    <div class="div1">
        <div class="div2"></div>
    </div>
</body>
</html>
```

示例效果如图 7-4 所示。

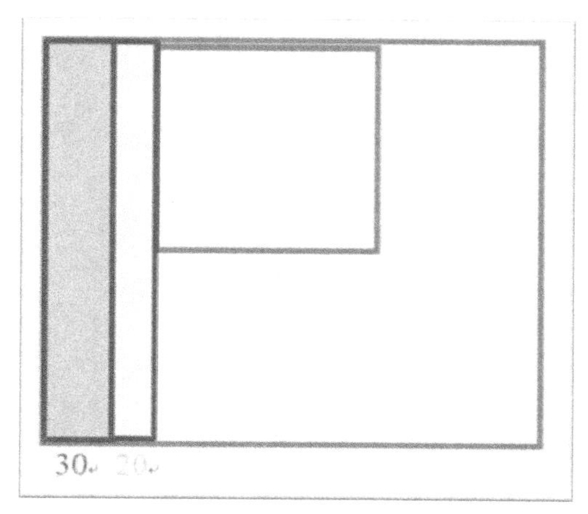

图 7-4　盒子存在嵌套时子块和父块边框的距离为 margin + padding

示例说明：

示例 7-3 中 div1 的 padding-left 设置为 30px，div2 的 margin-left 设置为 20px，div1 和 div2 的边框距离为 50px，正是 margin+padding 的值。

【示例 7-4】 盒子的 margin 可以是负数。

代码如下：

```
<!DOCTYPE html>
<html>
```

```
<head>
    <meta charset="utf-8" />
    <title></title>
    <style type="text/css">
        div{
            border: 3px solid red;
        }
        .div1{
            width: 200px;
            height: 200px;
        }
        .div2{
            width: 100px;
            height: 100px;
            margin-left: -10px;
        }
    </style>
</head>
<body>
    <div class="div1">
        <div class="div2"></div>
    </div>
</body>
</html>
```

示例效果如图 7-5 所示。

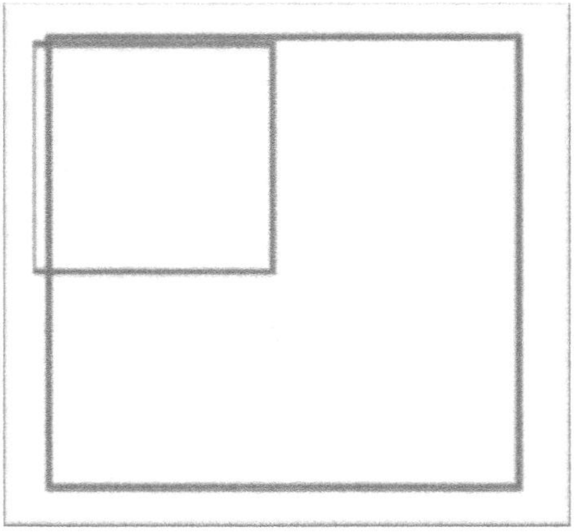

图 7-5 盒子的 margin 可以是负数

示例说明：

示例 7-4 中 div2 的 margin-left 设置为-10px，效果为左侧超出 10px。

7.1.2 行内元素

行内元素(inline)，元素之间横向排列，最右端自动换行，每个元素仅占用所需的宽度，不会在容器中自动扩展。

特点：元素不单独占用一行。元素的 height、width 不可设置，width 就是元素包含的文字或图片的宽度，不可改变。

常见行内元素举例：<span>、<a>等。

注意：

(1) 行内元素与其他行内元素并排排列，宽度由内容决定，不能进行宽度和高度设置。

(2) 行内元素水平距离为左右 margin 之和。

【示例 7-5】 对行内元素<span>进行样式设置。

代码如下：

```
<!DOCTYPE html>
<html>
  <head>
    <meta charset="utf-8">
    <title></title>
    <style type="text/css">
      span{
        border: 1px solid black;
      }
      .span1{
        margin-right: 30px;
      }
      .span2{
        margin-left: 20px;
      }
    </style>
  </head>
  <body>
    <span class="span1">Web 前端技术</span>
    <span class="span2">Web 前端开发</span>
  </body>
</html>
```

示例效果如图 7-6 所示。

图 7-6 行内元素

示例说明：

示例 7-5 中 span1 和 span2 皆为行内元素，它们并排排列，宽度由内容决定，不能进行宽度和高度设置，且 span1 和 span2 的水平距离为 span1 的 margin-right(30px)和 span2 的 margin-left(20px)之和，即 50px。

7.1.3 行内块级元素

行内块级元素(inline-block)，同时具备行内元素、块级元素的特点。

特点：元素不单独占用一行。元素的 height、width、margin、padding 都可设置。

常见行内块级元素举例：<img>。

【示例 7-6】 对行内块级元素<img>进行样式设置。

代码如下：

```
<!DOCTYPE html>
<html>
  <head>
    <meta charset="utf-8">
    <title></title>
    <style type="text/css">
      img{
        border: 1px solid black;
      }
      .img1{
        width: 100px;
      }
      .img2{
        height: 80px;
      }
    </style>
  </head>
  <body>
    <img class="img1" src="img/link2.png">
    <img class="img2" src="img/link2.png">
  </body>
</html>
```

示例效果如图 7-7 所示。

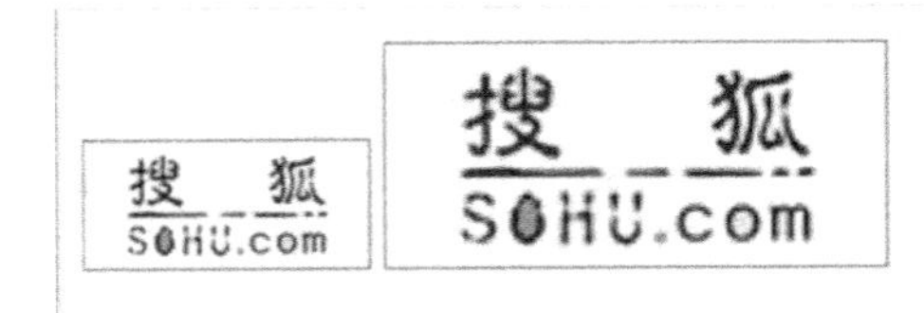

图 7-7 行内块级元素

示例说明：

示例 7-6 中 img1 和 img2 皆为行内块级元素，它们并排排列，没有独占一行，这是行内元素的特点，但是宽度和高度皆可修改，这是块级元素的特点。因此行内块级元素同时具备行内元素和块级元素的特点。

7.1.4　元素 display 属性

标准文档流按照从上到下，从左到右的顺序表示文档内容，其中块级元素从上到下独占一行，行内元素、行内块级元素可以多个元素从左到右占据一行，标准文档流必须按照该格式输出文档内容，限制较多。但是块级元素、行内元素、行内块级元素之间可以相互转换，转换可通过 display 属性设置。

display 属性有如下几种设置：

(1) display:none：元素不会被显示。

(2) display:block：元素显示为 block 元素。

(3) display:inline：元素显示为 inline 元素。

(4) display:inline-block：元素显示为 inline-block 元素。

【示例 7-7】 仿写谷歌页面。

代码如下：

```
<!DOCTYPE html>
<html>
  <head>
    <meta charset="utf-8">
    <title></title>
    <style type="text/css">
      div{
        text-align: center;
        font-family: 仿宋;
        font-size: 80px;
        font-weight:bold;
        margin-top: 200px;
      }
      .red{
        color:#EA4235;
      }
      .blue{
        color:#4286F5;
      }
      .green{
        color:#34A853;
      }
      .yellow{
        color:#FABC05;
      }
      .ft{
```

```
            display: inline-block;
            transform: rotate(-30deg);
          }
        </style>
      </head>
      <body>
        <div id="">
          <span class="blue">G</span><span class="red">o</span>
          <span class="yellow">o</span><spanclass="blue">g</span>
          <span class="green">l</span><span class="red ft">e</span>
        </div>
      </body>
    </html>
```

示例效果如图 7-8 所示。

图 7-8 仿写谷歌页面效果

示例说明：

代码.ft{display: inline-block;transform: rotate(-30deg);}先将行内元素显示为行内块级元素后才可以对元素进行旋转，实现了旋转-30°的效果。

7.2 浮　　动

在标准文档流中，各个元素都按照自己特定的顺序来显示，但在实际布局中，我们需要更加灵活的显示方式，此时标准文档流不再满足需求，需要用到非标准文档流，比如浮动。

CSS 中浮动(float)可用于定位和格式化内容，它能够规定元素如何浮动，可以使元素向左或向右移动，其周围的元素也会重新排列。

float 属性可以设置以下三种属性值：

(1) left：元素浮动到其父容器的左侧。

(2) right：元素浮动到其父容器的右侧。

(3) none：元素不浮动(显示在文本中原本出现的位置)，为该属性默认值。

注意：

(1) 使用 float 属性后会脱离标准文档流。

(2) 元素会向其父元素的左侧或右侧贴靠，同时在默认情况下盒子的宽度不再伸展。

(3) 当父容器放不下浮动元素时，当前元素会找前一个元素贴靠。
(4) float 可以实现字围绕的效果。

【示例 7-8】 对元素的 float 属性进行设置。

代码如下：

```
<!DOCTYPE html>
<html>
  <head>
    <meta charset="utf-8">
    <title></title>
    <style type="text/css">
      .div1{
        background-color: red;
        width: 50px;
        height: 300px;
        float: left;
      }
      .div2{
        background-color: blue;
        width: 100px;
        height: 100px;
        float: left;
      }
      .div3{
        background-color: yellow;
        width: 80px;
        height: 250px;
        float: left;
      }
    </style>
  </head>
  <body>
    <div class="div1">1</div>
    <div class="div2">2</div>
    <div class="div3">3</div>
  </body>
</html>
```

示例效果如图 7-9 所示。

示例说明：

示例 7-8 中设置了 div1、div2 和 div3 的 float 属性，皆设置为 left，向左浮动，可以看到三个<div>脱离了标准流，排成了一行。当容器缩小时，效果如图 7-10 所示。

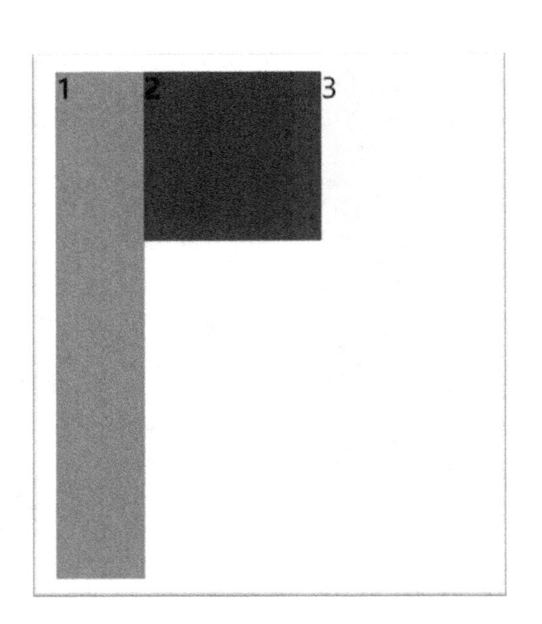

图 7-9 浮动示例效果

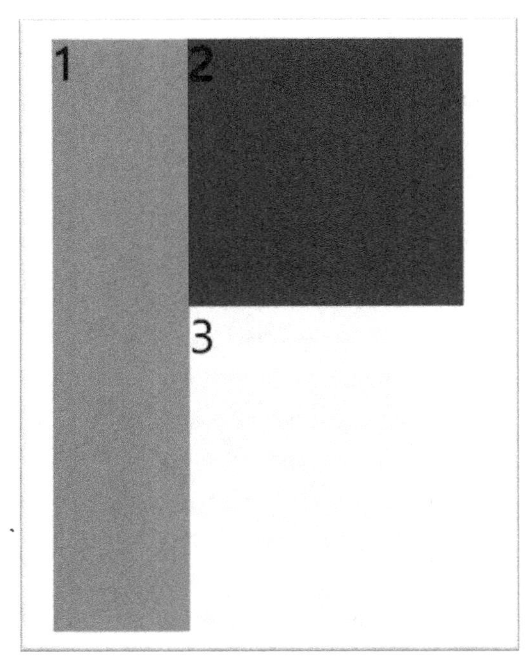

图 7-10 当容器放不下浮动元素时元素会找前一个元素贴靠

可以看到，div3 开始向 div1 贴靠，因此在使用 float 属性时需精确控制每一个元素的尺寸，防止这种情况的出现。

【示例 7-9】 实现 float 属性的字围绕效果。

代码如下：

```
<!DOCTYPE html>
<html>
  <head>
    <meta charset="utf-8">
    <title></title>
    <style type="text/css">
      img{
        width: 200px;
        height: 200px;
        float: left;
      }
    </style>
  </head>
  <body>
    <img src="img/web.jpg" />
```

```
        <p>如今，在互联网高速发展的情况下，越来越多的传统行业都选择将业务与互联网相结合，电脑端和移动端相辅相成的用户体验，更使得 Web 前端开发这一职业越来越受到企业们的重视，而最近几年，各种前端框架层出不穷，H5 开发模式也越来越流行，由此可见大前端时代已经到来。</p>
        <p>但是对刚接触这一行业的人来说，Web 前端到底是什么呢？它的就业前景又是怎样的呢？下面，就让我们来了解一下。</p>
        <h2>什么是前端开发？</h2>
        <p>前端开发，简单来说，就是把平面效果图转换成网页，把静态转换成动态。早期的网页制作主要内容都是静态的，以文字图片为主，用户使用网站也以浏览为主。随着互联网的发展，现代网页更加美观，交互效果显著，而优秀的前端开发可以保障实现这些效果的同时，也不影响网站的打开速度、浏览器兼容性还有搜索引擎的收录，还可以让用户体验更加舒适，使网站在访问中显得更精细、更用心，访客使用起来更简便。</p>
    </body>
</html>
```

示例效果如图 7-11 所示。

如今，在互联网高速发展的情况下，越来越多的传统行业都选择将业 务与互联网相结合，电脑端和移动端相辅相成的用户体验，更使得Web 前端开发这一职业越来越受到企业们的重视，而最近几年，各种前端框架 层出不穷，H5开发模式也越来越流行，由此可见大前端时代已经到来。

但是对刚接触这一行业的人来说，Web前端到底是什么呢？它的就业前景又是怎样的呢？下面，就让我们来了解一下。

什么是前端开发？

前端开发，简单来说，就是把平面效果图转换成网页，把静态转换成动态。早期的网页制作主要内容都是静态的，以文字图片为主，用户使用网站也以浏览为主。随着互联网的发展，现代网页更加美观，交互效果显著，而优秀的前端开发可以保障实现这些效果的同时，也不影响网站的打开速度、浏览器兼容性还有搜索引擎的收录，还可以让用户体验更加舒适，使网站在访问中显得更精细、更用心，访客使用起来更简便。

图 7-11　字围绕效果

示例说明：

示例 7-9 中设置了<img>的 float 属性，设置为 left，向左浮动，当字数较多时实现了字围绕的效果。

7.3 定　　位

定位是指元素可以像图像软件中的图层一样，对每个层都能够精确定位，通过设置元素的 position 属性可以规定应用于元素的定位方法。

position 属性有以下五种常用的设定值：

(1) static：静态定位，为默认值，当 position 属性的值为 static 时，其效果相当于标准文档流。

(2) relative：相对定位。

(3) absolute：绝对定位。

(4) fixed：固定定位。

(5) sticky：黏滞定位。

五种定位方式的比较如表 7-1 所示。

表 7-1　五种定位方式比较

定位模式	是否脱离标准流	移动位置	是否常用
static 静态定位	否	不能使元素偏移	很少
relative 相对定位	否	相对于自身位置移动	基本单独使用
absolute 绝对定位	是	相对于定位的父级元素移动	要和定位父级元素搭配使用
fixed 固定定位	是	相对于浏览器可视区移动	单独使用，不需要父级元素
Sticky 黏滞定位	否	相对于具有滚动条的祖先元素移动	要和具有滚动条的祖先元素搭配使用

静态定位的效果相当于标准文档流，这里不再赘述。下面对剩余四种定位方式分别进行介绍。

7.3.1　相对定位

使用相对定位的元素是相对于其正常位置进行定位。通过设置该元素的 top、right、bottom 和 left 等属性可以使元素偏离其正常位置，并进行精确调整，但不会对其余内容进行调整来适应元素留下的任何空间。

相对定位有如下特点：

(1) 使用相对定位方式的元素，会以其原有位置为基准，通过指定偏移量进行偏移。

(2) 使用相对定位方式的元素，仍处在标准流中，不会对其兄弟和祖先元素造成任何影响。

(3) 相对定位在页面布局中用得比较少，一般用于页面中元素的微调。

【示例 7-10】 元素的相对定位演示。

代码如下：

```
<!DOCTYPE html>
<html>
  <head>
    <meta charset="utf-8">
    <title></title>
    <style type="text/css">
      div{
        width: 100px;
        height: 100px;
```

```
            }
            .div1{
                background-color: red;
            }
            .div2{
                background-color: blue;
                position: relative;
                left: 100px;
                top: 100px;
            }
            .div3{
                background-color: yellow;
            }
        </style>
    </head>
    <body>
        <div class="div1">1</div>
        <div class="div2">2</div>
        <div class="div3">3</div>
    </body>
</html>
```

示例效果如图 7-12 所示。

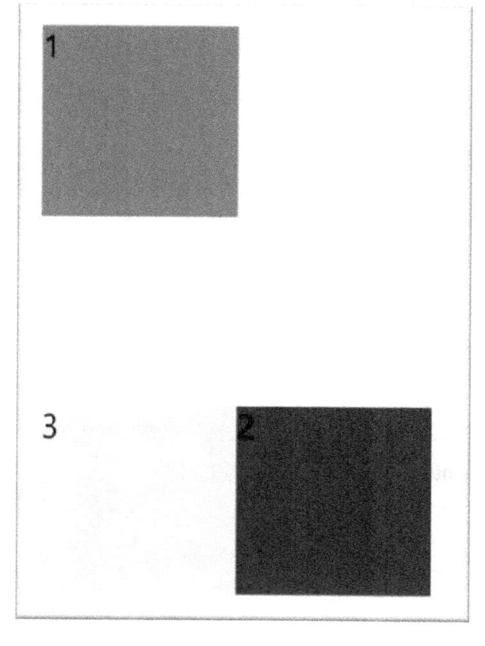

图 7-12　相对定位示例效果

示例说明：

示例7-10中对div2设置了相对定位，相对于其正常位置的left和top分别移动了100px，且未对其他元素造成影响。

7.3.2 绝对定位

使用绝对定位的元素是相对于最近的已定位祖先元素进行定位，如果绝对定位的元素没有祖先，则相对于文档主体<body>进行定位。

绝对定位有如下特点：

(1) 使用绝对定位方式的元素，会相对于距离其最近的一个已经定位的祖先元素为基准，通过指定偏移量进行偏移。

(2) 使用绝对定位方式的元素，会脱离标准流，其兄弟元素会认为这个元素已经不存在了。

【示例7-11】 元素的绝对定位演示。

代码如下：

```
<!DOCTYPE html>
<html>
  <head>
    <meta charset="utf-8">
    <title></title>
    <style type="text/css">
      *{
        margin: 0;
        padding: 0;;
      }
      div{
        width: 100px;
        height: 100px;
      }
      .div1{
        background-color: red;
      }
      .div2{
        background-color: blue;
        position: absolute;
        left: 100px;
        top: 100px;
      }
      .div3{
        background-color: yellow;
```

```
        }
        .father{
            position: relative;
        }
    </style>
</head>
<body>
    <div id="" class="father">
        <div class="div1">1</div>
        <div class="div2">2</div>
        <div class="div3">3</div>
    </div>
</body>
</html>
```

示例效果如图 7-13 所示。

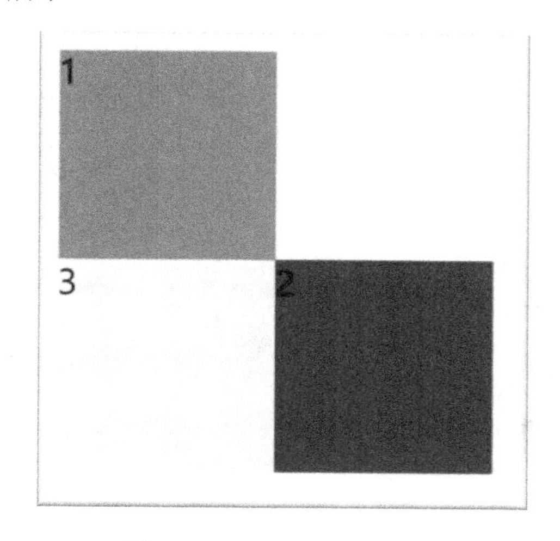

图 7-13　绝对定位示例效果

示例说明：

示例 7-11 中对 div2 设置了绝对定位，相对于其最近的已定位祖先元素 div 的 left 和 top 分别移动了 100px，但与相对定位不同，div2 使用绝对定位后，其兄弟元素认为这个元素已经不存在了，因此占用了它原来的位置。

我们通常将相对定位和绝对定位结合起来使用，对父元素进行相对定位，对子元素进行绝对定位，简称“子绝父相”，如示例 7-12 所示。

【示例 7-12】　“子绝父相”定位效果演示。

代码如下：

```
<!DOCTYPE html>
<html>
    <head>
```

```
<meta charset="utf-8">
<title></title>
<style type="text/css">
  div{
    border: 1px solid black;
    background-color: #5FACD8;
    width: 1200px;
    height: 120px;
    margin: 0 auto;
    text-align: center;
    position: relative;
  }
  p{
    font-size: 14px;
  }
  img{
    position: absolute;
    left: 1100px;
    top: 20px;
  }
</style>
</head>
<body>
  <div id="">
    <img src="img/blue.png" />
    <p>普普通通说普通话，文文明明做文明人。</p>
    <p>友情链接：国家语委丨教育部丨中国语言文字网丨学院首页丨教务处</p>
    <p>强烈建议使用 IE6.0 以上浏览器 1024*768 分辨率 网站管理</p>
  </div>
</body>
</html>
```

示例效果如图 7-14 所示。

图 7-14 “子绝父相”示例效果

示例说明：

示例 7-12 中对父元素<div>进行了相对定位，对子元素<img>进行了绝对定位，实现了

图片<img>在<div>中的精确定位。

7.3.3　固定定位

使用固定定位的元素是相对于浏览器窗口进行定位，因此，即使在页面滚动时，使用固定定位的元素也会始终位于同一位置。

固定定位有如下特点：

(1) 与绝对定位类似，但其定位基准是浏览器窗口。

(2) 使用固定定位的盒子不能通过 margin: auto 设置水平居中，但是可以通过以下计算方法实现水平垂直居中：

```
left: 50%;            /*让盒子的左侧移动到父级元素的水平中心位置*/
margin-left: -100px;  /*让盒子向左移动自身宽度的一半*/
```

【示例 7-13】 元素的固定定位演示。

代码如下：

```
<!DOCTYPE html>
<html>
  <head>
    <meta charset="utf-8">
    <title></title>
    <style type="text/css">
      p {
        text-indent: 2em;
      }
      div {
        width: 100px;
        height: 100px;
        border: 1px solid black;
        left: 80%;
        margin-left: -100px;
        position: fixed;
        bottom: 2px;
        right: 2px;
      }
    </style>
  </head>
  <body>
    <div>固定定位</div>
    <h1>Web 前端基础知识学习路线图</h1>
```

```
        <p>最近几年 Web 前端的发展令人瞩目，企业给 Web 前端开发工程师开出的薪资也在持续
上扬。这种盛况自然而然地吸引了众多人员进入这个行业。通常新手以为前端的知识只有三大块：
HTML、CSS 与 JavaScript，学习前端就是学习这三方面的内容，其实这种看法是片面的， 一个完
整的 Web 前端知识体系包含很多知识，所有知识框架就是一个结构型的展现，其结构就像一棵树。
        </p>
        <p>Web 前端的知识点非常多，也非常散，需要好几层结构来组织这个体系。</p>
        <p>一般而言，一名在市场上有竞争力的前端开发者必须掌握以下技术：</p>
        <p>1.熟悉原生 JS</p>
        <p>2. 熟悉 HTML5、CSS3 等 Web 标准</p>
        <p>3.熟悉 JavaScript 框架和库</p>
        <p>4.熟悉 Web 性能优化技术</p>
        <p>5.掌握 JQuery、React、Angular、Vue.js 等开发框架</p>
        <p>…</p>
    </body>
</html>
```

示例效果如图 7-15 所示。

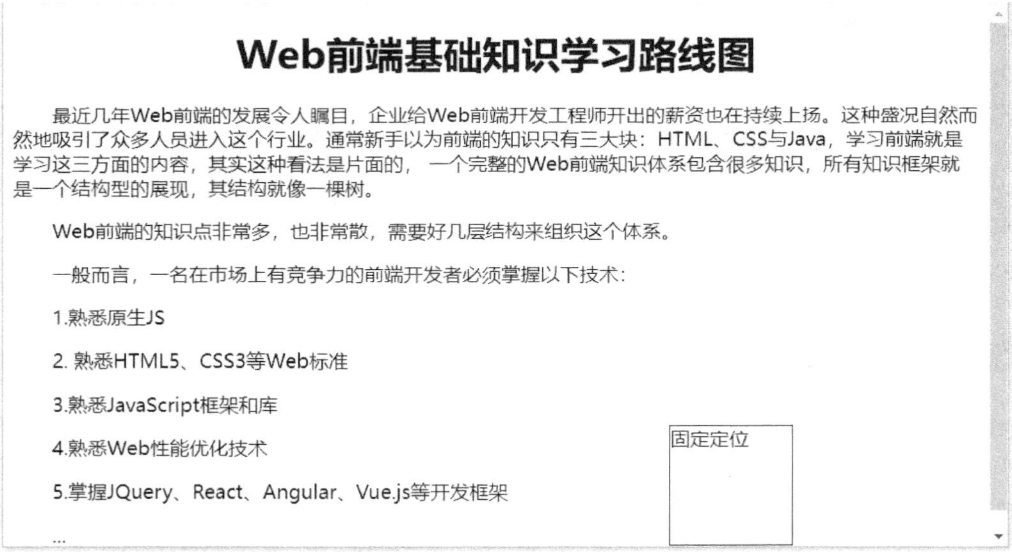

图 7-15　固定定位示例效果

示例说明：

示例 7-13 中对子元素<div>进行了固定定位，使其相对于浏览器窗口进行定位，在页面滚动时，<div>始终位于同一位置。

7.3.4　黏滞定位

黏滞定位的特点和相对定位的特点类似，不同的是黏滞定位在元素到达某一个位置时就将其固定。

黏滞定位有如下特点：

(1) 以浏览器为参照物(类似固定定位)。

(2) 占有原来位置(类似相对定位)，不会脱离标准文档流，元素性质也不会发生变化。

(3) 黏滞定位可以在元素到达某个位置时，将其固定。

【示例 7-14】 黏滞定位效果演示。

代码如下：

```
<!DOCTYPE html>
<html>
  <head>
    <meta charset="utf-8">
    <title></title>
    <style type="text/css">
      p{
        text-indent: 2em;
      }
      h1{
        text-align: center;
      }
      div{
        width: 100px;
        height: 100px;
        border: 1px solid black;
        position: sticky;
        top: 0;
      }
    </style>
  </head>
  <body>
    <div>黏滞定位</div>
    <h1>Web 前端基础知识学习路线图</h1>
      <p>最近几年 Web 前端的发展令人瞩目，企业给 Web 前端开发工程师开出的薪资也在持
续上扬。这种盛况自然而然地吸引了众多人员进入这个行业。通常新手以为前端的知识只有三大块：
HTML、CSS 与 Java，学习前端就是学习这三方面的内容，其实这种看法是片面的，一个完整的 Web
前端知识体系包含很多知识，所有知识框架就是一个结构型的展现，其结构就像一棵树。</p>
    <p>Web 前端的知识点非常多，也非常散，需要好几层结构来组织这个体系。</p>
    <p>一般而言，一名在市场上有竞争力的前端开发者必须掌握以下技术：</p>
    <p>1.熟悉原生 JS</p>
    <p>2.熟悉 HTML5、CSS3 等 Web 标准</p>
    <p>3.熟悉 JavaScript 框架和库</p>
```

```
        <p>4.熟悉 Web 性能优化技术</p>
        <p>5.掌握 JQuery、React、Angular、Vue.js 等开发框架</p>
        <p>…</p>
    </body>
</html>
```

示例效果如图 7-16 所示。

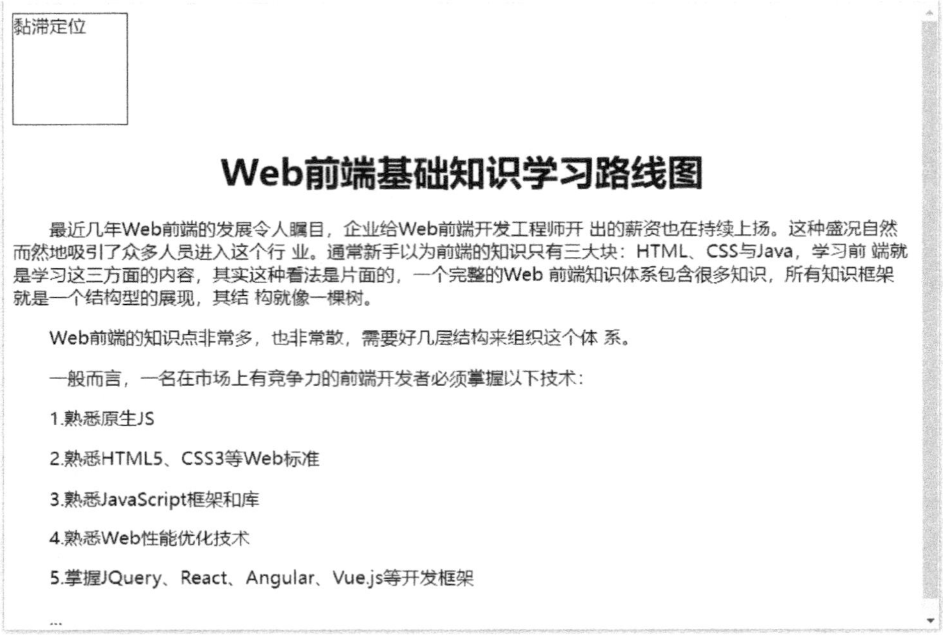

黏滞定位

Web前端基础知识学习路线图

最近几年Web前端的发展令人瞩目，企业给Web前端开发工程师开 出的薪资也在持续上扬。这种盛况自然而然地吸引了众多人员进入这个行 业。通常新手以为前端的知识只有三大块：HTML、CSS与Java，学习前 端就是学习这三方面的内容，其实这种看法是片面的，一个完整的Web 前端知识体系包含很多知识，所有知识框架就是一个结构型的展现，其结 构就像一棵树。

Web前端的知识点非常多，也非常散，需要好几层结构来组织这个体 系。

一般而言，一名在市场上有竞争力的前端开发者必须掌握以下技术：

1.熟悉原生JS

2.熟悉HTML5、CSS3等Web标准

3.熟悉JavaScript框架和库

4.熟悉Web性能优化技术

5.掌握JQuery、React、Angular、Vue.js等开发框架

...

图 7-16　黏滞定位示例效果

示例说明：

示例 7-14 配合 top 值设置，没有达到 top 值之前正常显示，随着滚动条滚动而滚动，top 值为 0 后类似于固定定位，不会跟随滚动条滚动而滚动。

7.4　Flex 布局

前面讲的传统的布局方案，基于盒子模型，依赖 display 属性、position 属性和 float 属性，虽然可以解决绝大部分布局问题，但对特殊布局非常不方便，比如，垂直居中就不容易实现。

2009 年 W3C 提出了一种新的方案——Flex(Flexible Box)，意为弹性盒子布局模型，其主要思想是给予容器控制内部元素高度和宽度的能力，可以简便、完整、响应式地实现各种页面布局。

7.4.1　Flex 布局基本概念

Flex 布局可以为盒子模型提供最大的灵活性，页面中的任何一个元素都可以指定为

Flex 布局。使用了 Flex 布局的元素，称为弹性容器(flex container)，简称容器，而该元素的所有子元素自动成为容器成员，称为弹性项目(flex item)，简称项目。

弹性容器可以通过 display 设置两个值：flex，inline-flex，示例如下：

```
.box{
  display: flex;
}
.box{
  display: inline-flex;
}
```

注意，当弹性容器值设置为 flex 时，弹性容器成为块级弹性容器；当弹性容器值设置为 inline-flex 时，弹性容器成为行内弹性容器。一般来说，不建议使用 inline-flex，可以使用 flex 实现 inline-flex 的功能。

当使用 Flex 布局时，弹性容器存在两根隐性的轴，分别是水平的主轴(main axis)和垂直的交叉轴(cross axis)，如图 7-17 所示。主轴由 flex-direction 定义，其与左边框的交叉点为主轴开始的位置，称为 main start；主轴的结束位置称为 main end。交叉轴的开始位置称为 cross start，结束位置称为 cross end。弹性项目(item)沿主轴或交叉轴排列，弹性项目在主轴方向上占据的宽度称为 main size，在交叉轴方向上占据的宽度称为 cross size。

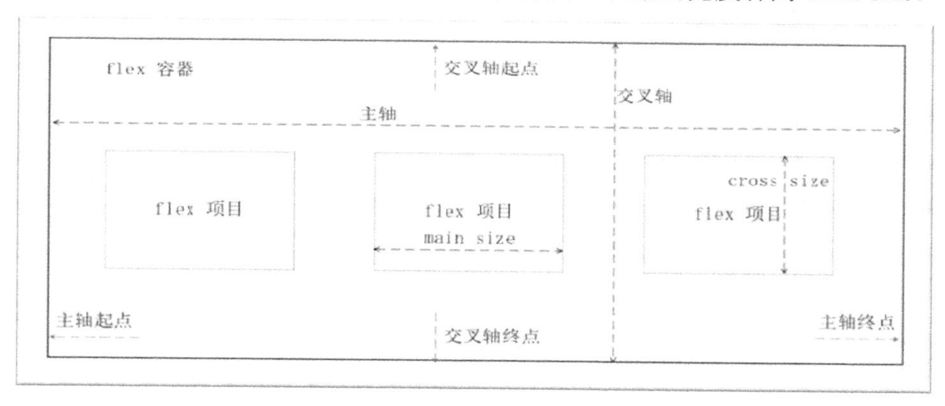

图 7-17　Flex 弹性布局示意图

7.4.2　弹性容器

弹性容器有 6 个属性，如表 7-2 所示。

表 7-2　弹性容器的属性

属　性	说　明
flex-direction	指定弹性项目的排列方向
flex-wrap	设置弹性项目是否自动换行
flex-flow	复合属性，相当于同时设置了 flex-direction 和 flex-wrap
justify-content	设置弹性项目在主轴上的排列方式
align-items	设置交叉轴上弹性项目的排列方式，适用于单行
align-content	设置交叉轴上弹性项目的排列方式，适用于多行

1. flex- direction 属性

flex- direction 属性用于指定弹性项目的排列方向。

基本语法：

```
flex-direction: row | row-reverse | column | column-reverse;
```

语法说明：

(1) row(默认值)：主轴水平，方向从左到右；交叉轴垂直，方向从上到下。

(2) row-reverse：主轴水平，方向从右到左；交叉轴垂直，方向上到下。

(3) column：主轴垂直，方向从上到下；交叉轴水平，方向从左到右。

(4) column-reverse：主轴垂直，方向从下到上；交叉轴水平，方向从左到右。

2. flex-wrap 属性

flex-wrap 属性用于解决当项目在一条轴线上排不下时的换行问题。

基本语法：

```
flex-wrap: nowrap | wrap | wrap-reverse;
```

语法说明：

(1) nowrap(默认值)：不自动换行。

(2) wrap：沿着交叉轴方向换行。

(3) wrap-reverse：沿着交叉轴反方向换行。

3. flex-flow 属性

flex-flow 属性是 flex-direction 属性和 flex-wrap 属性的复合属性，第一个值用于指定 flex-diretion，第二个值用于指定 flex-wrap。

4. justify-content 属性

justify-content 属性用于设置弹性项目在主轴上的对齐方式。

基本语法：

```
justify-content:flex-start|flex-end|center|space-around|space-evenly|space-between;
```

语法说明：

(1) flex-start(默认值)：左对齐，即与起点对齐。

(2) flex-end：右对齐，即与终点对齐。

(3) center：居中。

(4) space-around：空白空间分布到元素两侧。

(5) space-evenly：空白空间分布到元素单侧。

(6) space-between：两端对齐，弹性项目之间的间隔都相等，空白空间分布到元素中间。

5. align-items 属性

align-items 属性用于定义弹性项目在交叉轴上的对齐方式。

基本语法：

```
align-items: flex-start | flex-end | center | baseline | stretch;
```

语法说明：

该属性有 5 种属性值，具体的对齐方式与交叉轴的方向有关，下面假设交叉轴从上到下。

(1) flex-start：与交叉轴的起点对齐。

(2) flex-end：与交叉轴的终点对齐。

(3) center：与交叉轴的中点对齐。

(4) baseline：弹性项目位于弹性容器的基线上，即与弹性项目的第一行文字的基线对齐。

(5) stretch(默认值)：填充，如果弹性项目未设置高度或设为 auto，将占满整个容器的高度。

6. align-content 属性

align-content 属性用于定义多根轴线的对齐方式。如果弹性项目只有一根轴线，则该属性不起作用。

基本语法：

```
align-content:flex-start|flex-end|center|space-between|space-around| stretch;
```

语法说明：

(1) flex-start：上对齐，即与交叉轴的起点对齐。

(2) flex-end：下对齐，即与交叉轴的终点对齐。

(3) center：居中，即与交叉轴的中点对齐。

(4) space-between：与交叉轴两端对齐，轴线之间的间隔平均分布。

(5) space-around：每根轴线两侧的间隔都相等。所以，轴线之间的间隔比轴线与边框的间隔大一倍。

(6) stretch(默认值)：拉伸，即轴线占满整个交叉轴。

注意：

align-items 和 align-content 的区别：align-items 适用于单行的情况下，align-content 适用于换行(多行)的情况下(单行情况下无效)。

7.4.3　弹性项目

弹性项目有如下 5 个常用属性。

1. order 属性

order 属性用于定义弹性项目的排列顺序，数值越小，排列越靠前，默认值为 0。

基本语法：

```
order: <integer>;
```

语法说明：

(1) 元素按照 order 属性值的增序进行布局。

(2) 拥有相同 order 属性值的元素按照源代码中出现的顺序进行布局。

2. flex-grow 属性

flex-grow 属性用于指定弹性项目的伸展系数，当弹性容器有多余空间时，弹性项目按照系数比例伸展，负值无效，默认值为 0，此时即使存在剩余空间，也不放大。

基本语法：

```
flex-grow: <number>;
```

语法说明：

(1) 如果所有弹性项目的 flex-grow 属性都为 1，则它们将等分剩余空间(如果有的话)。

(2) 当弹性项目的伸展系数不同时，计算方法为：多余空间*(弹性项目伸缩系数/所有弹性项目伸缩系数和)。

3. flex-shrink 属性

flex-shrink 属性用于定义弹性项目的收缩系数，当弹性容器空间不足以容纳所有弹性项目时，弹性项目按照系数收缩，默认值为 1，即如果空间不足，该弹性项目将缩小。

基本语法：

```
flex-shrink: <number>;
```

语法说明：

(1) 计算弹性项目收缩比：分母为：所有弹性项目宽度*收缩系数之和；分子为：弹性项目宽度*收缩系数。

(2) 计算弹性项目收缩宽度：弹性项目收缩比*收缩宽度总和(溢出宽度)。

(3) 负值对该属性无效。

(4) flex 元素仅在默认宽度之和大于弹性容器的时候才会发生收缩，其收缩的大小是依据 flex-shrink 的值。

4. flex-basis 属性

flex-basis 属性用于设定在分配多余空间之前，弹性项目占据的主轴空间(main size)。浏览器根据这个属性，计算主轴是否有多余空间。它的默认值为 auto，即弹性项目的本来大小。

基本语法：

```
flex-basis: <length> | auto;
```

语法说明：

(1) 该属性值可以设置为跟 width 或 height 属性一样的值，此时弹性项目将占据固定空间。

(2) 如果不使用 box-sizing 改变盒子模型，flex-basis 属性就决定了 flex 元素的内容盒(content-box)的尺寸。

5. flex 复合属性

flex 属性是 flex-grow、flex-shrink 和 flex-basis 的复合属性，其默认值为 0 1 auto，建议优先使用这个属性，而不是单独写三个分离的属性，因为浏览器会推算相关值。

【示例 7-15】 弹性布局综合效果演示。

代码如下：

```
<!DOCTYPE html>
<html>
  <head>
    <meta charset="utf-8">
    <title></title>
    <style>
      .father
```

```
{
    width: 450px;
    height: 200px;
    background-color: aliceblue;
    display: flex;
    /* 横向排列，默认值 */
    flex-direction: row;
    /* 换行 */
    flex-wrap: wrap;
    /* 主轴方向排列方式 */
    justify-content: space-between;
    /* 交叉轴方向排列方式，多行 */
    align-content: flex-end;
}
.father div{
    border: 1px solid black;
}
.son1 {
    width: 100px;
    height: 50px;
    order: 4;
}
.son2 {
    width: 100px;
    height: 80px;
    order: 5;
}
.son3 {
    width: 100px;
    height: 50px;
    order: 3;
}
.son4 {
    width: 100px;
    height: 80px;
    order: 2;
}
.son5 {
    width: 100px;
```

```
            height: 50px;
            order: 1;
        }
    </style>
</head>
<body>
    <div class="father">
        <div class="son1">1</div>
        <div class="son2">2</div>
        <div class="son3">3</div>
        <div class="son4">4</div>
        <div class="son5">5</div>
    </div>
</body>
</html>
```

示例效果如图 7-18 所示。

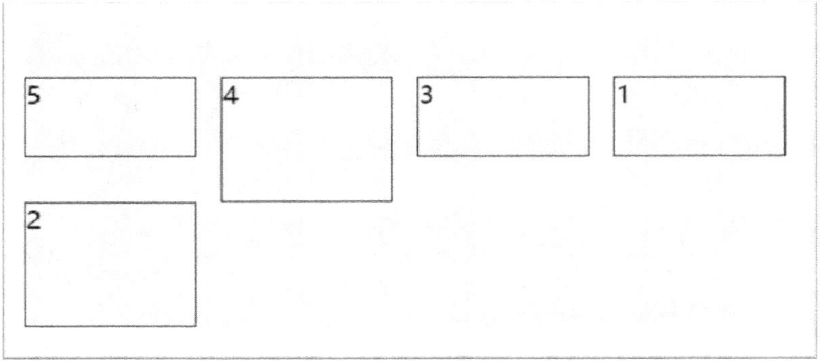

图 7-18 Flex 布局示例效果

示例说明：

示例 7-15 中通过 display: flex 实现了 Flex 布局，flex-direction 属性采用默认值 row，弹性项目沿主轴水平方向从左到右排列；flex-wrap 属性值设置为 wrap，即弹性项目沿着交叉轴方向换行；justify-content 属性值设置为 space-between，实现了两端对齐，弹性项目之间的间隔都相等，空白空间分布到了元素中间；align-content 属性值设置为 flex-end，交叉轴方向实现了下对齐，即与交叉轴的终点对齐；最后对每个弹性项目的 order 属性进行了设置，重新指定了弹性项目排序。

7.5 导 航 栏

对于任何网站来说，导航栏都是其重要的组成部分，一个简洁易用的导航栏对于提高网站的可用性和用户体验至关重要。导航栏从结构层次上来说可以分为一级导航栏、二级

导航栏和多级导航栏，从排列方式上来说又可以分为纵向导航栏和横向导航栏。导航栏的本质就是链接列表，因此导航栏通常采用无序列表+超链接的方式实现。

7.5.1　一级导航栏

一级导航栏分为纵向导航栏和横向导航栏，下面分别介绍。

1. 纵向导航栏

纵向导航栏可以参考如下步骤制作：

(1) 建立基本的 HTML 结构。

(2) 设定无序列表<ul>的样式。例如：隐藏项目符号，设定宽度。

(3) 设定无序列表项<li>的样式。例如：添加下划线。

(4) 设定超链接<a>的样式。例如：隐藏下划线，将超链接设定为块元素。

(5) 设置不同状态下的超链接。例如：可以通过伪类实现动态效果。

【示例 7-16】 一级纵向导航栏制作。

代码如下：

```
<!DOCTYPE html>
<html>
  <head>
    <meta charset="utf-8">
    <title></title>
    <style type="text/css">
      ul{
        list-style-type: none;
        width: 200px;
      }
      li{
        border-bottom: 1px   solid   #9f9fed;
      }
      ul li a{
        display: block;
        text-decoration: none;
        font-size: 24px;
      }
      a:link,a:visited{
        background-color: #1136C1;
        color: #FFFFFF;
        border-right: 2px solid #151571;
        border-left: 2px solid #151571;
        padding: 4px 8px;
```

```
            }
            a:hover{
                background-color: #002099;
                color: #ffff00;
                border-right-color: yellow;
                border-left-color: yellow;
            }
        </style>
    </head>
    <body>
        <ul>
            <li><a href="/">网站首页</a></li>
            <li><a href="/a/kechengdaodu/">课程导读</a></li>
            <li><a href="/a/shiziduiwu/">师资队伍</a></li>
            <li><a href="/a/jiaoxuedagang/">教学大纲</a></li>
            <li><a href="/a/kaohefangan/">考核方案</a></li>
            <li><a href="/a/dianzijiaoan/">电子教案</a></li>
            <li><a href="/a/jiaoxuekejian/">教学课件</a></li>
            <li><a href="/a/qianyanzixun/">前沿资讯</a></li>
            <li><a href="/a/shishengjiaohu">师生交互</a></li>
        </ul>
    </body>
</html>
```

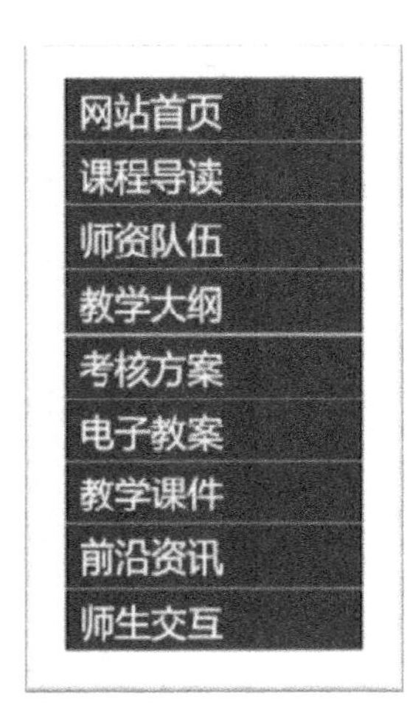

图 7-19 纵向导航栏效果

示例效果如图 7-19 所示。

示例说明：

示例 7-16 首先使用无序列表和超链接构造了导航栏的基本 HTML 结构，对<ul>样式的设置包括隐藏项目符号和设定宽度(因为默认情况下，块级元素会占用全部可用宽度)，通过 list-style-type: none 隐藏了<ul>的项目符号，因为导航条不需要列表项标记。实现导航栏最重要的操作是对超链接的样式进行设置，通过 display: block 将超链接显示为块级元素，这样当文本被点击时，可以使整个链接区域都被点击。最后为了实现导航栏的动态效果，借助伪类选择器，对不同状态下的超链接设置了不同的配色方案。

2. 横向导航栏

横向导航栏可以在纵向导航栏的基础上通过浮动列表项实现，即对<li>元素进行浮动，设置其 float 属性。

【示例 7-17】 一级横向导航栏制作。

代码如下：

```
<!DOCTYPE html>
<html>
    <head>
```

```
    <meta charset="utf-8">
    <title></title>
    <style type="text/css">
      *{
            margin: 0px;
            padding: 0px;
      }
      ul{
            list-style-type: none;
      }
      li{
            float: left;
            width: 115px;
      }
      ul li ul li{
            width: 150px;
      }
      ul li a{
            display: block;
            text-decoration: none;
            font-size: 24px;
      }
      ul li ul{
            display: none;
      }
      ul li:hover ul{
            display: inline;
      }
      a:link,a:visited{
            background-color: #1136C1;
            color: #FFFFFF;
            border-left: 2px solid #151571; */
            padding: 4px 8px;
      }
      a:hover{
            background-color: #002099;
            color: #ffff00;
      }
</style>
```

```
</head>
<body>
  <ul>
    <li><a href="/">网站首页</a></li>
    <li><a href="/a/kechengdaodu/">课程导读</a></li>
    <li><a href="/a/shiziduiwu/">师资队伍</a></li>
    <li><a href="/a/jiaoxuedagang/">教学大纲</a></li>
    <li><a href="/a/kaohefangan/">考核方案</a></li>
    <li><a href="/a/dianzijiaoan/">电子教案</a></li>
    <li><a href="/a/jiaoxuekejian/">教学课件</a></li>
  </ul>
</body>
</html>
```

示例效果如图 7-20 所示。

图 7-20　横向导航栏效果

示例说明：

示例 7-17 在纵向导航栏的基础上，在<li>的样式里增加了 float: left，并通过宽度及配色方案调整实现了横向导航栏的效果。

7.5.2 二级导航栏

二级导航栏的实现比较常见的是借助 JavaScript 来设计，采用纯 CSS 实现需要对样式进行详细定义。下面举例一个采用纯 CSS 技术实现的二级导航栏，其效果如图 7-21 所示。

图 7-21　二级导航栏效果

具体实现步骤如下：

(1) 建立基本的 HTML 结构，代码如下：

```
<!DOCTYPE html>
<html>
  <head>
```

```
        <meta charset="utf-8">
        <title>二级导航栏</title>
    </head>
    <body>
        <ul>
            <li><a href="/">网站首页</a></li>
            <li>
                <a href="/a/kechengdaodu/">课程导读</a>
                <ul>
                    <li><a href="#">课程简介</a></li>
                    <li><a href="#">教学内容</a></li>
                </ul>
            </li>
            <li><a href="/a/shiziduiwu/">师资队伍</a></li>
            <li><a href="/a/jiaoxuedagang/">教学大纲</a></li>
            <li><a href="/a/kaohefangan/">考核方案</a></li>
            <li><a href="/a/dianzijiaoan/">电子教案</a></li>
        </ul>
    </body>
</html>
```

在未设置任何 CSS 样式的情况下，页面效果如图 7-22 所示。

图 7-22　未设置任何 CSS 样式的情况下的页面效果

(2) 将所有元素的 margin 和 padding 设置为 0，设定无序列表<ul>的样式，隐藏项目符号，代码如下：

```
*{margin: 0px;padding: 0px;}
ul {list-style-type: none;}
```

(3) 设定无序列表项<li>样式，向左浮动，并设定宽度，代码如下：

```
ul li {float: left;width: 120px;}
```

效果如图 7-23 所示。

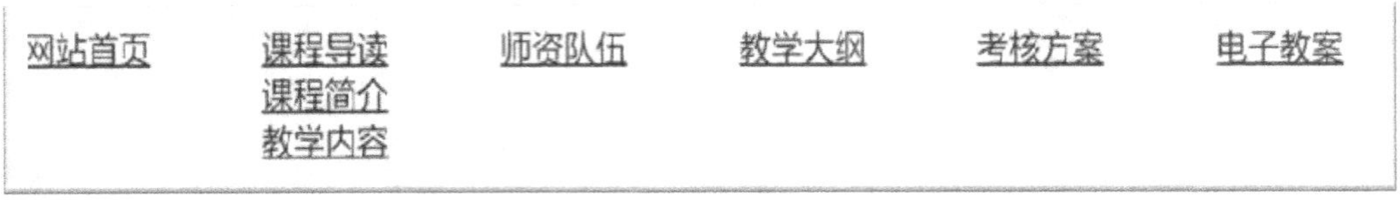

网站首页　课程导读　师资队伍　教学大纲　考核方案　电子教案
课程简介
教学内容

图 7-23　设定无序列表样式后的页面效果

(4) 设定超链接样式，为了实现动态效果，不同状态下设置了不同的配色方案，代码如下：

```
ul li a {display: block;text-decoration: none;font-size: 24px;}
a:link,a:visited {background-color: #1136C1;color: #FFFFFF;padding: 4px 8px;}
a:hover {background-color: #002099;color: #ffff00;}
```

效果如图 7-24 所示。

网站首页　课程导读　师资队伍　教学大纲　考核方案　电子教案
课程简介
教学内容

图 7-24　设置配色方案后的页面效果

(5) 定义嵌套的二级菜单的样式，二级菜单初始为隐藏状态(display: none)，鼠标滑过时才能显示(display: inline)，并且使用“子绝父相”相对于一级导航栏进行定位，代码如下：

```
ul li ul li {width: 120px;height: 30px;}
ul li ul {display: none;}
ul li:hover ul {display: inline;}
ul>li{position: relative;height: 36px;}
ul>li>ul{position: absolute;top: 40px;left: 0px;}
ul>li>ul>li{height: 36px;}
```

最终效果如图 7-25 所示。

网站首页　课程导读　师资队伍　教学大纲　考核方案　电子教案
课程简介
教学内容

图 7-25　二级导航栏最终效果图

多级导航栏的实现与二级导航栏类似，这里就不再赘述。

7.6　DIV+CSS 页面布局

现在主流的网站布局几乎都采用 DIV+CSS 技术，使用此方法布局的网站能够实现页

面内容和表现的分离，从而提高网站的访问速度，改善用户体验。

网站的结构通常分为页眉、导航栏、内容和页脚等几部分。页眉通常位于网站顶部(或顶部导航栏的正下方)，通常包含徽标(logo)或网站名称等内容。导航栏包含链接列表，可以帮助访问者浏览网站。页脚位于页面底部，通常包含诸如版权和联系方式之类的信息。内容部分的布局比较多样，选择哪种布局通常取决于用户的需求，常见布局有一列布局、二列布局、三列布局三种，下面分别进行讲解。

7.6.1　一列布局模式

一列布局模式是把整个页面水平分成三个区域，又称“三行模式”，是将页面分成头部(页眉，导航栏)、主体及页脚三部分，效果如图 7-26 所示。

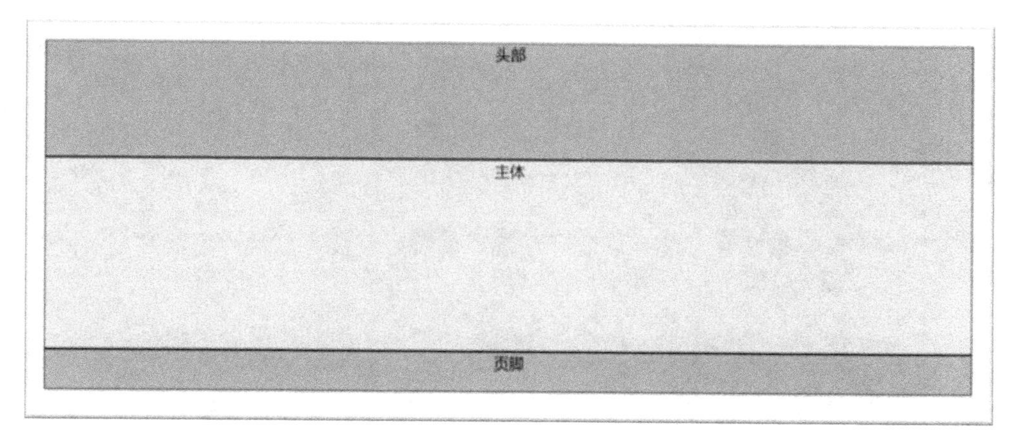

图 7-26　三行模式

“三行模式”实现步骤如下：

(1) 首先根据页面布局设计，完成页面的 HTML 主体结构，代码如下：

```
<body>
  <div id="header" class="">头部</div>
  <div id="main" class="">主体</div>
  <div id="footer" class="">页脚</div>
</body>
```

(2) 接下来设计相应的 CSS 样式，代码如下：

```
<style type="text/css">
  div{
    border:1px solid black;
    text-align: center;
  }
  #header{
    width: 100%;
    height:120px;
```

```
    background-color: darkgray;
}
#main{
    width:100%;
    height:200px;
    background-color: gainsboro;
    }
#footer{
    width:100%;
    height:40px;
    background-color: darkgray;
    }
</style>
```

7.6.2 二列布局模式

二列布局模式是先将整个页面水平分成三个区域，再将主体区域分成两列，又称“三行二列模式”，效果如图 7-27 所示。

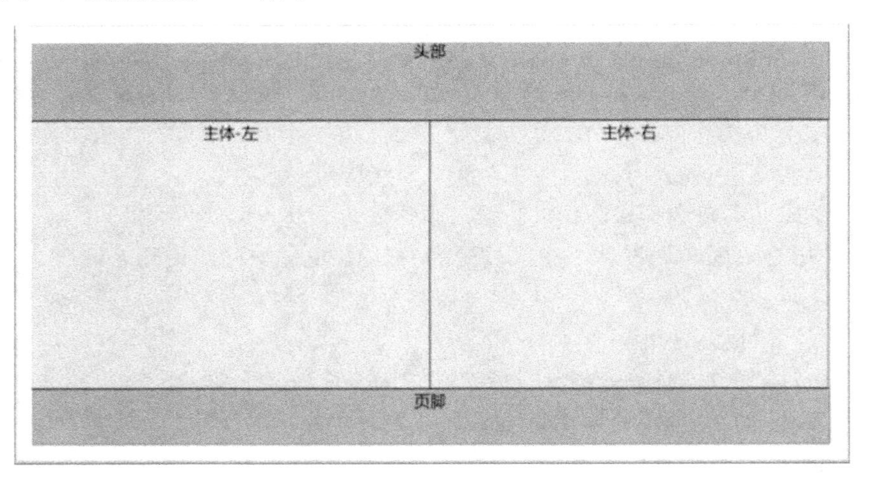

图 7-27 三行二列模式

“三行二列模式”实现步骤如下：

(1) 首先根据页面布局设计，完成页面的 HTML 主体结构，代码如下：

```
<body>
  <div id="header" class="">头部</div>
  <div id="main" class="">
    <div id="left" class="">主体-左</div>
    <div id="right" class="">主体-右</div>
  </div>
```

```
    <div id="footer" class="">页脚</div>
  </body>
```

(2) 接下来设计相应的 CSS 样式，代码如下：

```
  <style type="text/css">
    div{
      border:1px solid black;
      text-align: center;
      font-size: 24px;
    }
    #header{
      width:1200px;
      height:120px;
      background-color: darkgray;
    }
    #main{
      width:1200px;
      height:400px;
      background-color: gainsboro;
    }
    #left{
      width:598px;
      height:100%;
      float:left;
    }
    #right{
      width:598px;
      height:100%;
      float:left;
    }
    #footer{
      clear:both;
      width:1200px;
      height:80px;
      background-color: darkgray;
    }
  </style>
```

注意：

#left 和#right 的宽度没有设置成 600px，而是设置成 598px，是去除了边框所占的宽度，

在进行有边框的布局设计时，需要综合考虑边框的宽度，精确计算。

7.6.3　三列布局模式

三列布局模式是先将整个页面水平分成三个区域，再将主体区域分成三列，又称“三行三列模式”，效果如图 7-28 所示。

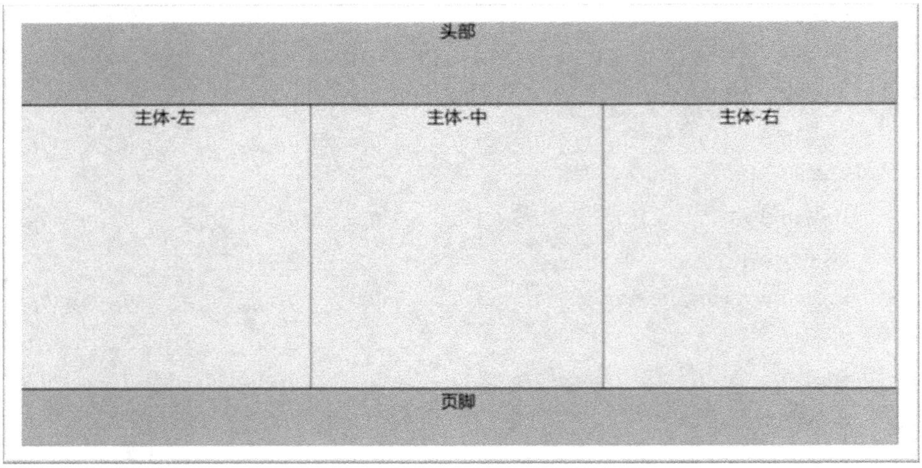

图 7-28　三行三列模式

“三行三列模式”实现步骤如下：

(1) 首先根据页面布局设计，完成页面的 HTML 主体结构，代码如下：

```
<body>
  <div id="header" class="">头部</div>
  <div id="main" class="">
    <div id="left" class="">主体-左</div>
    <div id="center" class="">主体-中</div>
    <div id="right" class="">主体-右</div>
  </div>
  <div id="footer" class="">页脚</div>
</body>
```

(2) 接下来设计相应的 CSS 样式，代码如下：

```
<style type="text/css">
  div{
    border:1px solid black;
    text-align: center;
    font-size: 24px;
  }
  #header{
    width:1200px;
```

```
    height:120px;
    background-color: darkgray;
  }
  #main{
    width:1200px;
    height:400px;
    background-color: gainsboro;
  }
  #left{
    width:398px;
    height:100%;
    float:left;
  }
  #center{
    width:398px;
    height:100%;
    float:left;
  }
  #right{
    width:398px;
    height:100%;
    float:left;
  }
  #footer{
    clear:both;
    width:1200px;
    height:80px;
    background-color: darkgray;
  }
</style>
```

注意：

#left、#center 和#right 的宽度没有设置成 400px，而是设置成 398px，是去除了边框所占的宽度，在进行有边框的布局设计时，需要综合考虑边框的宽度，精确计算。

7.7　综合案例

以 Web 前端课程网站为例，采用 DIV+CSS 布局方式，实现一个多行多列的复杂网站布局。网站布局效果如图 7-29 所示。

该网站布局实现步骤如下：

(1) 首先根据页面布局设计，完成页面的 HTML 主体结构，代码如下：

```
<body>
  <div class="header">页眉</div>
  <div class="nav">导航栏</div>
  <div class="content1">
    <div class="c1_1">内容 1-1</div>
    <div class="c1_2 ">内容 1-2</div>
  </div>
  <div class="content2">
    <div class="c2_1">内容 2-1</div>
    <div class="c2_2">内容 2-2</div>
    <div class="c2_3">内容 2-3</div>
  </div>
  <div class="teacher">教师简介</div>
  <div class="link1">链接区 1</div>
  <div class="link2">链接区 2</div>
  <div class="footer">页脚</div>
</body>
```

网站布局由页眉(header)、导航栏(nav)，内容 1(content1)、内容 2(content2)，教师简介(teacher)，链接区 1(link1)，链接区 2(link2)和页脚(footer)组成，其中内容 1 部分为两列模式，内容 2 部分为三列模式。

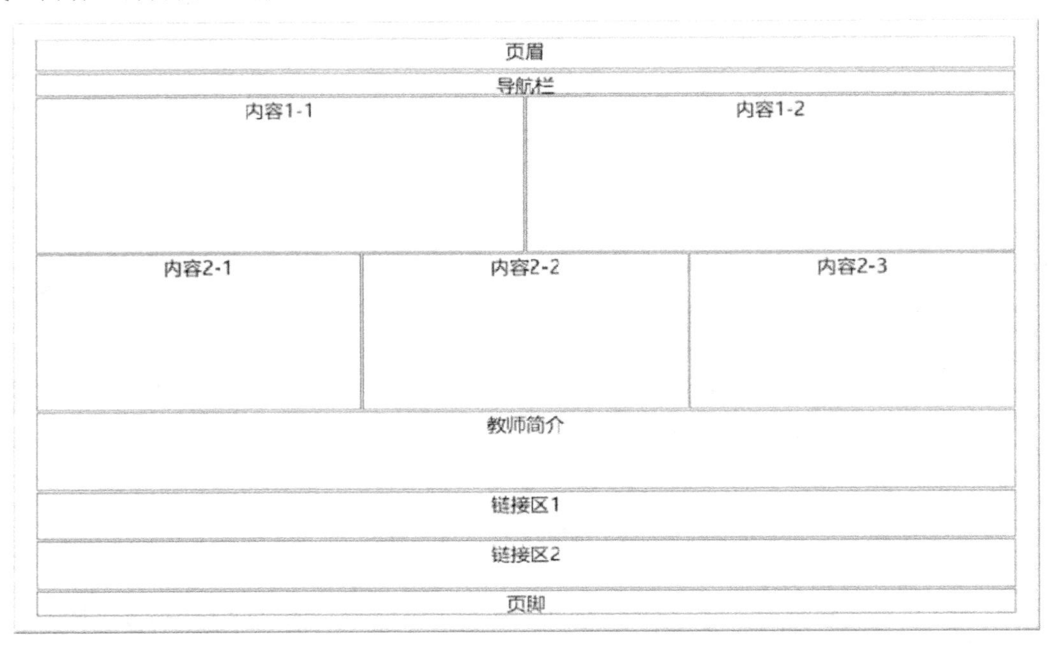

图 7-29　网站综合布局示例

(2) 接下来对各部分布局进行设置，代码如下：

将每个元素的内边距和外边距都设为 0。

```
*{
    margin: 0px;
    padding: 0px;
}
```

<div>边框设置，居中：

```
div{
    border: 1px solid black;
    margin: 0 auto;
    font-size: 24px;
    text-align: center;
}
```

页眉区域尺寸设置：

```
.header{
    width: 1200px;
    height: 40px;
}
```

导航栏区域设置：

```
.nav{
    width: 1200px;
    height: 28px;
}
```

内容 1 区域设置，此处使用两列模式，分为两部分，布局采用 float，使得两个<div>可以排在一行。

```
.contnt1{
    width: 1202px;
    border: none;
}
.c1_1{
    width: 598px;
    height: 200px;
    float: left;
}
.c1_2{
    width: 598px;
    height: 200px;
    float: left;
}
```

内容 2 区域设置，此处使用三列模式，分为三部分，布局采用 float，使得三个<div>可以排在一行。

```
.content2{
  width: 1202px;
  border: none;
}
.c2_1{
  width: 397px;
  height: 200px;
  float: left;
}
.c2_2{
  width: 398px;
  height: 200px;
  float: left;
}
.c2_3{
  width: 397px;
  height: 200px;
  float: right;
}
```

教师简介区域设置：

```
.techear{
  width: 1200px;
  height: 100px;
}
```

链接区 1 和链接区 2 部分设置：

```
.link1,.link2{
  width: 1200px;
  height: 60px;
}
```

页脚部分设置：

```
.footer{
  width: 1200px;
  height: 30px;
}
```

(3) 页面布局中通用样式设置：布局中如果需要多次用到某个样式，可以直接对样式进行定义，需要使用该样式时，直接引用即可，这样可以提高代码效率。

例如，右外边距通用设置，留 2px 的距离，可以定义如下样式：

```
.mr2{
  margin-right: 2px;
}
```

再例如，下外边距通用设置，留 2px 的距离，可以定义如下样式：

```
.mb2{
  margin-bottom: 2px;
}
```

元素浮动后，会对后续元素产生影响，如需清除影响，可以在浮动元素的父容器内添加如下代码，它就像在父容器中砌了一堵墙，我们称之为内墙法，也可以在浮动元素父容器外部添加如下代码，此时称之为外墙法。

```
.cl{
  clear: both;
  border: none;
}
```

(4) 完整代码如下：

```
<!DOCTYPE html>
<html>
  <head>
    <meta charset="utf-8">
    <title></title>
    <style type="text/css">
      *{
        margin: 0px;
        padding: 0px;
      }
      div{
        border: 1px solid black;
        margin: 0 auto;
        font-size: 24px;
        text-align: center;
      }
      .header{
        width: 1200px;
        height: 40px;
      }
      .nav{
        width: 1200px;
        height: 28px;
      }
```

```
.content1{
    width: 1202px;
    border: none;
}
.c1_1{
    width: 598px;
    height:200px;
    float: left;
}
.c1_2{
    width: 598px;
    height:200px;
    float: left;
}
.content2{
    width: 1202px;
    border: none;
}
.c2_1{
    width: 397px;
    height:200px;
    float: left;
}
.c2_2{
    width: 398px;
    height:200px;
    float: left;
}
.c2_3{
    width: 397px;
    height:200px;
    float: right;
}
.teacher{
    width:1200px;
    height:100px;
}
.link1,.link2{
    width:1200px;
```

```
            height:60px;
        }
        .footer{
            width:1200px;
            height:30px;
        }
        .mr2{
            margin-right: 2px;
        }
        .mb2{
            margin-bottom: 2px;
        }
        .cl{
            clear: both;
            border: none;
        }
    </style>
  </head>
  <body>
    <div class="header mb2">页眉</div>
    <div class="nav mb2">导航栏</div>
    <div class="content1 mb2">
        <div class="c1_1 mr2">内容 1-1</div>
        <div class="c1_2">内容 1-2</div>
        <div class="cl"></div>
    </div>
    <div class="content2 mb2">
        <div class="c2_1 mr2">内容 2-1</div>
        <div class="c2_2 mr2">内容 2-2</div>
        <div class="c2_3">内容 2-3</div>
        <div class="cl"></div>
    </div>
    <div class="teacher mb2">教师简介</div>
    <div class="link1 mb2">链接区 1</div>
    <div class="link2 mb2">链接区 2</div>
    <div class="footer mb2">页脚</div>
  </body>
</html>
```

本 章 小 结

本章主要介绍了 CSS 的布局和定位。

标准文档流下的元素可以分为块级元素、行内元素及行内块级元素，它们有各自的特点，并且相互之间可以转换。

浮动可以脱离标准文档流，浮动状态下元素会向其父元素的左侧或右侧靠近，同时在默认情况下，盒子的宽度不再伸展，当容器放不下浮动元素时，元素会找前一个元素贴靠。浮动还可以实现字围绕的效果。

常用的定位方式有相对定位、绝对定位、固定定位和黏滞定位等，这几种定位方式通过设置元素的 position 属性来实现。多种定位方式也可以组合使用，如“子绝父相”。

作为未来首选布局方式的 Flex 布局，能够很方便地解决传统布局中难以实现的问题，通过设置其容器和项目的多个属性，可以更加简便地实现复杂的布局。

导航栏从结构层次上来说可以分为一级导航栏、二级导航栏和多级导航栏，从排列方式上来说又可以分为纵向导航栏和横向导航栏。导航栏通常通过无序列表+超链接的方式来实现。

DIV+CSS 技术是现在主流的网站布局方式，常见布局有一列布局、二列布局和三列布局，但在实际使用中布局方式更加地多样和复杂。

习题与实验 7

一、选择题

1. 关于 float 描述错误的是(　　)。

A. float:left　　　　B. float:center

C. float:right　　　　D. float:none

2. 以下选项是针对对象进行定位的是(　　)。

A. display　　　　B. padding

C. position　　　　D. margin

3. 关于块级元素说法正确的是(　　)。

A. 块级元素在网页中显示为矩形区域，常用的块级元素有 div、h1～h6、p 等

B. 块级元素一般都作为其他元素的容器，它可以容纳其他内联元素和其他块级元素，我们可以把这种容器比喻为一个盒子

C. 块级元素不可以定义自己的宽度和高度

D. 默认情况下，块级元素会占据一行，即两个相邻块状元素不会出现并列显示的现象

4. 下列选项可以去掉文本超级链接的下划线的是(　　)。

A. a {text-decoration:no underline}

B. a {underline:none}

C. a {text-decoration:none}

D. a {decoration:no underline}

5. 下列 CSS 样式中能够实现超链接悬停时产生下划线效果的是(　　)。

A. a:hover{ text-decoration:underline;}

B. a:hover{ text-decoration:none;}

C. a:hover{ text-decoration:overline;}

D. a:hover{ text-decoration:line-through;}

二、填空题

1. div 与 span 的区别是：div 是________元素，span 是________元素。

2. 层定位中，position 属性有五种常用的属性值，分别是________、________、________、________和________。

3. Flex 弹性布局中，align-items 属性和 align-content 属性的区别为：align-items 适用于________________________的情况，align-content 适用于________________________的情况，单行情况下无效。

三、实验题

1. 运用所学的 DIV+CSS 布局知识，参考图 7-30，完成一个经典的三列布局的常用网站布局。

图 7-30　经典三列布局网站效果图

2. 运用所学的 DIV+CSS 布局知识，实现一个主题网站的布局效果，网站要求至少为三列布局，且包含二级导航栏。

第 8 章

JavaScript 基础

思维导图

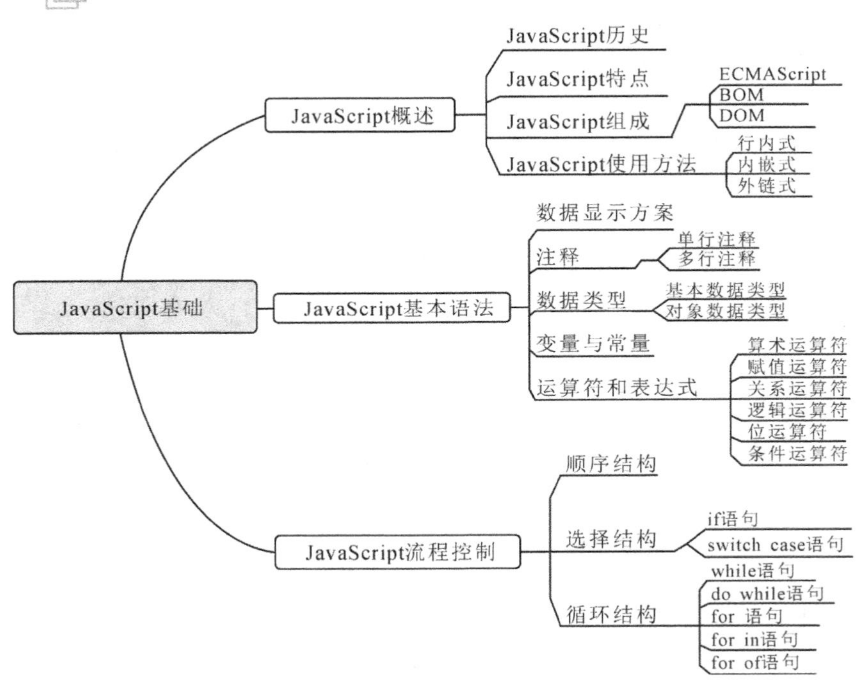

学习目标

(1) 了解 JavaScript 发展历史和组成。
(2) 掌握 JavaScript 在页面中使用的方法及优缺点。
(3) 理解 JavaScript 中的基本数据类型和对象数据类型。
(4) 掌握 JavaScript 中常用的运算符和表达式。
(5) 掌握 JavaScript 中三种流程控制结构的基本语法和应用场景。

JavaScript 是一种解释型的编程语言，被广泛应用于 Web 应用程序开发中，是目前事实上的浏览器端编程语言的标准，在 2023 年 10 月 TIOBE(The Importance Of Being Earnest)

发布的编程语言排行榜中，JavaScript 排名第 6。它采用事件驱动的编程机制，支持面向对象编程，具有天生的跨平台特性。除此之外，JavaScript 也可以被应用到移动开发和服务器端开发中。

8.1 JavaScript 概述

8.1.1 JavaScript 历史

说起 JavaScript，需要提到一个人：Brendan Eich，此人 1995 年进入网景公司，为网景公司的浏览器开发了 JavaScript 语言。

1994 年 12 月，网景公司发布了 Navigator 浏览器 1.0 版，这是世界上第一款比较成熟的商用网络浏览器，但是当时的浏览器只能浏览页面，无法与用户进行进一步的交互，一些简单的验证只能交给服务器去判断，严重影响了用户的体验，为了解决浏览器和用户交互这个问题，网景公司内部经过激烈争论后，最终决定开发一款全新的语言来彻底解决用户交互的问题。1995 年 4 月，Brendan Eich 被网景公司录用，这个重任落在了他的身上，当时为了应付公司安排的任务，他只用 10 天时间就把 JavaScript 原型设计出来了，由于时间太短，在一些细节设计得不够严谨，但是 JavaScript 语言的雏形就此诞生，当时命名 Mocha，后来改为 LiveScript，但很长一段时间，LiveScript 默默无闻，很少有人知道，刚好此时 Sun 公司的 Java 语言逐步被市场认可，网景公司与 Sun 公司达成协议，随即把 LiveScript 改名为 JavaScript，后来一路走来，JavaScript 发展成为事实上的脚本语言标准。

8.1.2 JavaScript 特点

JavaScript 具有如下特点：

(1) JavaScript 语言属于 C 语系，但是相对于 C 语系其他编程语言，JavaScript 语法更加简单，同时开发环境门槛低，不需要做过多的配置，可快速上手。

(2) JavaScript 是一种嵌入在 HTML 页面中的脚本语言。

(3) JavaScript 采用基于对象和事件驱动的编程机制。

(4) JavaScript 被设计为不能访问本地硬盘，不会涉及数据存储服务器、网络文档修改或删除等功能，对本地文件系统来说是安全的。

(5) JavaScript 的执行只依赖于浏览器，与操作环境无关，具有天生的跨平台性。

8.1.3 JavaScript 组成

JavaScript 由 ECMAScript、BOM、DOM 三部分组成。

1. ECMAScript

ECMA(European Computer Manufacturers Association)中文名称为欧洲计算机制造商协会；ECMAScript 是 ECMA 通过 ECMA-262 标准化的脚本程序设计语言，描述了 JavaScript 的基本语法规则和数据类型等，是 JavaScript 的核心内容。

2. BOM

浏览器对象模型(Browser Object Model)，简称 BOM，主要用于客户端浏览器的管理，通过 BOM 可以实现对浏览器的各种操作。

BOM 不是 W3C 组织的标准，所以 BOM 一直没有被标准化，每款浏览器都有自己的实现方式，操作 BOM 的代码兼容性稍差。但是目前主流浏览器均支持 BOM，最基本的规则和用法大体相同，W3C 组织也计划将 BOM 主要内容纳入 HTML5 规范之中。

3. DOM

文档对象模型(Document Object Model)，简称 DOM，是 W3C 组织推荐的处理可扩展标记语言(HTML 或 XML)的标准编程接口(API)，通过 DOM 可以操作(HTML 或 XML)文档的内容和结构。

8.1.4 HTML 页面中使用 JavaScript 的方法

1. 行内式

借助于 HTML 元素的相关事件，可以将 JavaScript 代码嵌入在 HTML 标签行中使用。例如：

```
<button onclick="alert('Hello World!')">确定</button>
```

一般不推荐使用这种方法，因为它违背了 Web 标准中推荐的结构、样式、行为三者分离开发的原则。

2. 内嵌式

将<script>标签嵌入到 HTML 页面中，嵌入的位置可以在<head>中，也可以在<body>中，嵌入位置不同，<script>标签中的 JavaScript 代码可能会有不同的执行效果。

当<script>标签标嵌入<head>中时，浏览器解析 HTML，解析到<script>标签时，会先下载完<script>标签中所有的 JavaScript 代码，再往下解析其他的 HTML。在浏览器下载 JavaScript 代码时，是不能多个 JavaScript 代码同时下载的，且浏览器下载 JavaScript 代码时，会阻塞解析其他的 HTML，因此，将<script>标签放在头部，会使网页内容呈现滞后，影响用户体验；相反将<script>标签嵌入<body>尾部时，浏览器会先解析完整个 HTML 页面，再下载<script>标签中的 JavaScript 代码，这样就不会因为 JavaScript 而拖慢页面内容的呈现。

【示例 8-1】 内嵌式用法。

代码如下：

```
<!DOCTYPE html>
  <html>
    <head>
      <meta charset="utf-8">
      <title></title>
      <!-- 嵌入<head>中 -->
      <script type="text/javascript">
        alert("Hello World!");
      </script>
```

```
        </head>
        <body>
          <!-- 嵌入<body>中 -->
          <script type="text/javascript">
            alert("Hello World!");
          </script>
        </body>
    </html>
```

示例说明：

内嵌式也没有真正实现行为的分离，但是相对于行内式，内嵌式在当前页面中实现了行为的分离，页面中独有的行为一般推荐使用。

3. 外链式

通过<script>标签可以引入外部的.js 文件到当前 HTML 页面中执行，这种方式实现了内容和行为的分离，代码的可维护性和可读性大大提高，而且缓存机制也可以提高页面的加载速度。

例如：

```
<script src="js/hello.js" type="text/javascript" charset="utf-8"></script>
```

说明：

(1) hello.js 是单独创建的类型为 js 的外部文件。

(2) 引用外部文件时，<script>标签块内不能写 JavaScript 代码，即使写了，也会被忽略掉，不会被执行。

8.2　JavaScript 基本语法

8.2.1　JavaScript 数据显示方案

数据显示是一个语言必备的功能，针对不同的应用场景，JavaScript 可以通过以下几种方式“显示”数据。

1. 警告框显示方案

例如：window.alert("Hello World! ");

使用该方案显示数据，会阻塞程序，直到点击确定后，可以用于警示性的提示。

2. HTML 文档显示方案

例如：document.write("Hello World! ");

说明：

使用该方案可以将数据直接显示在 HTML 页面中，如果在 HTML 页面完全加载完成后，再使用该方案进行数据显示，会覆盖已加载的 HTML 文档，一般在以下两种情况下会形成覆盖页面的情况。

(1) 通过某些操作触发的事件来触发执行 document.write()，会覆盖原来的页面。

(2) 在 window.onload 事件页面执行 document.write()，会将原来的页面覆盖。该方案一般仅用于数据测试。

3. 控制台显示方案

使用该方案可以将数据直接输出显示在控制台中。

例如：console.log("Hello World! ");

说明：

(1) 此方案不会对页面的显示造成任何影响，一般用于代码调试。

(2) 当控制台打印输出内容过多时，可以通过 console.clear()清空控制台内容。

4. 使用 innerHTML 写入 HTML 元素显示方案

使用该方案可以将 HTML 元素在合适的时机写入指定的位置。

【示例 8-2】 innerHTML 显示方案。

代码如下：

```
<!DOCTYPE html>
<html>
  <head>
    <meta charset="utf-8">
    <title>使用 innerHTML 写入 HTML 元素显示方案</title>
  </head>
  <body>
    <p id="sayHello"></p>
  <script type="text/javascript">
    document.getElementById("sayHello").innerHTML = "Hello World";
  </script>
 </body>
</html>
```

示例说明：

该方案更具灵活性，更适合在页面中指定位置显示数据。与之相似的还有如下类似语句：

```
document.getElementById("sayHello").innerText = "Hello World";
```

二者区别会在后续章节中详细介绍。

8.2.2 JavaScript 注释

合理的注释，可以增强代码的可读性，对于日后阅读程序和维护程序都十分方便，另外也可以通过合理地设置注释来对代码进行一些简单调试。

JavaScript 中提供了以下两种注释方法：

1. 单行注释

单行注释以“//”开头，任何位于“//”与行末之间的文本都会被 JavaScript 忽略(不会执行)。一般单独一行，放置在要注释的代码行的上方，或者放置在要注释代码行的尾部。

单行注释适用于要注释的代码行数较少的应用场景。

2. 多行注释

多行注释以“/*”开头，以“*/”结尾。任何位于“/*”和“*/”之间的文本都会被 JavaScript 忽略(不会执行)。多行注释适用于要注释的代码行数较多的应用场景。

8.2.3 JavaScript 数据类型

数据类型是编程语言的重要基础，是任何一门语言都不可或缺的基础功能，JavaScript 中的数据类型可分为基本数据类型和对象数据类型两大类。

1. 基本数据类型

基本数据类型又称为值类型，包含 string、number、boolean、undefined、null 五种类型。

1) string 类型

string 类型的值可以是任意字符串，字符串可以由单引号或者双引号封装起来，前后要保持一致。举例如下：

"Hello World"　　正确
'Hello World'　　正确
'Hello World"　或　"Hello World'　　错误(前后不一致)

但是当一个字符串中同时要出现单引号和双引号的时候，要注意使用方法，正确的做法是一个字符串开头和结尾使用同一种引号，内部使用另一种引号。

"'中国'欢迎您！"　　正确
'"中国"欢迎您！'　　正确
"中国'迎您！"　　错误
""中国"欢迎您！"　　错误

2) number 类型

number 类型的值可以是任意数字，包含整型数据、浮点型数据以及一些特殊值。

(1) 整型数据。例如 10、-10，0 等都属于整型数据。整型数据可以使用多种进制形式表示。八进制使用 0 开头，例如 010、-010 等；十六进制使用 0x\0X 开头，例如 0x10、0X16 等；二进制使用 0b\0B 开头，例如 0b1001、0B0001 等。

(2) 浮点数据。例如 4.51、-3.23 等都属于浮点数据。浮点数还可以采用科学记数法进行表示，例如 4.5E10 表示 4.5×10^{10}。

(3) 特殊值。JavaScript 中存在一些 number 类型的特殊值，比如 NaN(Not a number)，Infinity(无穷大)等。

3) boolean 类型

boolean 类型的值只有两个：true 和 false，在具体应用中，经常用于关系运算和逻辑运算中。

另外 boolean 类型的值可以和 number 类型的值进行转换，true 可以转换成 1，false 可以转换成 0，但是反过来 0 可以转换成 false，非 0 可以转换成 true。

例如：

```
console.log(number(true));          //1
console.log(number(false));         //0
console.log(Boolean(0));            //false
console.log(Boolean(123));          //true
```

4) undefined 类型

undefined 类型的值只有一个，就是它本身 undefined，它是 JavaScript 中一种特殊的值，特指变量在创建之后赋值之前所具有的值。

5) null 类型

null 类型的值也只有一个，就是它本身 null，它也是 JavaScript 中一种特殊的值，也称为空类型，本质上是对象，也可以把其归为对象类型，主要用于给变量进行置空操作，当变量被置空后，可以释放其所占有的存储空间。

说明：

undefined 表示定义了但未赋值，null 表示定义了，也赋值了，只是值为 null。

例如：

```
var oStu;                      //此时值为 undefined
oStu = null;                   //此时值为 null
```

2. 对象数据类型

对象数据类型又称为引用类型，包含 Object、Function、Array 三种类型。

1) Object 类型

任意对象都被视为 Object 类型，对象是属性和方法的集合，或者说是数据和数据操作的集合。

例如：

```
var oStu = {
    sNo: "001",
    sName: "小张",
    sayHello: function() {
        console.log("hello," + this.sName);
    }
}
```

2) Function 类型

Function 是一种特别的对象类型，是可以调用执行的对象，它内部包含的是可执行的代码。

例如：

```
function sayHello() {
    console.log("hello！ ");
}
```

3) Array 类型

Array 也是一种特别的对象，用于定义一组有序数据集合，可以通过数组下标来操作数组中的数据元素。

例如：

```
var n = [1,5,78,10];
```

3. 数据类型判断方法

针对不同的数据或变量，可以选择以下三种方式进行判断。

1) 运用 typeof 运算符判断数据类型

【示例 8-3】 运用 typeof 判断数据类型。

代码如下：

```
<!DOCTYPE html>
<html>
  <head>
    <meta charset="utf-8">
    <title>使用 typeof 判断数据类型</title>
  </head>
  <body>
    <script type="text/javascript">
      var n = 100;
      var sName = "小明";
      var isShow = false;
      var oStu = {
        sName: "小张",
        sGender: "男",
        sAge: 18
      };
      var stu = ["小张", "小王", "小李"];
      function syaHello() {
        console.log("hello！ ");
      }
      console.log("n 的类型:",typeof n);
      console.log("sName 的类型:",typeof sName);
      console.log("isShow 的类型:",typeof isShow);
      console.log("undefined 的类型:",typeof undefined);
      console.log("null 的类型:",typeof null);
      console.log("oStu 的类型:",typeof oStu);
      console.log("stu 的类型:",typeof stu);
      console.log("syaHello 的类型:",typeof syaHello);
```

```
    </script>
  </body>
</html>
```

运行结果如图 8-1 所示。

```
n的类型: number
sName的类型: string
isShow的类型: boolean
undefined的类型: undefined
null的类型: object
oStu的类型: object
stu的类型: object
syaHello的类型: function
```

图 8-1　typeof 运算符判断数据类型

示例说明：

typeof 运算符把类型信息当作字符串返回。typeof 返回值有六种可能：number，string，boolean，undefined，object 和 function，但是对于 Array, null 等特殊对象使用 typeof 一律返回 object，无法进行精准区分，这正是 typeof 操作符的局限性。

2) 运用 instanceof 运算符判断数据类型

对于 Array 这个特殊对象可以使用 instanceof 运算符来判断数据类型。

【示例 8-4】 运用 instanceof 判断数据类型。

核心代码如下：

```
var stu = ["小张", "小王", "小李"];
var str="小张";
console.log("stu 的类型是否为数组:", stu instanceof Array);
console.log("str 的类型是否为数组:", str instanceof Array);
```

运行结果如图 8-2 所示。

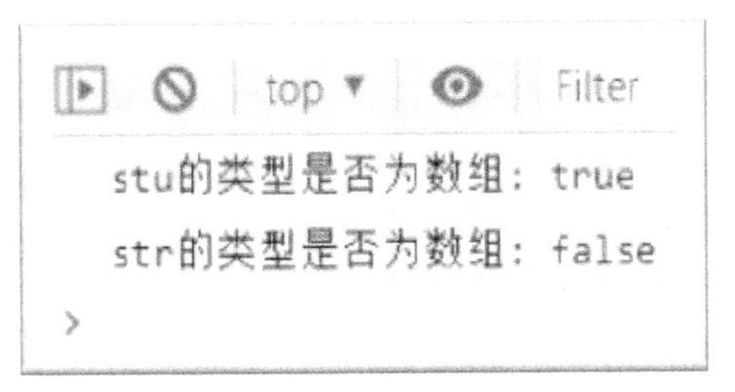

图 8-2　instanceof 运算符判断数据类型

3) 运用=== 运算符判断数据类型

使用===符号，可以判断数据类型是否为 null 类型。

【示例 8-5】 使用===符号判断数据类型。

核心代码如下：

```
var a=null;
console.log(a === null);            // true
```

示例说明：

undefined 类型其实也可以使用 === 运算符进行判断，方法同 null。可以发现 null 和 undefined 类型都只有一个值，就是其本身，这种只有一个值的类型可以使用===符号来进行类型判断。

8.2.4　JavaScript 变量与常量

1. 变量

变量是存储数据的容器，可以存储各种类型的数据，JavaScript 中的变量属于弱类型，或者说是无数据类型的变量，变量在定义的时候不需要指定数据类型，统一使用关键字 var 或者 let 声明，变量中存储的数据决定了变量的类型。

JavaScript 允许变量不经声明，直接使用，但是强烈建议编程过程按照编程规范先声明后使用。

在 JavaScript 中，声明变量可以使用 var 或者 let 关键字，通过 var 关键字声明的变量没有块作用域，也就是说通过 var 关键字声明的变量的作用域是当前函数或全局，而通过 let 关键字声明的变量的作用域是当前块或全局。let 是 ECMAScript6 新引入了的变量声明关键字，推荐在新程序中使用 let 关键字声明变量。

(1) var 声明变量。

```
var stuName,stuAge;            //声明变量 stuName，stuAge，值为 undefined。
stuName="小李";                //赋值后，类型为 string。
stuAge=20;                     //赋值后，类型为 number。
```

(2) let 声明变量。

```
let stuName,stuAge;            //声明变量 stuName，stuAge，值为 undefined。
stuName="小李";                //赋值后，类型为 string。
stuAge=20;                     //赋值后，类型为 number。
```

以上两种声明方式在此处没有区别，后续章节会详细讲解二者的区别。

2. 常量

常量是程序运行过程中保持不变的量，使用关键字 const 进行声明。

例如：

```
const PI =3.14159265;
```

说明：

(1) 常量定义时必须赋值，一旦赋值程序运行过程中不能修改。

(2) 使用常量的好处主要有两个，一是可以增强程序的可读性，二是可以提高程序的可维护性。

3. 转义字符

转义字符是字符的一种间接表示方式。在特殊语境中，无法直接使用字符本身，则需要使用转义字符。

比如要显示输出如下内容：

```
var str = ""JavaScrpt"是脚本语言";
console.log(str);
```

以上用法是错误的，由于外层已经使用了双引号作为字符串标识符，则字符串内部就不能再使用双引号了，如果需要在字符串内部使用双引号，就可以使用转义字符表示，如下所示：

```
var str = "\"JavaScrpt\"是脚本语言";
console.log(str);
```

常用转义字符如表 8-1 所示。

表 8-1　常用的转义字符

转义字符	含　义	转义字符	含　义
\0	Null 字符(\u0000)	\f	换页符(\u000C)
\b	退格符(\u0008)	\r	回车符(\u000D)
\t	水平制表符(\u0009)	\"	双引号(\u0022)
\n	换行符(\u000A)	\'	撇号或单引号(\u0027)
\v	垂直制表符(\u000B)	\\	反斜杠(\u005C)

4. 标识符

标识符是用来给变量、函数、参数、属性等命名的，在 JavaScript 中，标识符不能随便定义，需要遵循标识符的命名规则，如下所示：

(1) 可以包含数字、字母、下划线“_”、美元符号“$”；

(2) 不建议出现汉字；

(3) 不能包含空格；

(4) 不能是 JavaScript 中的关键字、保留字；

(5) 不能以数字开头，即第一个字符不能为数字。

说明：

(1) 虽然标识符可以使用$，但由于$被 JQuery 占用，所以尽量避免使用$。

(2) 按照惯例，ECMAScript 标识符建议采用驼峰命名法。例如：

```
var stuName;        //小驼峰
var StuName;        //大驼峰
var stuname;        //反例，不建议
var STUNAME;        //反例，不建议
```

8.2.5　运算符和表达式

运算符是 JavaScript 引擎用来执行某种操作的特殊符号，JavaScript 提供的运算符主要

有算术运算符、赋值运算符、关系运算符、逻辑运算符、位运算符、条件运算符(三元运算符)等，通过这些运算符把操作数结合在一起形成的式子，称为表达式。

1. 算术运算符

算术运算符用来执行常见的数学运算，例如加、减、乘、除等，JavaScript 中常用的算术运算符如表 8-2 所示。

表 8-2　常用的算术运算符

运 算 符	名　　称	示　　例
+	加法运算符	3+2 结果：5
-	减法运算符	3-2 结果：1
*	乘法运算符	3 * 2 结果：6
/	除法运算符	3 / 2 结果：1.5 3/0 结果：Infinity
%	取模(取余)运算符	3 % 2 结果：1 3 % 0 结果：NaN
++x	自增运算符	将 x 加 1，然后再返回 x 的值 var x=2; console.log(++x);//输出 3
x++	自增运算符	返回 x 的值，然后再将 x 加 1 var x=2; console.log(x++);//输出 2
--x	自减运算符	将 x 减 1，然后再返回 x 的值 var x=2; console.log(--x);//输出 1
x--	自减运算符	返回 x 的值，然后再将 x 减 1 var x=2; console.log(x--);//输出 2

说明：

(1) “+”运算符除了可以进行数学运算外，还可以用来进行字符串拼接。

例如：

```
var s1 = "Hello ";
var s2 = "World!";
console.log(s1 + s2);                    //输出：Hello World!
```

(2) 在进行“+”运算时，一定要注意参与运算的变量的类型。

例如：

```
var n1 = 10;
var n2 = "10";
console.log(n1+n2);                      //输出：字符串 1010
```

以上例子如果要进行算术“+”运算，一定要保证参与运算的变量的类型都为 number 类型，可以做如下修改。

```
var n1 = 10;
var n2 = "10";
console.log(n1+number(n2));              //输出：20
```

2. 赋值运算符

赋值运算符用来为变量赋值，JavaScript 中常用的赋值运算符如表 8-3 所示。

表 8-3 常用的赋值运算符

运 算 符	说 明	示 例
+=	运算符左边一般为变量，也可以是数组元素、对象属性等，运算符右边可以是变量、常量、数组元素或者对象属性等，一般先进行相关运算，再将结果赋值给运算符左侧的变量	x += y 等同于 x = x + y
-=		x-= y 等同于 x = x - y
*=		x *= y 等同于 x = x * y
/=		x /= y 等同于 x = x / y
%=		x %= y 等同于 x =x % y
=	将运算符右侧的值赋值给运算符左侧的变量	x = 10 表示将变量 x 赋值为 10

3. 关系运算符

关系运算符用来比较运算符左右两侧的表达式，关系运算符的运算结果是一个布尔值，结果只有两种：true 或者 false。JavaScript 中常用的关系运算符如表 8-4 所示。

表 8-4 常用的关系运算符

运 算 符	名 称	示例(假设 n1=10,n2=10,n3="10")
==	等于	n1== n2 结果：true; n1==n3 结果：true (不判断类型)
===	全等	n1 === n2 结果：true; n1===n3 结果：false (判断类型)
!=	不相等	n1!= n2 结果：false; n1!=n3 结果：false(不判断类型)
!==	不全等	n1!== n2 结果：false; n1!==n3 结果：true (不判断类型)
<	小于	n1< n2 结果：false
>	大于	n1> n2 结果：false
>=	大于或等于	n1>= n2 结果：true
<=	小于或等于	n1<= n2 结果：true

说明：

(1) 如果参与关系运算的两个操作数类型不同，运算前会自动进行类型转换。

① string 类型和 number 类型比较时，string 类型会自动转换为 number 类型，然后再进行运算。

② string 类型和 boolean 类型比较时，先全部转换为 number 类型，然后再进行运算。

③ boolean 类型和 number 类型比较时，boolean 类型先转换为 number 类型，然后再进行运算。

④ 数组对象和 boolean 类型比较时，数组对象先被转换为字符串，然后再被转换为数字，boolean 类型先转换为 number 类型，然后再进行运算。

例如：数组对象[1]和 true，[1]=>"1"=>1，true=>1，最后进行比较。

⑤ 数组对象和 string 类型比较时，数组对象先被转换为字符串，然后再进行运算。

例如：数组对象[1,2]和字符串"1,2"比较，[1,2]=>"1,2"，最后进行比较。

⑥ 数组对象和 number 类型比较时，数组对象先被转换为字符串，然后再被转换为数字，最后和数字进行比较运算。

例如：数组对象[1]和数字 1 比较，[1]=>"1"=>1，最后进行比较。

(2) 两个引用类型变量比较时，比较的是地址，而不是内容。

例如：

```
var o1 = [1];
var o2 = [1];
console.log(o1==o2);                    //输出：false
var o1 = [1];
var o2 = o1;
console.log(o1==o2);                    //输出：true
```

(3) 特殊值的比较(NaN、null、undefined 等)。

两个 NaN 不相等:

```
console.log(NaN == NaN);                //输出：false
```

两个 null 相等:

```
console.log(null == null);              //输出：true
```

两个 undefined 相等:

```
console.log(undefined == undefined);    //输出：true
```

4. 逻辑运算符

逻辑运算符用来进行逻辑运算，逻辑运算符的运算结果是一个布尔值，结果只有两种情况：true 或者 false。JavaScript 中常用的逻辑运算符如表 8-5 所示。

表 8-5　常用的逻辑运算符

运 算 符	名　　称	示例(假设 x=true, y=false)
&&	逻辑与	x && y 结果：false
||	逻辑或	x || y 结果：true
!	逻辑非	!x 结果：false

说明：

(1) 参与逻辑运算的操作数都应该是布尔型数值或表达式。

(2) 逻辑运算符经常用于条件分支语句中进行复合条件判断。

5. 位运算符

位运算符用来对二进制位进行操作，JavaScript 中常用的位运算符如表 8-6 所示。

表 8-6　常用的位运算符

运 算 符	名　　称	说　　明	示　　例
&	按位与	如果对应的二进制位都为 1，则该二进制位为 1,否则为 0。	0010 & 0011 = 0010
|	按位或	如果对应的二进制位有一个为 1，则该二进制位为 1，否则为 0。	0010 | 0011 = 0011
^	按位或	如果对应的二进制位相同，则该二进制位为 0，否则为 1。	0010 ^ 0011 = 0001
~	按位非	反转所有二进制位，即 1 转换为 0，0 转换为 1。	~0010=1101

6. 条件运算符(三元运算符)

条件运算符也称为三元运算符，由一个问号和一个冒号组成。

基本语法：

```
条件表达式?表达式 1:表达式 2;
```

当条件表达式为真的时候，返回表达式 1 的值，否则返回表达式 2 的值。

例如：

```
var n1 = 10, n2 = 20;
var max = n1 > n2 ? n1 : n2;
console.log(max);                //控制台输出 n1,n2 中的最大值 20
```

8.3 JavaScript 流程控制

JavaScript 负责页面的行为，通过 JavaScript 可以使得用户和页面实现交互，通过 JavaScript 中的顺序结构、选择结构和循环结构，可以实现任何复杂的算法和交互动作。

8.3.1 顺序结构

顺序结构是程序设计中最简单、最基本、最常用的一种程序控制结构，程序按照语句物理顺序，从上往下逐条执行。

8.3.2 选择结构

选择结构根据条件成立与否决定程序执行流程，JavaScript 中的选择语句包括 if 语句和 switch case 语句。

1. if 语句

(1) 单分支 if 语句。

基本语法：

```
if(条件表达式){
    //条件表达式为真时要执行的代码
}
```

例如：

```
if (x < 0) {
    x = - x;
}
```

语法说明：

当条件为真且要执行的代码只有一行代码时，可以将单分支 if 语句写成一行，并去掉{ }。上例可改写成：

```
if (x < 0) x = -x;
```

(2) 双分支 if 语句。

基本语法：

```
if(条件表达式){
    // 条件表达式为真时要执行的代码
}else{
    // 条件表达式为假时要执行的代码
}
```

例如：

```
if (a + b > c && b + c > a && a + c > b) {
    console.log('可以构成一个三角形');
} else {
    console.log('不可以构成三角形');
}
```

(3) 多分支 if 语句。

基本语法：

```
if (条件表达式 1) {
  //条件表达式 1 为真时要执行的代码
} else if (条件表达式 2) {
  //条件表达式 2 为真时要执行的代码
}
  ...
else if (条件表达式 n) {
    //条件表达式 n 为真时要执行的代码
} else {
    // 所有条件表达式都为假时要执行的代码
}
```

【示例 8-6】 计算并输出当前日期是星期几。

核心代码如下：

```
var now = new Date();
var dayOfWeek = now.getDay();
var Week;
  if (dayOfWeek == 0) {
    Week = "星期日";
  } else if (dayOfWeek == 1) {
      Week = "星期一";
  } else if (dayOfWeek == 2) {
       Week = "星期二";
  } else if (dayOfWeek == 3) {
         Week = "星期三";
  } else if (dayOfWeek == 4) {
```

```
        Week = "星期四";
    } else if (dayOfWeek == 5) {
        Week = "星期五";
    } else {
        Week = "星期六";
    }
    console.log(Week);
```

(4) 嵌套的 if 语句。

不论在何种结构的 if 语句中，要执行的代码都有可能又是一个 if 语句，这种 if 语句中包含 if 语句的结构称为嵌套的 if 语句。

【示例 8-7】 假设有一个函数 $y=\begin{cases}1(x>0)\\0(x=0)\\-1(x<0)\end{cases}$，使用嵌套的 if 语句编程实现。

核心代码如下：

```
var x =-10;
var y = 0;
if (x >= 0) {
  if (x > 0)
    { y = 1; }
} else {
    y = -1;
}
console.log(y);
```

示例说明：

使用嵌套 if 语句时，如果执行的代码只有一行语句，也应该使用大括号包裹起来，避免条件歧义。上述代码如去掉大括号，即

```
if (x >= 0)
  if (x > 0)
    y = 1;
  else
    y = -1;
```

此时，JavaScript 解释器将根据就近原则，将加粗的 if 和 else 进行配对，程序执行流程就偏离了最初的设想，从而出现错误。

2. switch case 语句

switch case 语句与多分支 if 语句结构类似，都可以根据不同的条件来执行不同的代码块；但是与多分支 if 语句结构相比，switch case 语句更加简洁和紧凑，可读性更好，执行效率更高。

基本语法：

```
switch (条件表达式){
  case val1:              // 当条件表达式的结果等于 val1 时，则执行代码块 1
    代码块 1
    break;
  case val2:              // 当条件表达式的结果等于 val2 时，则执行代码块 2
    代码块 2
    break;
    ...
  case valn:              // 当条件表达式的结果等于 valn 时，则执行代码块 n
    代码块 n
    break;
  default:                // 如果没有与条件表达式相同的值，则执行代码块 n+1
    代码块 n+1
}
```

语法说明：

(1) switch case 语句中，表达式的值与 case 子句中的值采用的是全等(===)判断，不仅要判读数值，还要比较类型。

例如：

```
var now = new Date();
var dayOfWeek = now.getDay();
var Week;
switch (dayOfWeek) {
    case 0:
        Week = "星期日";
        break;
    case 1:
        Week = "星期一";
        break;
    case 2:
        Week = "星期二";
        break;
    case 3:
        Week = "星期三";
        break;
    case 4:
        Week = "星期四";
        break;
    case 5:
```

```
            Week = "星期五";
            break;
        case 6:
            Week = "星期六";
            break;
        default:
            Week = "异常";
    }
    console.log(Week);
```

上述代码段中，因为变量 dayOfWeek 为 number 类型，故 case 后使用的是 number 类型的值进行匹配，如果全部改为类似语句：case "0"，就会出现所有 case 表达式的值都不匹配，程序流程转到 default，控制台会输出“异常”。

(2) break 关键字用于 case 子句的末尾跳出 switch 语句，防止出现 case 穿透现象，虽然可以省略，但是要根据具体情况具体分析。另外 break 关键字还可以用来跳出循环语句(for、for in、while、do while 等)，后续章节会详细介绍。

语法说明(1) 中案例中如果省略break关键字，便会出现case穿透现象，如果dayOfWeek返回值为 6，则 Week 首先会被赋值为“星期六”，然后穿透到 default，接着会被赋值为“异常”，最后由控制台打印输出，输出结果为“异常”。

(3) case 子句可以省略，用于实现将多种情况合并执行。比如有如下需求，星期六、星期日统一输出“休息日”，其他日统一输出“工作日”。

例如：

```
var now = new Date();
var dayOfWeek = now.getDay();
var Week;
switch (dayOfWeek) {
    case 0:
    case 6:
        Week = "休息日";
        break;
    case 1:
    case 2:
    case 3:
    case 4:
    case 5:
        Week = "工作日";
        break;
    default:
        Week = "异常";
}
```

```
console.log(Week);
```

(4) default 子句作为 switch 的子句，可以位于 switch 内任意位置，不会影响 switch 语句的正常执行流程，但是如果 default 子句不是放在 switch 末尾，则必须加上 break 关键字，比如语法说明(3)中代码可以调整如下，就会出现执行异常。

```
var dayOfWeek=10
switch (dayOfWeek) {
    default:
        console.log("异常");
    case 0:
    case 6:
        console.log("休息日");
        break;
    case 1:
    case 2:
    case 3:
    case 4:
    case 5:
    console.log("工作日");
    break;
}
```

手动将 dayOfWeek 值设置为 10，此时程序执行流程如下：

先检测 case 表达式的值，由于 case 表达式的值都不匹配，则跳转到 default 子句执行，然后继续执行 case 0 和 case 6 子句。最后控制台打印输出如图 8-3 所示。

图 8-3　switch case 语句示例

强烈建议将 default 语句放在 switch 末尾，以提高程序的可读性和安全性。

8.3.3　循环结构

编程中的循环是根据预设的条件，有规律地重复执行某些代码，比如遍历数据、数据累加等，对于类似的这些操作，使用循环可以提高编程效率，避免冗余代码，方便后期维护等。

JavaScript 中提供了 while、do while、for、for in、for of 等多种循环语句。

1. while 语句

基本语法：

```
while (条件表达式) {
  //要循环执行的代码
```

```
}
```

语法说明：

(1) while 语句在每次循环之前，会先对条件表达式进行求值判断，如果条件表达式的结果为 true，则执行{ }中的代码；如果条件表达式的结果为 false，则退出 while 循环，执行 while 循环之后的代码。

(2) 在编写循环语句时，一定要确保条件表达式的结果在一定条件下能够为假(即布尔值 false)，否则会造成“死循环”。

【示例 8-8】 求 1～100 的整数和，控制台输出。

核心代码如下：

```
var sum = 0;
var n = 1;
while (n <= 100) {
    sum += n;
    n++;
}
console.log(sum);
```

2. do while 语句

基本语法：

```
do {
  // 要循环执行的代码
 } while (条件表达式);
```

语法说明：

(1) do while 语句与 while 语句非常相似，不同之处在于，do while 语句会先执行循环体中的代码，然后再对条件表达式进行判断。因此，无论条件表达式是真还是假，do while 语句的循环体都能至少执行一次，而 while 语句是先判断条件表达式，再根据条件表达式的判断结果决定是否执行循环体，所以 while 语句的循环体有可能一次都不执行。

(2) do while 循环的末尾需要使用分号进行结尾，while 循环则不需要。

【示例 8-9】 求 1～100 的整数和，控制台输出。

核心代码如下：

```
var sum = 0;
var n = 1;
do {
    sum += n;
    n++;
} while(n<=100);
console.log(sum);
```

3. for 语句

for 语句是使用频率较高的一种循环控制语句，也是功能较强、灵活度较高的一种循环

控制语句，主要适合循环次数已知的应用场景。

基本语法：

```
for(表达式 1; 表达式 2; 表达式 3) {
  // 要循环执行的代码
}
```

语法说明：

(1) 表达式 1 一般用来初始化循环变量，循环过程中只会执行一次；根据表达式 2 的结果确定是否进行循环，该表达式可以决定循环的次数；表达式 3 用来在每次循环结束后更新计数器的值。

【示例 8-10】 求 1～100 的整数和，控制台输出。

核心代码如下：

```
var sum = 0;
for (var i = 1; i <= 100; i++) {
    sum += i;
}
console.log(sum);
```

(2) for 语句括号中的三个表达式是可以省略的，但是用于分隔三个表达式的分号不能省略。

如果省略表达式 1，则要在循环开始前对循环变量进行初始化；如果省略表达式 2，则必须在循环体内合适的时机提供 break 语句，否则循环就无法停下来，形成死循环；如果省略表达式 3，则必须在循环体内对循环变量进行更新，以保证循环体正常循环。

在特殊情况下，三个表达式可以部分或同时省略，省略时一定要注意上述条件。

【示例 8-11】 求 1～100 的整数和，控制台输出。

核心代码如下：

```
// 省略表达式 1
var i = 1;
var sum=0;
for (; i <=100; i++) {
    sum+=i;
}
console.log(sum);

// 省略表达式 2
  var sum=0;
  for (var i = 1; ; i++) {
    sum+=i;
    if(i === 100){
      break;
    }
```

```
}
console.log(sum);

// 省略表达式 3
var sum=0;
for (var i = 1; i<=100;) {
    sum+=i;
    i++;
}
console.log(sum);
```

4. for in 语句

for in 语句可以看成是普通 for 语句的变体，主要适用遍历对象的应用场景。

基本语法：

```
for (变量 in 对象) {
  // 要循环执行的代码
}
```

语法说明：

每次循环时变量都会被赋予不同的值，会将对象中的一个属性的键赋值给变量，可以在循环体中使用这个变量来进行各种操作，直到对象中的所有属性都遍历完为止。

【示例 8-12】 遍历对象 oStu，并输出所有的属性及其属性值。

核心代码如下：

```
var oStu = {
    sName: "小明",
    sAge: 20,
    sGender: "男"
};
for (var o in oStu) {
    console.log(o + "=" + oStu[o]);
}
```

5. for of 语句

for of 语句是 ES6 中新添增的一个循环语句，与 for in 语句类似，也可以看成是普通 for 语句的一种变体。主要适用遍历可迭代对象，如数组、字符串等。

基本语法：

```
for (变量 of 可迭代对象) {
  // 要循环执行的代码
}
```

语法说明：

(1) for of 语句主要用来遍历可迭代的对象，可迭代的对象有数组、字符串、Map 等，

不可迭代的对象虽然也可以通过添加 Symbol.iterator 属性来实现支持 for of 语句，但是建议采用 for in 语句进行遍历。

(2) 数组虽然可以采用 for in 语句循环，但是建议采用 for 或者 for of 语句遍历，效率更高。

【示例 8-13】 遍历数组 myArr，控制台打印输出。

核心代码如下：

```
var myArr = [1, 2, 3, 4, 5];
for (var o of myArr) {
    console.log(o);
}
```

6. 循环嵌套

循环体内又包含另一个循环，称为循环嵌套。理论上循环可以嵌套任意层，但在实际应用场景中，更多的是两层循环。

【示例 8-14】 以 for 循环为例，实现九九乘法表页面输出。

核心代码如下：

```
for (var i = 1; i <= 9; i++) {
for (var j = 1; j <= i; j++) {
  if(i*j>9){
    document.write(j + " x " + i + " = " + (i * j)+"  ");
    } else {
  document.write(j + " x " + i + " = " + (i * j)+"    ");
  }
 }
  document.write("<br>");
}
```

运行结果如图 8-4 所示。

```
1 x 1 = 1
1 x 2 = 2   2 x 2 = 4
1 x 3 = 3   2 x 3 = 6   3 x 3 = 9
1 x 4 = 4   2 x 4 = 8   3 x 4 = 12  4 x 4 = 16
1 x 5 = 5   2 x 5 = 10  3 x 5 = 15  4 x 5 = 20  5 x 5 = 25
1 x 6 = 6   2 x 6 = 12  3 x 6 = 18  4 x 6 = 24  5 x 6 = 30  6 x 6 = 36
1 x 7 = 7   2 x 7 = 14  3 x 7 = 21  4 x 7 = 28  5 x 7 = 35  6 x 7 = 42  7 x 7 = 49
1 x 8 = 8   2 x 8 = 16  3 x 8 = 24  4 x 8 = 32  5 x 8 = 40  6 x 8 = 48  7 x 8 = 56  8 x 8 = 64
1 x 9 = 9   2 x 9 = 18  3 x 9 = 27  4 x 9 = 36  5 x 9 = 45  6 x 9 = 54  7 x 9 = 63  8 x 9 = 72  9 x 9 = 81
```

图 8-4　循环嵌套示例

7. break 和 continue 语句

默认情况下，循环会在条件表达式结果为假时自动退出循环，否则循环会一直持续下去，但是在某些场景下，需要干预，提前主动退出循环。JavaScript 提供了 break 和 continue 两个语句来实现以上需求。

1) break 语句

使用 break 语句可以跳出循环，让程序流程指向循环之后的代码。

【示例 8-15】 求 1～100 之间所有素数。

核心代码如下：

```
for (var i = 2; i <= 100; i++) {
  var b = true;
  for (var j = 2; j < i; j++) {
    if (i % j == 0) {
      b = false;
      //可以被整除，说明这个数不是素数，直接退出循环 break;
    }
  }
  if (b) {
    console.log(i);
  }
}
```

2) continue 语句

使用 continue 语句可以跳过本次循环，进入下一次循环。

【示例 8-16】 控制台输出 1～100 之间含有因子 3 的整数。

核心代码如下：

```
for (var i = 1; i <= 100; i++) {
  if (i % 3 != 0)
    continue;          //不能被 3 整除，跳过本次循环，进入下一次循环
    console.log(i);
}
```

本 章 小 结

JavaScript 是一种功能强大、易于使用、安全可控的脚本语言，目前已经成为事实上的客户端脚本语言标准，本章简要阐述了 JavaScript 的历史，详细介绍了页面中使用 JavaScript 语言的方法、JavaScript 语言核心语法以及 JavaScript 的流程控制。

习题与实验 8

一、选择题

1. 关于 JavaScript 特点描述错误的是(　　)。

A. 跨平台性　　B. 安全性　　C. 解释型语言　　D. 编译型语言

2. 语句 typeof null；返回的结果是(　　)。

A. null　　B. object　　C. undefinde　　D. string

3. 下列数据类型中，不属于基本类型的是(　　)。

A. number　　B. string　　C. boolean　　D. Array

4. 语句"11"+11 的运算结果是 (　　)。

A. 22　　B. 1111　　C. NaN　　D. undefinde

5. 下列字符串写法正确的是(　　)。

A. "'中国'欢迎您！"　　B. "中国'欢迎您！'

C. ""中国"欢迎您！"　　D. 以上全部错误

二、填空题

1. JavaScript 由三部分组成，分别是 ________、________和________。
2. 页面中使用 JavaScript 的方法有三种，分别是________、________和________。
3. JavaScript 中的基本类型包括________、________、________、________、________。
4. JavaScript 中使用________方法判断当前变量是否为 NaN。
5. JavaScript 中，________表示变量值不是数字，但其类型却是数字类型。

三、实验题

1. 用多种方法实现 2 个数的交换。
2. 利用文本框输入四位年份，判断输入的年份是否为闰年。
3. 利用循环语句，实现 PI 值的近似计算(PI/4=1-1/3+1/5-1/7+...)。
4. 计算并输出 100 以内所有不是 7 的倍数的数字。

第9章

函数和数组

思维导图

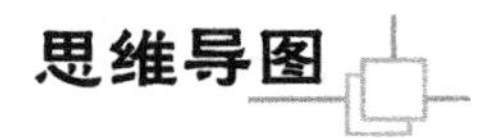

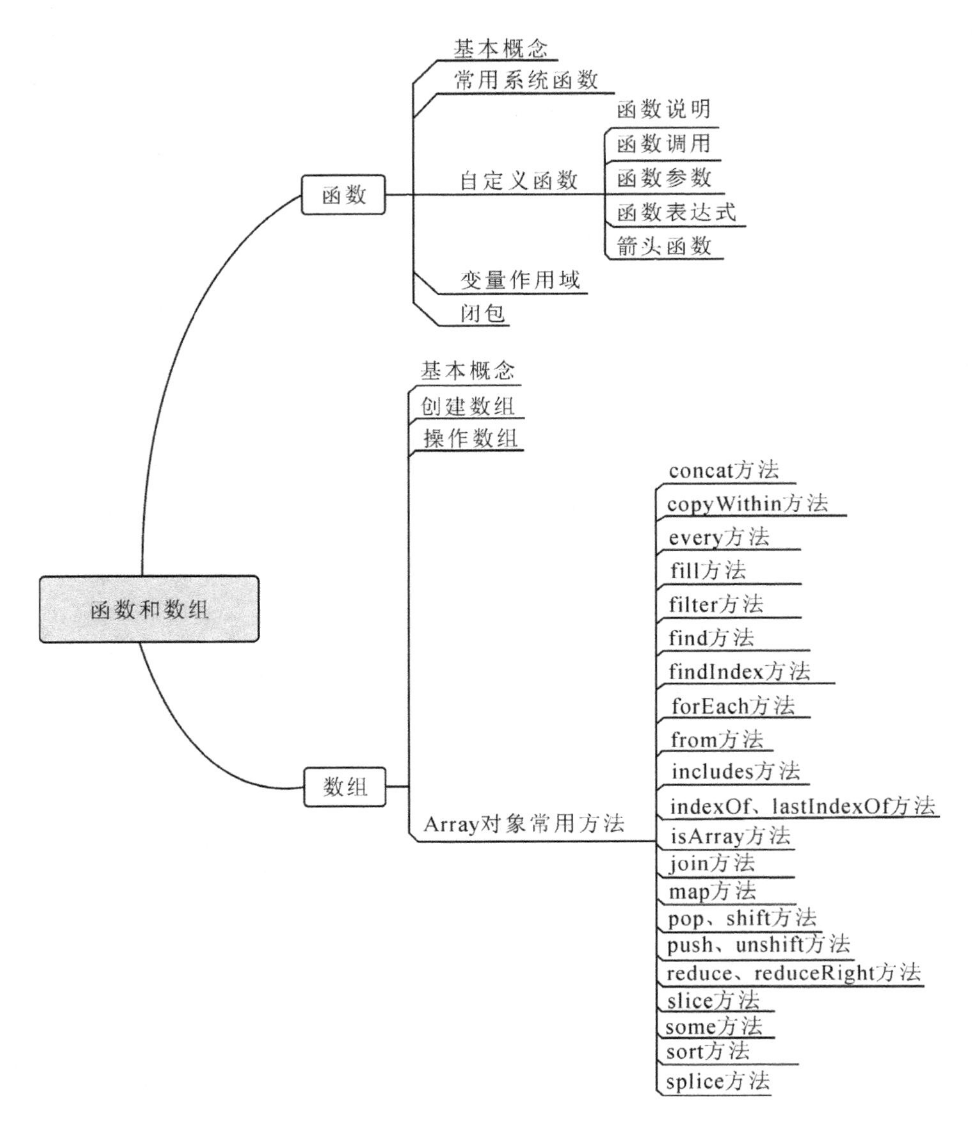

学习目标

(1) 了解函数的基本概念及函数的分类。
(2) 了解常用系统函数的功能并掌握其使用方法。
(3) 掌握自定义函数的使用方法。
(4) 掌握闭包的基本概念和使用方法。
(5) 了解数组的基本概念。
(6) 掌握数组的创建和操作方法。
(7) 掌握 Array 对象常用方法。

函数和数组都属于特殊的对象类型，函数是一个可以被调用执行的对象，内部包含的是实现特定功能的可执行的代码，利用函数可以实现模块化编程，提高代码的复用性；数组用于定义一组有序数据，数据可以是任意类型，而且每个元素的类型可以不必相同，借助数组的下标可以操作数组中的元素。

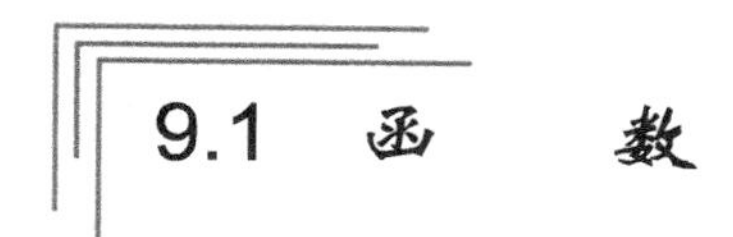

9.1　函　　数

函数是一个语句序列，是一组可以执行的、具有特定功能的、可以重复调用的代码块，代码块称为函数体，由一条或多条语句构成，函数可以有参数和返回值，通过参数可以把外部数据传递给函数，通过返回值可以把函数执行结果返回使用。JavaScript 中的函数可以分为系统函数和自定义函数。

9.1.1　系统函数

JavaScript 中包含了很多内置函数，这些函数由系统提供，可以直接调用，称为系统函数，系统函数根据调用方式以及归属地不同，又分为全局函数和对象函数。

1. 全局函数

全局函数不归属于任何一个对象，使用时可直接调用。常用的全局函数如表 9-1 所示。

表 9-1　常用的全局函数

函　　数	描　　述
eval()	计算 JavaScript 中的字符串，并把它作为脚本代码来执行
Number()	把对象的值转换为数字
isFinite()	检查某个值是否为有穷大的数
isNaN()	检查某个值是否是数字
parseFloat()	解析一个字符串并返回一个浮点数
parseInt()	解析一个字符串并返回一个整数

1) eval()函数

基本语法：

```
eval(string)
```

语法说明：

如果参数是一个表达式，eval() 函数将执行表达式；如果参数是 JavaScript 语句，eval() 将执行 JavaScript 语句。

【示例 9-1】 利用 eval()函数执行表达式。

核心代码如下：

```
var s = "1+2+3";
console.log(eval(s));
```

控制台输出结果为：6

【示例 9-2】 利用 eval()函数执行 JavaScript 语句。

核心代码如下：

```
var s="alert('Hello world!')";
eval(s);
```

运行结果将会执行 JavaScript 语句，弹出警示窗口。

2) Number()函数

基本语法：

```
Number (object)
```

语法说明：

该函数将不同的对象值返回为数字。如果该值无法转换为合法数字，则返回 NaN；如果未提供参数，则返回 0。

【示例 9-3】 输入多种类型的参数，查看 Number()函数的输出。

核心代码如下：

```
console.log(Number("10.1"));          //返回 10.1
console.log(Number("10.1ab"));        //返回 NaN
console.log(Number(new Date));        //返回 1651751570453
console.log(Number(true));            //返回 1
console.log(Number(false));           //返回 0
console.log(Number("abc"));           //返回 NaN
```

3) isFinite()函数

基本语法：

```
isFinite (value)
```

语法说明：

该函数用于判断参数 value 是否是一个有限的数值，是返回 ture，否则返回 false。例如：

```
console.log(isFinite(123));           //返回 true
console.log(isFinite(-123));          //返回 true
console.log(isFinite("123"));         //返回 true
console.log(isFinite("abc"));         //返回 false
console.log(isFinite(NaN));           //返回 false
```

注意：

如果参数是 NaN、无法转换为数值的字符串、正无穷大或者负无穷大，则会返回 false，否则返回 true。

4) isNaN() 函数

基本语法：

```
isNaN(value)
```

语法说明：

该函数用于判断参数是否是非数字值，返回值为 boolean 类型。

【示例 9-4】 输入多种类型的参数，查看 isNaN()函数的输出。

核心代码如下：

```
console.log(isNaN("10.1"));              //返回 false
console.log(isNaN("10.1ab"));            //返回 true
console.log(isNaN(new Date));            //返回 false
console.log(isNaN(true));                //返回 false
console.log(isNaN(false));               //返回 false
console.log(isNaN("abc"));               //返回 true
```

注意：

实际上，该函数是判断一个值能否被 Number() 合法地转换成数字，能转换为数字的返回 false，否则返回 true。

5) parseFloat()函数

基本语法：

```
parseFloat(string)
```

语法说明：

(1) 该函数返回 string 类型参数对应的实数值，如果参数首字母不是数字，则返回 NaN，如果参数首字母是数字，则会对字符串进行解析，直到数字的末端为止，并将该数值返回。

(2) 该函数只返回参数字符串中第一个数字。

(3) 该函数会自动忽略参数字符串中开头和结尾的空格。

(4) 该函数返回类型为 Number 类型。

【示例 9-5】 输入多种类型的参数，查看 parseFloat()函数的输出。

核心代码如下：

```
console.log(parseFloat("20.1"));          // 返回 20.1
console.log(parseFloat("20"));            // 返回 20
console.log(parseFloat("20.1abc30.1"));   //返回 20.1
console.log(parseFloat("abc20.1"));       // 返回 NaN
console.log(parseFloat("20.1 "));         // 返回 20.1
```

6) parseInt() 函数

基本语法：

```
parseInt(string, [radix])
```

语法说明：

(1) 如果 string 参数首字母不是数字，则返回 NaN。

(2) 如果参数 radix 省略，则函数会根据 string 参数来判断数字的基数。

如果 string 参数以"0x"/"0X"开头，则表示以十六进制为基数。

如果 string 参数以 0～9 的数字开头，则表示以十进制为基数。

(3) 如果参数 radix 未省略，则函数会以 radix 的值为基数来返回 string 参数对应的整数，radix 取值范围在[2，36]之间，超出这个范围，返回 NaN。

(4) 该函数只返回参数字符串中第一个整数。

(5) 该函数会自动忽略参数字符串中开头和结尾的空格。

(6) 该函数返回类型为 Number 类型。

【示例 9-6】 输入多种类型的参数，查看 parseInt()函数的输出。

核心代码如下：

```
console.log(parseInt("10.6ab"));            //返回 10
console.log(parseInt("ab10.6ab"));          //返回 NaN
console.log(parseInt("0x10.6ab"));          //返回 16
console.log(parseInt("10.6ab10.1"));        //返回 10
console.log(parseInt(" 10.6 "));            //返回 10
console.log(parseInt("10.6", 2));           //返回 2
console.log(parseInt("10.6", 8));           //返回 8
console.log(parseInt("10.6", 10));          //返回 10
console.log(parseInt("10.6", 1));           //返回 NaN
```

2. 对象函数

此处对象函数特指系统内置对象中预定义的方法，比如 document 对象的 write()方法，String 对象的 charAt()方法等，此处不做详述，在内置对象章节会做详细介绍。

9.1.2 自定义函数

自定义函数是用户根据实际应用场景需求，自己定义的能够完成特定功能的程序代码集合。

1. 函数声明

基本语法：

```
function 函数名(参数列表) {
    // 函数体
}
```

语法说明：

(1) 参数列表中最多可以有 255 个参数，参数之间用逗号隔开。

(2) 如果函数需要有返回值，则可以在函数体内使用 return 语句，程序流程执行到 return 语句，函数将停止执行，返回执行结果。

(3) 函数的返回值可以是 JavaScript 支持的任何类型，例如数组、对象、字符串等，甚

至还可以是一个函数。

【示例 9-7】 返回 2 个数中的最大值。

核心代码如下：

```
function getMaxNumber1(n1, n2) {
    return n1 > n2 ? n1 : n2;
}
```

【示例 9-8】 控制台打印 2 个数中的最大值。

核心代码如下：

```
function getMaxNumber2(n1, n2) {
    console.log(n1 > n2 ? n1 : n2);
}
```

2. 函数调用

函数定义好后，就可以在适当的位置调用它。

基本语法：

```
函数名(实参列表)
```

语法说明：

(1) 如果无返回值，则可直接调用。

(2) 如果有返回值，则以直接输出或赋值给其他变量的方式使用。

例如：调用示例 9-7 中的 getMaxNumber1 函数，因为有返回值，所以可以使用如下两种方式。

```
console.log(getMaxNumber1(10,20));            //直接输出
var maxNumber = getMaxNumber1(10,20);         //赋值给变量使用
```

例如：调用示例 9-8 中的 getMaxNumber2 函数，因为无返回值，所以可以使用如下方式直接调用。

```
getMaxNumber2(10,20);
```

3. 函数参数

函数在声明时定义的参数称为形参，函数在调用时使用的参数称为实参。函数的参数可以是基本数据类型，也可以是数组、函数、对象等引用类型。

1) *数组作为参数*

(1) 标准数组传递。标准数组传递参数时，实参将普通数组传递给形参，函数体内以标准数组方式进行处理。

【示例 9-9】 声明一个函数，用于控制台打印输出数组的元素。

核心代码如下：

```
var arr = [1, 2, 3, 4, 5];
showArr(arr);
function showArr(arr) {
  for (var i = 0; i < arr.length; i++) {
    console.log(arr[i]);
```

```
    }
}
```

【示例 9-10】 声明一个函数，计算数组中的最大值。

核心代码如下：

```
var arr = [1, 2, 3, 4, 5];
console.log(getMaxofArr(arr));
function getMaxofArr(arr) {
    if (arr.length > 0) {
        var max = arr[0];
        for (var i = 1; i < arr.length; i++) {
            if (max < arr[i]) {
                max = arr[i];
            }
        }
        return max;
    } else {
        return -1;
    }
}
```

(2) arguments。函数体内有一个默认的对象 arguments，函数被调用时，实参会传递给形参，同时还会在 arguments 对象中进行存储，可以在函数体内使用 arguments，以类似数组的方式访问数据。

【示例 9-11】 声明一个函数，计算 n 个数中的最大值。

核心代码如下：

```
function getMaxNumber() {
    if (arguments.length>0) {
        var max = arguments[0];
        for (var i = 1; i < arguments.length; i++) {
            if (max < arguments[i]) {
                max = arguments[i];
            }
        }
        return max;
    } else {
        return -1;
    }
}
console.log(getMaxNumber(1,2,3,4,40));
console.log(getMaxNumber(12,42,23));
```

说明：

函数在调用时实参个数不确定，所以无法确定形参个数，此时可使用 arguments 对象来存储实参，通过类似数组的方式访问 arguments，达到对不确定数据处理的目的。

(3) rest 参数。一般情况下实参和形参一一对应，但是 JavaScript 允许实参和形参不对应。如果形参个数大于实参个数，则对应的形参相当于定义了，但未赋值，值为 undefined; 如果形参个数小于实参个数，则多余的实参传递到函数体内，可以使用...rest 方式接收处理，语法格式如下：

```
function 函数名(参数列表, ...rest) {
    //函数体
}
```

此时，多余的实参会以数组的形式存放到 rest 中。

【示例 9-12】 声明一个函数，计算至少 2 个数中的最大值。

核心代码如下：

```
function getMaxNumber(n1, n2, …rest) {
  if (rest.length > 0) {
    var max = rest[0];
    rest.push(n1 > n2 ? n1 : n2);
    for (var i = 1; i < rest.length; i++) {
      if (max < rest [i]) {
        max = rest [i];
      }
    }
    return max;
  } else {
    return n1 > n2 ? n1 : n2;
  }
}
console.log(getMaxNumber(1, 7, 3, 4, 0, 6));                //控制台输出 7
console.log(getMaxNumber(1, 2));                            //控制台输出 2
```

2) 函数作为参数

在 JavaScript 中，允许函数作为另一个函数的参数进行传递。

【示例 9-13】 函数作为参数传递。

核心代码如下：

```
function showMsg(fn) {
  if(typeof fn === "function"){
    fn();
  } else {
    console.log(fn);
```

```
        }
    }
    function sayHello() {
        console.log("Hello world!");
    }
    showMsg(sayHello);              //控制台输出：Hello world!
    showMsg("您好,中国!")            //控制台输出：您好,中国!
```

示例说明：

示例 9-13 中，如果实参类型是 function，则直接在函数体内进行调用；如果实参类型不是函数，则直接在控制台输出参数内容。

3) 对象作为参数

一般的对象也可以作为函数的参数进行传递(其实数组和函数也属于对象的范畴，在 JavaScript 中可以看成是特殊的对象)。

【示例 9-14】 对象作为参数传递。

核心代码如下：

```
var oStu = {
    name:"小明",
    gender: "男"
}
function changeName(obj) {
    obj.name = "小李";
};
changeName(oStu);
console.log(oStu.name);      //控制台输出：小李
```

示例说明：

(1) 示例 9-14 中把 oStu 传给函数 changeName，其实是把 oStu 的地址传递给 obj，此时 obj 与 oStu 指向同一个内存地址，所以修改 obj 的 name，oStu 的 name 也会改变。

(2) 如果把函数 changeName 修改如下：

```
function changeName(obj) {
    obj = {
        name:"小李"
    };
}
```

此时控制台输出：小明，相当于 obj 创建了一个新对象，此时 obj 与 oStu 是 2 个不同的对象，指向不同内存地址，因此形参改变不会影响实参的值。

4) 参数默认值

声明函数时，可以为函数的形参设置一个默认值，这样在调用这个函数时，如果没有提供实数，则会使用默认值作为实参。

【示例9-15】 参数默认值。

核心代码如下：

```
function printStuInfo(pName, pGender, pAge = 20) {
  console.log(pName, pGender, pAge);
}
printStuInfo("小明", "男", 19);          // 控制台输出:小明 男 19
printStuInfo("小雪", "女");              // 控制台输出:小雪 女 20
```

示例说明：

有默认值的参数后面不能再有其他参数。

4. 函数表达式

函数表达式是将函数作为表达式的一部分，可以看成是另外一种声明函数的形式，声明时可以带函数名，也可以不带函数名，有函数名的称为命名函数，无函数名的称为匿名函数。

基本语法：

```
var myFunction = function 函数名(参数列表){
  // 函数体
};
```

或者

```
var myFunction = function(参数列表){
  // 函数体
};
```

语法说明：

(1) myFunction 可以是变量。例如：

```
var sayHello = function() {
  console.log("Hello World!");
}
sayHello();
```

(2) myFunction 可以是对象的事件。例如：

```
document.getElementById("btn").onclick = function(){
  …
}
```

或者

```
window.onload=function(){
  …
}
```

(3) myFunction 可以和定时器结合使用。例如：

```
setTimeout(function(){
  …
},1000);
```

(4) myFunction 可以作为 Ajax 请求的回调。例如：

```
$.ajax({
  url: "",
  success: function(res) {
    …
  }
});
```

(5) myFunction 还可以独立存在，立即执行，称为立即执行函数(Imdiately Invoked Function Expression，IIFE)。例如：

```
(function() {
  console.log("Hello World!");
})()
```

使用立即执行函数可以起到隔离作用域，防止全局命名空间冲突，起到外部作用域无法访问内部作用域的变量，避免变量“污染”的目的。

5. 箭头函数

箭头函数是 ES6 语法新增的功能，箭头函数表达式的语法格式比普通函数表达式更简洁。

基本语法：

```
(参数列表) => { 函数体 }
(参数列表) => 表达式
```

语法说明：

当参数列表中只有一个参数时，小括号可以省略。

【示例 9-16】 用箭头函数实现返回 2 个数中的最大值。

核心代码如下：

```
var getMaxNumber = (n1, n2) => {
  return n1 > n2 ? n1 : n2;
}
console.log(getMaxNumber(10, 20));          //控制台输出 20
```

上述示例还可以继续简化：

```
var getMaxNumber = (n1, n2) => n1 > n2 ? n1 : n2;
console.log(getMaxNumber(10, 20));          //控制台输出 20
```

注意：

与常规函数相比，箭头函数对 this 的处理也有所不同，后续章节会做详细介绍。

9.1.3　变量的作用域

变量的作用域指的是变量可以被访问或引用的范围，在 JavaScript 中，根据变量声明位置和形式的不同，可以形成不同的作用域。作用域可以分为三种类型，分别是全局作用域、局部作用域和块作用域。

1. 全局作用域

全局作用域是指变量可以在当前脚本的任意位置访问，拥有全局作用域的变量也被称为“全局变量”。

以下情况声明的变量或函数一般具有全局作用域：

(1) 最外层的函数和在最外层函数外面声明的变量；

(2) 所有未定义直接赋值的变量；

(3) 所有 window 对象的属性，例如 window.document、window.location 等。

【示例 9-17】 全局作用域示例。

核心代码如下：

```
var msg = "Hello World!";
function sayHello() {
  document.write(msg);
}
sayHello();
document.write(msg);          // 页面输出：Hello World!
```

示例说明：

上述代码段中变量 msg、函数 sayHello、对象 document 都属于全局作用域变量。

2. 局部作用域

局部作用域又称为函数作用域，在函数内部声明的变量具有局部作用域，拥有局部作用域的变量也被称为“局部变量”，局部变量只能在其作用域中(函数内部)使用。

【示例 9-18】 局部作用域示例。

核心代码如下：

```
function sayHello(){
var str = "Hello World! ";
}
console.log(str);             //报错：str is not defined
```

示例说明：

在函数内定义的变量只有在函数被调用时才会生成，当函数执行完毕后会被立即销毁，所以变量 str 只能在 sayHello 函数内部使用。

3. 块作用域

块作用域是指在代码块内部声明的变量，比如 for 循环语句的循环体就是一个代码块。

要想定义块级作用域变量，需要使用关键字 let、var 和 let 在定义全局作用域变量和局部作用域变量时基本相同。

【示例 9-19】 块作用域示例。

核心代码如下：

```
if (true) {
  let msg = "Hello World!";
}
console.log(msg);             //报错：msg is not defined
```

示例说明：

使用关键字 let 声明的变量 msg，只能在 if 语句块中使用。

4. 变量提升和函数提升

JavaScript 代码的执行过程需要经历语法分析、预编译和解释执行三个过程，在预编译阶段，JavaScript 会预先处理声明的函数和变量，对其进行提升操作，全局作用域变量会被提升至全局最顶层，局部作用域变量会被提升至局部作用域的最顶层，而且函数提升的优先级高于变量，也就是说提升操作后，函数会位于变量之前。

1) 变量提升

【示例 9-20】 将示例 9-19 中 let 关键字替换为 var。

核心代码如下：

```
console.log(msg);              //undefined
if (true) {
   var msg = "Hello World!";
}
```

示例说明：

示例 9-20 中代码段和下面代码段等价：

```
var msg;
console.log(msg);
if (true) {
   msg = "Hello World!";
}
```

2) 函数提升

【示例 9-21】 函数提升示例。

核心代码如下：

```
sayHello();        //输出：Hello World!
function sayHello() {
   console.log("Hello World!");
}
```

示例说明：

示例 9-21 中代码段和下面代码段等价：

```
function sayHello() {
   console.log("Hello World!");
}
sayHello();        //输出：Hello World!
```

由于 JavaScript 中使用 var 关键字声明变量具有变量提升的特性，所以在代码块中使用 var 关键字声明变量，就会被提升为全局变量，从而造成变量全局“污染”。

【示例 9-22】 变量全局污染示例。

核心代码如下：

```
var i=10;
for(var i=0;i<5;i++){
   console.log(i);
```

```
}
console.log(i);          //输出 5
```

示例说明：

为了避免出现变量全局“污染”，建议块级作用域变量使用 let 关键字声明。示例 9-22 中的代码段和下面代码段等价：

```
var i=10;
for(let i=0;i<5;i++){
  console.log(i);
}
console.log(i);          //输出 10
```

9.1.4　闭包

1. 闭包基本概念

闭包(closures)是 JavaScript 语言的一个难点，也是它的特色，很多高级应用都是依靠闭包实现的。闭包与变量的作用域以及变量的生命周期密切相关，本节将做简单介绍。

所谓闭包，指的就是一个函数。当两个函数彼此嵌套时，内部的函数就是闭包。闭包的形成条件是内部函数需要通过外部函数 return 给返回出来，例如在函数 A 中定义了函数 B，然后在函数外部调用函数 B，这个过程就是闭包。

2. 闭包基本应用

当需要在函数中定义一些变量，并且希望这些变量能够一直保存在内存中，同时不影响函数外的全局变量时，就可以使用闭包。

在不使用闭包的情况下，只能通过全局变量来实现。

【示例 9-23】 计数。

核心代码如下：

```
var sum = 0;
function counter () {
  sum++;
  console.log(sum);
}
counter ();             // 控制台输出 1
counter ();             // 控制台输出 2
```

示例说明：

上述示例如果改为局部变量，因每次函数调用，都会重新初始化变量 sum，将无法实现计数效果。

【示例 9-24】 计数反例。

核心代码如下：

```
function counter () {
  var sum = 0;
```

```
    sum++;
    console.log(sum);
  }
  counter ();        // 控制台输出 1
  counter ();        // 控制台输出 1
```

采用闭包，可以解决上述问题。

【示例 9-25】 闭包解决计数问题。

核心代码如下：

```
function outfun(){          //外部函数
   var num = 0;             //局部变量
   function counter(){      //内部函数
      num++;
      console.log(num);
   }
   return counter;
}
var fun = outfun();
fun();                      // 控制台输出 1
fun();                      // 控制台输出 2
```

示例说明：

(1) 在 JavaScript 中，如果一个对象不再被引用，那么这个对象就会被垃圾回收机制 GC(Garbage Collection)回收，否则这个对象会一直保存在内存中。在示例 9-25 中，内部函数 counter()定义在外部函数 outfun()中，因此 counter()依赖于 outfun()，而全局变量 fun 又引用了 outfun()，所以 outfun()间接地被 fun 引用。因此 outfun()不会被 GC 回收，会一直保存在内存中，所以 sum 的值会一直保存在内存中，实现了计数效果。

(2) 示例 9-25 中，使用了闭包机制，但是定义了 2 个函数，在实际开发中，通常会将闭包与匿名函数结合使用，简化程序代码。

【示例 9-26】 闭包与匿名函数结合使用。

核心代码如下：

```
function counter() {
   var num = 0;
   return function () {
      num++;
      console.log(num);
   }
}
var fun = counter();
fun();                  // 控制台输出 1
fun();                  // 控制台输出 2
```

9.2 数　　组

数组是特殊的对象，使用数组可以突破一个变量只能存储一个值的局限，在批量处理数据时，可以简化编码。

数组是值的有序集合，数组中的每个值称为一个元素，每个元素在数组中都有一个数字位置，称为索引。索引默认从 0 开始，依次递增。

9.2.1 创建数组

1. 使用 Array 对象创建数组

基本语法：

```
var arr = new Array();
```

例如：

```
var arr = new Array();                //创建一个空数组
var arr = new Array(3);               //创建一个长度为 3 的数组，每个元素值为 undefined
var arr = new Array(1, 2, 3);         //创建一个长度为 3 的数组，元素依次为 1，2，3
var arr = new Array("小明", "男", 20); //创建一个长度为 3 的数组，元素依次为"小明", "男", 20
```

2. 使用字面量创建数组

基本语法：

```
var arr = [];
```

例如：

```
var arr = [];                  //创建一个空数组
var arr = [1, 2, 3];           //创建一个长度为 3 的数组，元素依次为 1，2，3
var arr = ["小明", "男", 20];   //创建一个长度为 3 的数组，元素依次为"小明", "男" ,20
```

9.2.2 操作数组

1. 数组赋值

(1) 创建数组时赋值。

创建数组的同时指定数组元素的值，在 9.1.1 节中已有相关示例。

(2) 先创建数组，再赋值。

创建数组时，不指定数组元素的值，后期根据业务需要，再对数组元素进行赋值操作。例如：

```
var arr = [];            //使用字面量形式创建一个空数组
  …
arr[0] = 1;
arr[1] = 2;
```

2. 数组访问

数组创建并赋值后，可以对其元素进行访问，主要方式有以下 4 种：

(1) 使用下标访问指定元素。

例如：

```
var week = ["星期日","星期一",…,"星期六"];        //此处做了省略
var now = new Date();
var dayOfWeek = now.getDay();                     //返回一周中的某一天(0～6)
console.log(week[dayOfWeek]);
```

运行结果如图 9-1 所示。

(2) 使用 for、for in、for of 等循环语句访问数组。

例如：

```
var week = ["星期日","星期一",…,"星期六"];        //此处做了省略
for (let w of week) {
   console.log(w);
}
```

运行结果如图 9-2 所示。

图 9-1 使用下标访问数组

图 9-2 使用 for of 语句遍历数组

(3) 使用数组名访问数组。

使用数组名可以直接输出所有元素。

例如：

```
var week = ["星期日","星期一",…,"星期六"];
console.log(week);
```

运行结果如图 9-3 所示。

图 9-3 使用数组名访问数组

(4) 使用 Array 对象提供的属性和方法。

Array 对象提供了丰富的操作数组的属性和方法，9.2.3 节中将做详细介绍。

9.2.3 Array 对象常用方法

JavaScript 中对 Array 对象提供了丰富的操作数组的方法。

1. concat 方法

concat 方法可以将任意多个数组元素进行连接，并返回一个新的数组。

基本语法：

```
array1.concat(arr2,arr3,..., arrX)
```

参数说明：

arr2，arr3，...，arrX 必填项，表示要连接的对象，一般为数组，也可以是除了数组之外的其他类型数据。

【示例 9-27】 concat 方法示例。

核心代码如下：

```
var A1 = [1, 2, 3];
var A2 = [10, 20, 30];
var oStu={
   name:"ZS",
   age:20
};
var fn=function(){
   console.log("Hello world");
}
console.log(A1.concat(A2,"A",oStu,fn));
```

运行结果如图 9-4 所示。

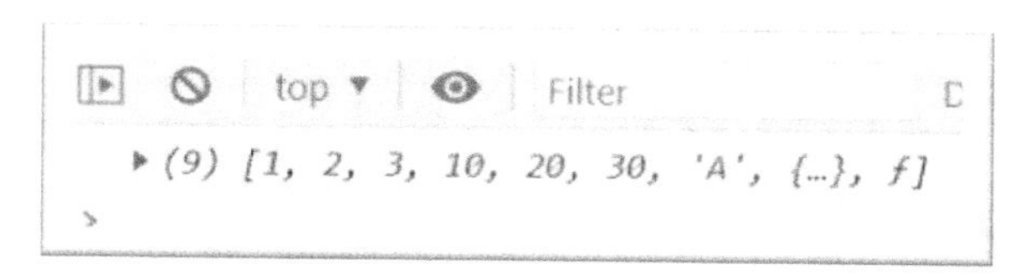

图 9-4 concat 方法示例

注意：

concat 方法不会改变现有的数组，而仅仅会返回被连接数组的一个副本。

2. copyWithin 方法(ES6)

copyWithin 方法可以从数组的指定位置拷贝元素到数组的另一个指定位置中。

基本语法：

```
array.copyWithin(target, [start], [end])
```

参数说明：

(1) target：必填项，表示目标索引的位置。

(2) start：可选项，表示元素复制索引的起始位置(默认为 0)。

(3) end：可选项，表示元素复制索引的终止位置 (默认为数组长度)。如果为负值，表示倒数。

【示例 9-28】 复制数组第 0 个元素到第 2 个位置上。

核心代码如下：

```
var myA = ["A", "B", "C", "D", "E", "F"];
console.log(myA.copyWithin(2,0,1));
```

运行结果如图 9-5 所示。

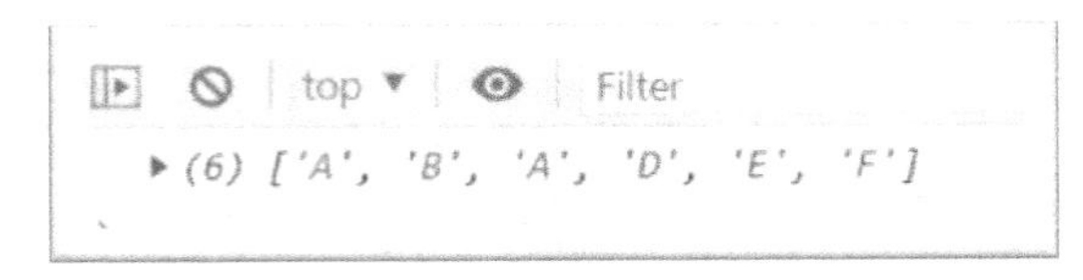

图 9-5 copyWithin 方法示例

3. every 方法

every 方法用于检测数组元素是否符合指定条件，所有元素都符合返回 true，否则返回 false。

基本语法：

```
array.every(function(currentValue,[index],[arr]), [thisValue])
```

参数说明：

(1) 参数 1 为函数，必填项，数组中的每个元素会依次执行这个函数。其中：

① currentValue：必填项，表示当前元素的值。

② index：可选项，表示当前元素的索引值。

③ arr：可选项，表示当前元素所属的数组对象。

(2) 参数 2 为可选项，作为该执行回调时使用，传递给函数，用作 this 的值。如果省略了 thisValue，this 的值为 undefined。

【示例 9-29】 判断数组中的成绩是否正常。

核心代码如下：

```
function f(value, index, arr) {
  if (typeof value !== "number") {
    return false;
  } else {
    if (value < 0 || value > 100) {
      return false;
    } else {
      return true;
    }
  }
}
var score = ["aa", 90, 104, 95, -6, 90];
if (score.every(f)) {
```

```
        console.log("成绩数组 score 中成绩无异常数据");
    } else {
        console.log("成绩数组 score 中成绩有异常数据");
    }
```

运行结果如图 9-6 所示。

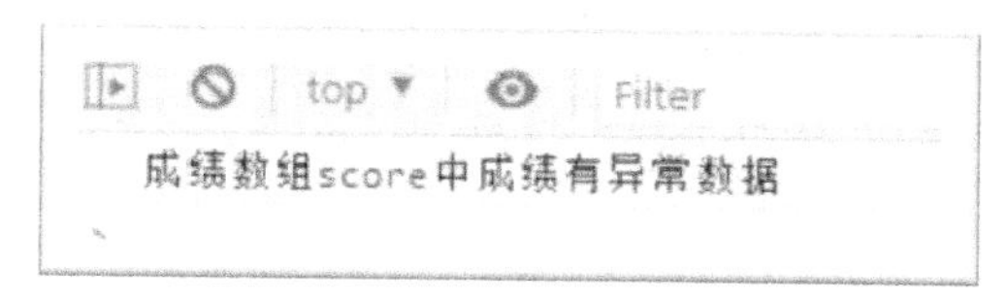

图 9-6 every 方法示例

4. fill 方法(ES6)

fill 方法用于将一个固定值替换数组指定范围的元素。

基本语法：

```
array.fill(value, [start], [end])
```

参数说明：

(1) value：必填项，表示要填充的值。

(2) start：可选项，表示填充数据的起始位置，默认值为 0。

(3) end：可选项，表示填充数据的结束位置，默认值为数组的长度。

【示例 9-30】 fill 方法及其参数的使用。

核心代码如下：

```
//当传入单个参数时，该方法会用该参数的值填充整个数组。
  var arr1 = new Array(5).fill(0);
  console.log(arr1);    //[0,0,0,0,0]
//当传入两个参数时，第一个参数为填充元素，第二个参数为填充元素的起始位置。
  var arr2 = [0, 1, 2, 3, 4, 5, 6];
  console.log(arr2.fill(1, 3));        //[0,1,2,1,1,1,1]
//当传入三个参数时，第一个参数为填充元素，第二个参数和第三个参数分别指填充元素的起始和终止位置，不修改终止位置元素。
  var arr3 = [0, 1, 2, 3, 4, 5];
  console.log(arr3.fill(1, 3, 5));    //[0,1,2,1,1,5]
//如果提供的起始位置或结束位置为负数，则会被加上数组的长度来算出最终的位置。
  var arr4 = [0, 1, 2, 3, 4, 5];
  console.log(arr4.fill(1, -3));       //[0,1,2,1,1,1]
  var arr5 = [0, 1, 2, 3, 4, 5];
  console.log(arr5.fill(1, 3, -2));   //[0,1,2,1,4,5]
```

5. filter 方法

filter 方法用于对数组进行过滤，创建一个新数组，新数组中的元素是通过检查指定数组中符合条件的所有元素。

基本语法：

```
array.filter(function(currentValue,[index],[arr]), [thisValue])
```

参数说明：

(1) 参数 1 为函数，必填项，数组中的每个元素会依次执行这个函数。其中：

① currentValue：必填项，表示当前元素的值。

② index：可选项，表示当前元素的索引值。

③ arr：可选项，表示当前元素所属的数组对象。

(2) 参数 2 为可选项，作为该执行回调时使用，传递给函数，用作 this 的值。如果省略了 thisValue，this 的值为 undefined。

【示例 9-31】 返回成绩数组 score 中合法的成绩。

核心代码如下：

```
function f(value, index, arr) {
  if (typeof value === "number"&& value >= 0 && value <= 100) {
    return value;
  }
}
var score = ["aa", 90, 104, 95, -6, 90];
console.log(score.filter(f));
```

运行结果如图 9-7 所示。

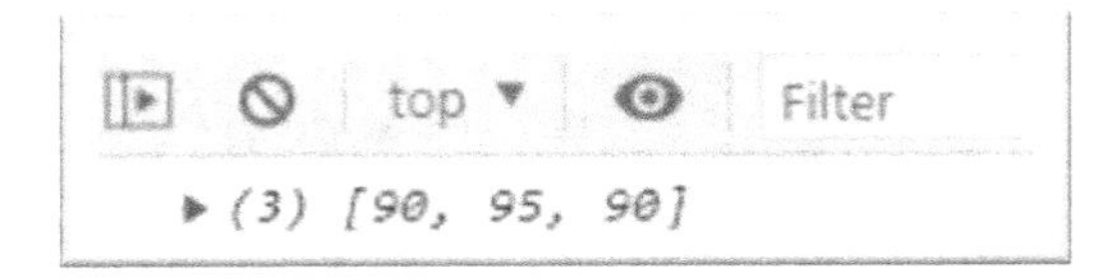

图 9-7　filter 方法示例

【示例 9-32】 返回年龄数组中匹配的学生信息。

核心代码如下：

```
var ages = [19, 22, 19];        //年龄数组
var stuA = [
  {
    name:"zs",
    gender:"女",
    age:19
  },
  {
    name:"ls",
    gender:'男',
    age:20
  },
  {
```

```
        name:"ww",
        gender:"男",
        age:22
      }
    ];    //学生对象
    var newA = stuA.filter(function(value) {
      for (let i = 0; i < this.length; i++) {
        if (this[i] === value['age']) {
          return value;
        }
      }
    }, ages);
    console.log(newA);
```

运行结果如图 9-8 所示。

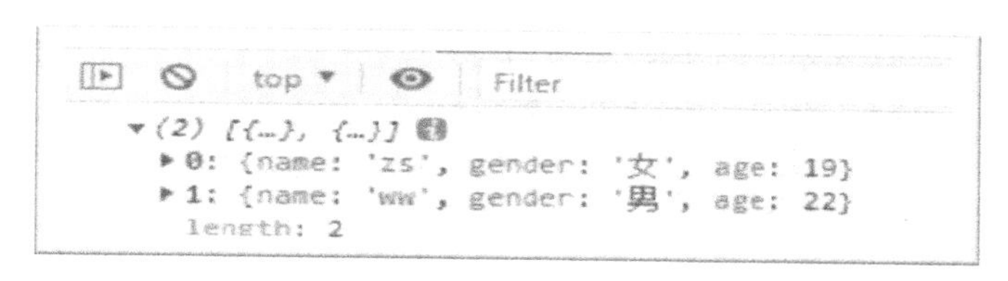

图 9-8 filter 方法示例

注意：

(1) filter 方法不会对空数组进行检测。

(2) filter 方法不会改变原始数组的值。

6. find 方法(ES6)

find 方法用于对数组进行测试，返回通过测试的数组的第一个元素，并终止执行；如果没有符合条件的元素，则返回 undefind。

基本语法：

```
array.find(function(currentValue,[index],[arr]), [thisValue])
```

参数说明

(1) 参数 1 为函数，必填项，数组中的每个元素会依次执行这个函数。其中：

① currentValue：必填项，表示当前元素的值。

② index：可选项，表示当前元素的索引值。

③ arr：可选项，表示当前元素所属的数组对象。

(2) 参数 2 为可选项，作为该执行回调时使用，传递给函数，用作 this 的值。如果省略了 thisValue，this 的值为 undefined。

【示例 9-33】 返回数组中第一个大于 20 的元素。

核心代码如下：

```
var myA = [19, 22, 19, 20];
function f(value) {
```

```
        if (value > 20)    return true;
    }
console.log(myA.find(f));            //控制台打印输出 22
```

注意：

(1) find 方法不会对空数组进行检测。

(2) find 方法不会改变原始数组的值。

7. findIndex 方法(ES6)

findIndex 方法用于对数组进行测试，返回通过测试的数组中的第一个元素在数组中的索引，并中止执行；如果没有符合条件的元素，则返回-1。

基本语法：

```
array.findIndex(function(currentValue,[index],[arr]), [thisValue])
```

参数说明：

(1) 参数 1 为函数，必填项，数组中的每个元素会依次执行这个函数。其中：

① currentValue：必填项，表示当前元素的值。

② index：可选项，表示当前元素的索引值。

③ arr：可选项，表示当前元素所属的数组对象。

(2) 参数 2 为可选项，作为该执行回调时使用，传递给函数，用作 this 的值。如果省略了 thisValue，this 的值为 undefined。

【示例 9-34】 返回数组中第一个大于 20 的元素的索引。

核心代码如下：

```
var myA = [19, 22, 19, 20];
function f(value) {
    if (value > 20)    return true;
  }
console.log(myA.findIndex(f));            //控制台打印输出 1
```

注意：

(1) findIndex 方法不会对空数组进行检测。

(2) findIndex 方法不会改变原始数组的值。

8. forEach 方法

forEach 方法用于对数组中的每个元素利用回调函数进行处理。

基本语法：

```
array.forEach(function(currentValue,[index],[arr]), [thisValue])
```

参数说明：

(1) 参数 1 为函数，必填项，数组中的每个元素会依次执行这个函数。其中：

① currentValue：必填项，表示当前元素的值。

② index：可选项，表示当前元素的索引值。

③ arr：可选项，表示当前元素所属的数组对象。

(2) 参数 2 为可选项，作为该执行回调时使用，传递给函数，用作 this 的值。如果省略了 thisValue，this 的值为 undefined。

【示例 9-35】 数组求和。

核心代码如下：

```
var sum=0;
var myA = [1,2,3,4,5,6,7];
myA.forEach(function(value,index,arr){
   sum+=value;
});
console.log(sum);              //控制台输出 28
```

9. from 方法(ES6)

from 方法用于通过对象返回一个数组。

基本语法：

```
array.from(object, [function], [thisValue])
```

参数说明：

(1) object：必填项，表示待转换为数组的对象。

(2) function：可选项，表示数组中每个元素要调用的函数。

(3) thisValue：可选项，表示映射函数(mapFunction)中的 this 对象。

【示例 9-36】 返回对象数组 stuA 中部分信息。

核心代码如下：

```
var stuA = [{
   name: "zs",
   age: 20
}, {
   name: "ls",
   age: 18
}, {
   name: "ww",
   age: 22
}];
nameA = Array.from(stuA, function(item) {
   return item.name;
});
console.log(nameA);
```

运行结果如图 9-9 所示。

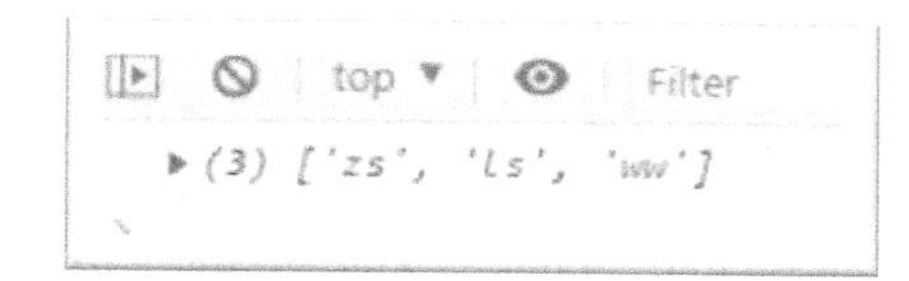

图 9-9　from 方法示例

10. includes 方法(ES6)

includes 方法用于判断一个数组是否包含一个指定的值，包含则返回 true，否则返回 false。

基本语法：

```
array.includes(searchElement, [fromIndex])
```

参数说明：

(1) searchElement：必填项，表示待查找的元素值。

(2) fromIndex：可选项，表示从该索引处开始查找 searchElement。如果为负值，则从 array.length + fromIndex 的索引开始搜索。默认值为 0。

例如：

```
var a=["a","b","c","d"];
console.log(a.includes("b"));          //控制台输出 true
console.log(a.includes("b",2));        //控制台输出 false
console.log(a.includes("b",-1));       //控制台输出 false
```

11. indexOf、lastIndexOf 方法

indexOf 和 lastIndexOf 方法功能类似，均用于检索数组，并返回指定元素(searchElement)在数组中的位置，如果找到一个指定元素(searchElement)，则 indexOf 返回该元素第一次出现的位置，lastIndexOf 返回该元素最后一次出现的位置。

基本语法：

```
array.indexOf(searchElement, [start])
array.lastIndexOf(searchElement, [start])
```

参数说明：

(1) searchElement：必填项，表示待检索的元素值。

(2) start：可选项，表示设置开始检索的位置。indexOf 方法默认值为 0，lastIndexOf 方法默认值为数组长度。

例如：

```
var a = ["a","b","c","d"];
console.log(a.indexOf("b"));          //控制台输出 1
console.log(a.lastIndexOf("b"));      //控制台输出 3
```

12. isArray 方法

isArray 方法用于判断一个对象是否为数组，并根据判断结果返回 true 或 false。

基本语法：

```
array.isArray(obj)
```

参数说明：

obj 为必填项，表示待判断的对象。

例如：

```
var a = ["a","b","c","d"];
var b = {
  name: "zs",
```

```
  age: 20
};
console.log(Array.isArray(a));              //控制台输出 true
console.log(Array.isArray(b));              //控制台输出 false
```

13. join 方法

join 方法用于将数组中的所有元素转换成一个字符串，元素之间用参数 separator 进行分割，默认使用逗号分隔。

基本语法：

```
array.join([separator])
```

参数说明：

separator 为可选项，连接字符串的分隔符，如果省略，则使用逗号进行分割。

例如：

```
var a = [1,2,3,4,5];
var exp =a.join("+");                    // exp 值为：1+2+3+4+5
console.log(exp +"="+ eval(exp));        //控制台输出：1+2+3+4+5=15
```

14. map 方法

map 方法用于返回一个新的数组，数组中的元素的值为调用函数参数处理后的值。

基本语法：

```
array.map(function(currentValue,[index],[arr]), [thisValue])
```

参数说明：

(1) 参数 1 为函数，必填项，数组中的每个元素会依次执行这个函数。其中：

① vcurrentValue：必填项，表示当前元素的值。

② index：可选项，表示当前元素的索引值。

③ arr：可选项，表示当前元素所属的数组对象。

(2) 参数 2 为可选项，作为该执行回调时使用，传递给函数，用作 this 的值。如果省略了 thisValue，this 的值为 undefined。

例如：

```
var arr1 = [1, 2, 3, 4, 5];
var arr2 = arr1.map(function(value) {
  return value * 10;
})
console.log("arr1:", arr1);
console.log("arr2:", arr2);
```

运行结果如图 9-10 所示。

```
top ▾    Filter
arr1: ▸(5) [1, 2, 3, 4, 5]
arr2: ▸(5) [10, 20, 30, 40, 50]
```

图 9-10 map 方法示例

注意：

(1) map 方法不会对空数组进行检测。

(2) map 方法不会改变原始数组的值。

15. pop、shift 方法

pop 方法用于删除数组的最后一个元素，并返回该元素；

shift 方法用于删除数组的第一个元素，并返回该元素。

基本语法：

```
array.pop()
array.shift()
```

例如：

```
var arr1 = [1, 2, 3, 4];
var arr2 = ["a", "b", "c", "d"];
var n1, n2;
n1 = arr1.pop();
n2 = arr2.shift();
console.log(n1, arr1);
console.log(n2, arr2);
```

运行结果如图 9-11 所示。

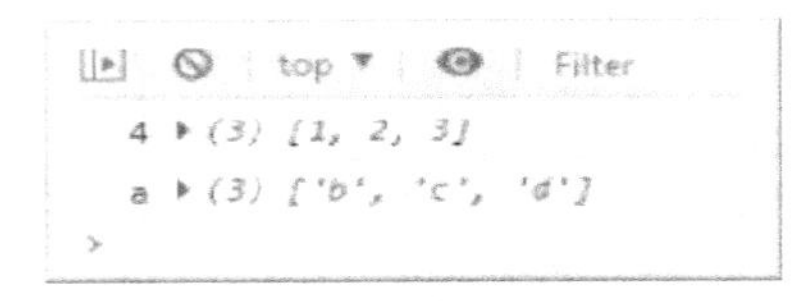

图 9-11　pop、shift 方法示例

16. push、unshift 方法

push 方法用于向数组末尾追加一个或多个元素，并返回数组的长度；

unshift 方法用于向数组头部添加一个或多个元素，并返回数组的长度。

基本语法：

```
array.push([item1,item2,...,itemX])
array.unshift([item1,item2,...,itemX])
```

参数说明：

item1，item2，...，itemX：可选项，表示要追加或添加的元素，为空时相当于返回数组的长度。

例如：

```
var len = 0;
var arr1 = [1, 2, 3, 4];
len = arr1.push();
console.log(len, arr1);
len = arr1.unshift();
```

```
console.log(len, arr1);
len = arr1.push(5);
console.log(len, arr1);
len = arr1.unshift(0)
console.log(len, arr1);
```

运行结果如图 9-12 所示。

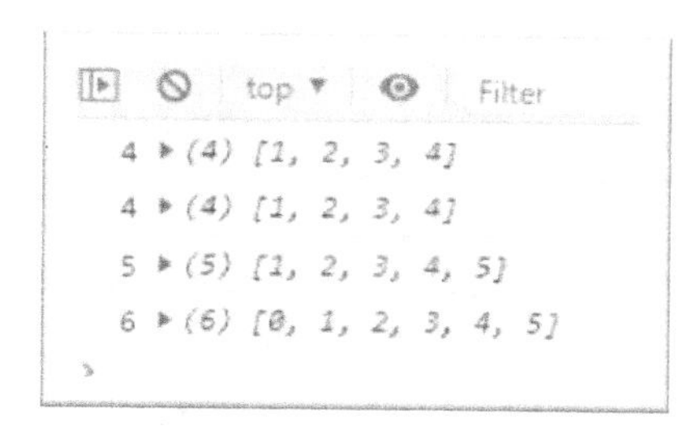

图 9-12 push、unshift 方法示例

17. reduce、reduceRight 方法

reduce、reduceRight 方法用于对数组中的每个元素执行一个由用户提供的 reduce 函数(升序执行)或 reduceRight 函数(降序执行)，将其结果汇总为单个返回值。

基本语法：

```
array.reduce(function(total, currentValue, [currentIndex], [arr]), [initialValue])
array.reduceRight(function(total, currentValue, [currentIndex], [arr]), [initialValue])
```

参数说明：

(1) 参数 1 为函数，必填项，数组中的每个元素会依次执行这个函数。其中：

① total：必填项，表示计算结束后的返回值。

② currentValue：必填项，表示当前元素。

③ currentIndex：可选项，表示当前元素的索引值。

④ arr：可选项，表示当前元素所属的数组对象。

(2) 参数 2 为可选项，表示传递给函数的初始值。

【示例 9-37】 利用 reduce 方法实现数组求和。

核心代码如下：

```
var arr = [1, 2, 3, 4];
var sum = arr.reduce(function(total, value, index, arr) {
  console.log(total,value,index) ;
  return total += value;
},10);
console.log("sum:",sum);
```

运行结果如图 9-13 所示。

【示例 9-38】 利用 reduceRight 方法实现数组累减。

核心代码如下：

```
var arr = [1, 2, 3, 4];
```

```
var sum = arr.reduceRight(function(total, value, index, arr) {
  console.log(total,value,index) ;
  return total -= value;
},10);
console.log("sum:",sum);
```

运行结果如图 9-14 所示。

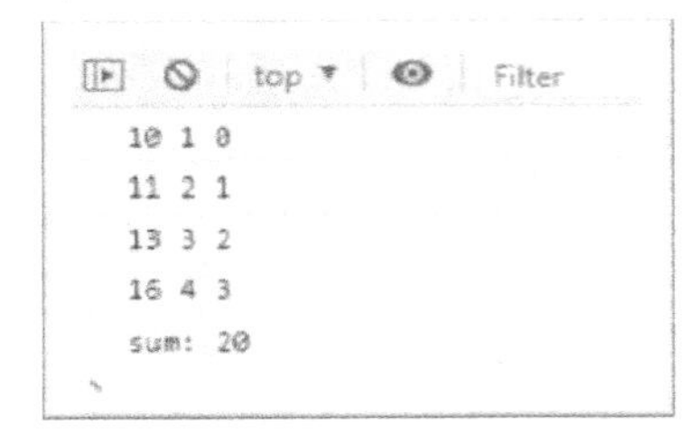

图 9-13　reduce 方法示例

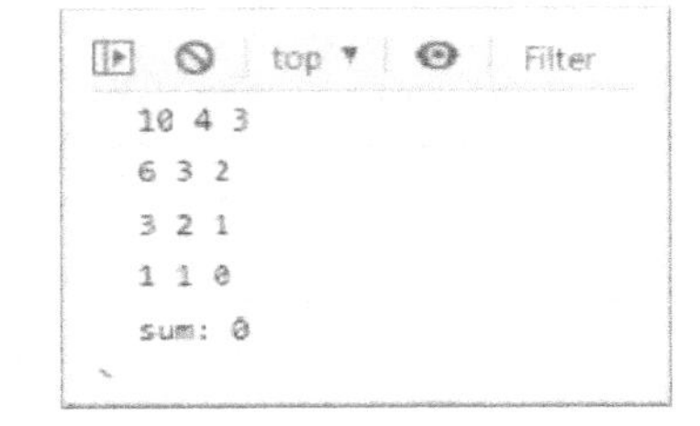

图 9-14　reduceRight 方法示例

【示例 9-39】 利用 reduce 方法实现对象分组。

核心代码如下：

```
var city = [{
    name: "北京",
    pinyin: "beijing"
  },
  {
    name: "包头",
    pinyin: "baotou"
  },
  {
    name: "北海",
    pinyin: "beihai"
  },
  {
    name: "运城",
    pinyin: "yuncheng"
  },
  {
    name: "盐城",
    pinyin: "yancheng"
  }
]
function groupBy(objArray,property){
  return objArray.reduce(function(acc,obj){
    var key=obj[property].substring(0,1);
```

```
        if(!acc[key]){
            acc[key]=[];
        }
        acc[key].push(obj);
        return acc;
    },{});
}
var groupByCity = groupBy(city,"pinyin");
console.log(groupByCity)
```

运行结果如图 9-15 所示。

```
▼{b: Array(3), y: Array(2)}
  ▼b: Array(3)
    ▶0: {name: '北京', pinyin: 'beijing'}
    ▶1: {name: '包头', pinyin: 'baotou'}
    ▶2: {name: '北海', pinyin: 'beihai'}
     length: 3
    ▶[[Prototype]]: Array(0)
  ▼y: Array(2)
    ▶0: {name: '运城', pinyin: 'yuncheng'}
    ▶1: {name: '盐城', pinyin: 'yancheng'}
     length: 2
    ▶[[Prototype]]: Array(0)
  ▶[[Prototype]]: Object
```

图 9-15　reduce 方法示例

18. slice 方法

slice 方法用于实现从已有数组中截取指定范围的元素，并返回新的数组。

基本语法：

```
array.slice([start],[end])
```

参数说明：

(1) start：可选项，表示截取开始位置。

(2) end：可选项，表示截取结束位置。

(3) 参数 start 和 end 均省略的情况下表示截取整个数组的元素。

(4) 只省略参数 end 的情况下表示从 start 位置开始截取所有的数组元素。

(5) 参数 start 和 end 均不省略的情况下表示截取 start 到 end 区间的数组元素，但不包括 end 位置处的元素。

(6) 参数 start 和 end 均可以为负数，为负数时表示倒数第 n 个元素。

例如：

```
var arr = [1, 2, 3, 4, 5, 6];
console.log(arr.slice());
console.log(arr.slice(2));
```

```
console.log(arr.slice(2, 3));
console.log(arr.slice(-2));
console.log(arr.slice(-2, -1));
```

运行结果如图 9-16 所示。

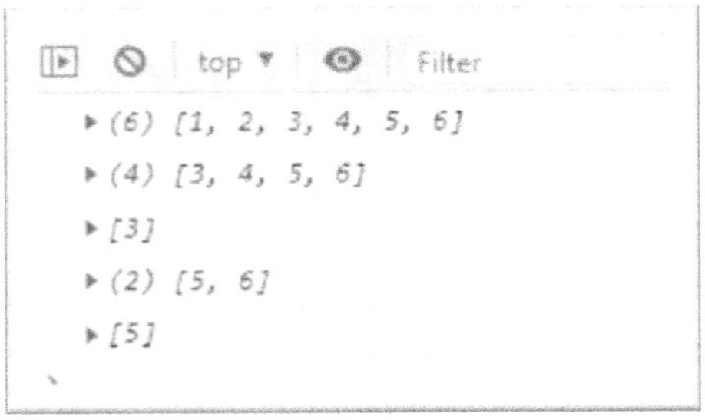

```
▸ (6) [1, 2, 3, 4, 5, 6]
▸ (4) [3, 4, 5, 6]
▸ [3]
▸ (2) [5, 6]
▸ [5]
```

图 9-16　slice 方法示例

注意：

slice 方法不会改变原始数组的值。

19. some 方法

some 方法用于对数组中的每个元素依次执行一个由用户提供的 some 函数，来检测数组中的元素是否满足指定条件，如果有一个元素满足条件，则表达式返回 true，剩余的元素不会再执行检测，相反则返回 false。

基本语法：

```
array.some(function(currentValue,[index],[arr]), [thisValue])
```

参数说明：

(1) 参数 1 为函数，必填项，数组中的每个元素会依次执行这个函数。其中：

① currentValue：必填项，表示当前元素的值。

② index：可选项，表示当前元素的索引值。

③ arr：可选项，表示当前元素所属的数组对象。

(2) 参数 2 为可选项，作为该执行回调时使用，传递给函数，用作 this 的值。如果省略了 thisValue ，this 的值为 undefined。

【示例 9-40】 判断成绩数组中有无满分成绩。

核心代码如下：

```
function f(value, index, arr) {
  return value===100;
}
var score = [90, 100, 95, 6, 90];
if (score.some(f)) {
    console.log("成绩数组 score 中有满分成绩");
} else {
    console.log("成绩数组 score 中无满分成绩");
}
```

运行结果如图 9-17 所示。

图 9-17　some 方法示例

注意：

(1) some 方法不会对空数组进行检测。

(2) some 方法不会改变原始数组的值。

(3) some 方法与 every 方法的区别是：every 方法每一项都返回 true 才返回 true，some 方法是只要有一项返回 true 就返回 true。

20. sort 方法

sort 方法用于对数组元素按照相应规则进行排序。

基本语法：

```
array.sort([sortfunction])
```

参数说明：

sortfunction 为可选项，为函数，规定排序规则。

【示例 9-41】 对成绩数组 score 进行升序排序。

核心代码如下：

```
var score = [90, 100, 95, 60, 90];
score.sort(function(a,b){
   return a-b;
});
console.log(score);
```

运行结果如图 9-18 所示。

【示例 9-42】 对成绩数组 score 进行降序排序。

核心代码如下：

```
var score = [90, 100, 95, 60, 90];
score.sort(function(a,b){
   return b-a;
});
console.log(score);
```

运行结果如图 9-19 所示。

top　Filter
▸ (5) [60, 90, 90, 95, 100]

图 9-18　sort 方法示例——升序排序数组

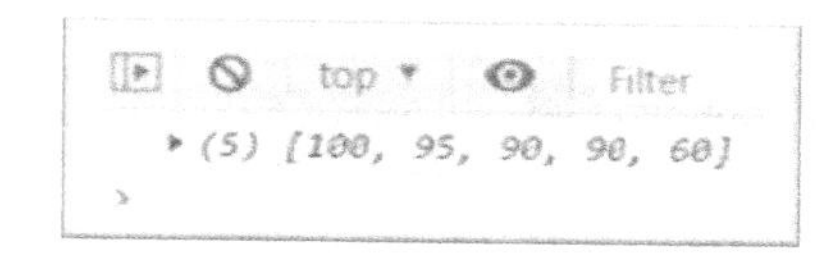

图 9-19　sort 方法示例——降序排序数组

注意：

sort 方法在原始数组上进行排序，会改变原始数组的值。

21. splice 方法

splice 方法用于添加或删除数组中的元素，返回值为删除的元素。

基本语法：

```
array.splice(index,[count],[item1,…,itemX])
```

参数说明：

(1) index：必填项，表示添加/删除元素的索引位置。

(2) count：可选项，表示要删除元素的数量，如省略，则从 index 索引位置处开始删除后续所有元素。

(3) item1,item2,...,itemX：可选项，为要追加到数组的新元素。

【示例 9-43】 使用 splice 方法删除数组中的元素。

核心代码如下：

```
var arr1 = [1, 2, 3, 4, 5];
var removeA = arr1.splice(0, 1);
console.log(removeA);       //[1]
console.log(arr1);          // [2, 3, 4, 5]
```

【示例 9-44】 使用 splice 方法向数组指定位置插入元素。

核心代码如下：

```
var arr1 = [1,2,3,4,5];
var removeA = arr1.splice(1, 0, 1.5);
console.log(removeA);       //[]
console.log(arr1);          // [1, 1.5, 2, 3, 4, 5]
```

【示例 9-45】 使用 splice 方法替换数组中指定位置处的元素。

核心代码如下：

```
var arr1 = [1,2,3,4,5];
var removeA = arr1.splice(1,1,1.5);
console.log(removeA);       //[2]
console.log(arr1);          // [1, 1.5, 3, 4, 5]
```

注意：

splice 方法在原始数组上进行操作，会改变原始数组的值。

9.2.4 多维数组

JavaScript 本身是没有多维数组的概念，但是可以通过变通的方式构建多维数组，多维数组中使用最多的是二维数组。

当数组中所有数组元素的值又都是数组时，就可以构成二维数组。

【示例 9-46】 构建二维数组存放学生基本信息。

核心代码如下：

```
var stuA = new Array();
stuA[0] = new Array("小明", 20, "男");
```

```
stuA[1] = new Array("小丽", 22, "女");
stuA[2] = new Array("小张", 21, "男");
stuA[3] = new Array("小王", 20, "女");
console.log(stuA);
```

运行结果如图 9-20 所示。

```
▼(4) [Array(3), Array(3), Array(3), Array(3)]
  ▶0: (3) ['小明', 20, '男']
  ▶1: (3) ['小丽', 22, '女']
  ▶2: (3) ['小张', 21, '男']
  ▶3: (3) ['小王', 20, '女']
   length: 4
```

图 9-20　二维数组——学生基本信息

说明：

构成数组元素的数组长度可以不一致，此时就会构成交错数组。

本 章 小 结

JavaScript 中，函数和数组都属于特殊的对象类型，同时又具有一定的关联性，利用函数可以实现模块化编程，提高代码的复用性和可读性，而数组对象 Array 的很多方法又都是基于回调函数实现的。

本章简要阐述了函数和数组的基本概念以及函数的分类，详细介绍了常用系统函数的功能和使用方法、自定义函数的基本方法、自定义函数的特殊参数，以及与函数相关的作用域、闭包等概念，同时对数组的创建及基本操作，特别是数组对象 Array 所提供的常用方法进行了重点介绍。

习题与实验 9

一、选择题

1. 下列关于 eval()函数，说法错误的是(　　)。

A. 可以把字符串当作 JavaScript 表达式一样去执行

B. 函数接收一个整型参数

C. 当字符串是 JavaScript 语句时，eval()函数会对其进行解析

D. 函数接收一个字符串参数

2. 下列方法中，可解析字符串，并返回浮点数的是(　　)。

A. parseFloat()　　B. parseInt()　　C. innerHTML　　D. Number()

3. 以下程序段输出的结果是(　　)。

```
console.log(msg);
if (true) {
```

```
        var msg = "Hello World!";
    }
```

A. msg is not defined
B. Hello World!
C. null
D. undefined ()

4. 下列方法中，用于在数组前添加一个或多个元素，并返回添加新元素后的数组长度的是(　　)。

A. pop()　　B. shift()　　C. push()　　D. unshift()

5. 下列定义函数的方法中错的是(　　)。

A. function f(){}
B. var f= function(){}
C. var f = new Function("{}")
D. f(){}

二、填空题

1. JavaScript 中的函数可以分为____________和____________。

2. JavaScript 定义的函数中，如果形参个数小于实参个数，多的实参传递到函数体内，可以使用____________方式接收处理。

3. JavaScript 中的变量的作用域可分为____________，____________，____________。

4. JavaScript 中使用 var 声明的变量具有____________特性。

5. 数组对象 Array 的 filter 方法执行后____________改变数组本身。

三、实验题

1. 定义函数 rs(n,r)，其中 n 为十进制数，r 为待转换的进制(2,8,16 等)，编程实现将十进制数转换为指定的进制数。

2. 定义函数 MoneyConvertor(n)，其中 n 为 number 类型的数据，表示人民币小写金额，编程实现人民币小写金额转为大写金额。

3. 编程实现数组去重功能。

4. 随机生成 10 个 1～100 之间的整数，存入数组，并对生成的数据利用多种算法进行排序。

第 10 章

JavaScript 对象

思维导图

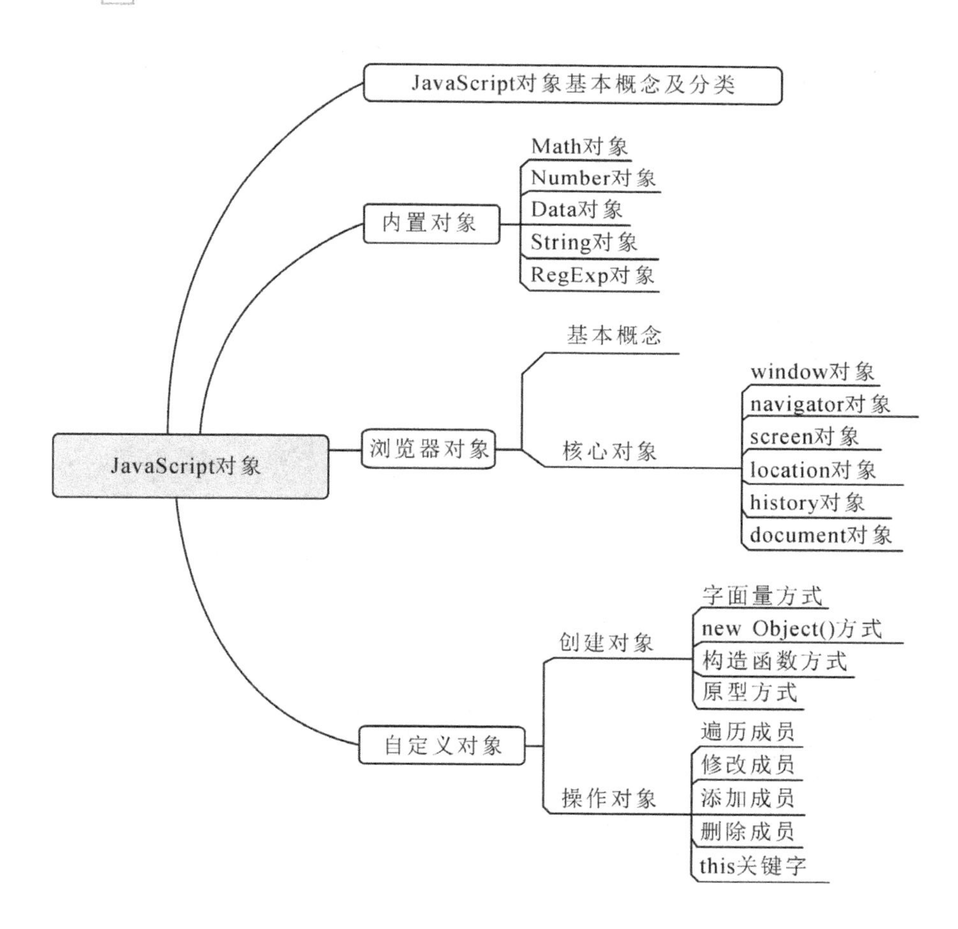

学习目标

(1) 了解 JavaScript 对象的基本概念和组成。

(2) 掌握 JavaScript 常用内置对象的功能和使用方法。

(3) 理解 BOM 的基本概念，掌握 BOM 核心对象的功能和使用方法。
(4) 了解 JavaScript 自定义对象的基本概念。
(5) 掌握 JavaScript 自定义对象的创建和使用方法。

JavaScript 是一种基于对象的编程语言，在 JavaScript 中，对象可以看成是无序的键值对的集合，其值可以是数据或函数，通常把数据称为属性，函数称为方法，属性和方法可以统称为成员。

在 JavaScript 中可以使用 3 类对象，分别是：内置对象、浏览器对象(BOM)和自定义对象。

内置对象指的是 JavaScript 语言本身所提供的对象，包括 Math、Number、Date、String、Array、Boolean、RegExp、Error 等。

浏览器对象(BOM)又称为宿主对象，指的是 JavaScript 的宿主环境所提供的对象，例如 window、document、history、navigator、screen、location 等。

自定义对象指的是用户根据实际需要自行定义的对象。

10.1 内置对象

本节重点介绍 Math、Number、Date、String、RegExp 等内置对象的基本使用方法。

10.1.1 Math 对象

Math 对象的成员主要用于数学运算。关键字 Math 是一个已经创建的 Math 对象的引用，可以直接通过“Math.属性名”和“Math.方法名()”的形式去使用。

Math 对象成员中的属性是数学运算中常用的一些常量。Math 对象常用的属性如表 10-1 所示。

表 10-1 Math 对象常用的属性

属 性	说 明	示 例
E	返回算术常量 e	console.log(Math.E); //2.718281828459045
LN2	返回 2 的自然对数	console.log(Math.LN2); //0.6931471805599453
LN10	返回 10 的自然对数	console.log(Math.LN10); //2.302585092994046
LOG2E	返回以 2 为底的 e 的对数	console.log(Math.LOG2E); //1.4426950408889634
LOG10E	返回以 10 为底的 e 的对数	console.log(Math.LOG10E); //0.4342944819032518
PI	返回圆周率 π	console.log(Math.PI); //3.141592653589793
SQRT1_2	返回 2 的平方根的倒数	console.log(Math.SQRT1_2); //0.7071067811865476
SQRT2	返回 2 的平方根	console.log(Math.SQRT2); //1.4142135623730951

Math 对象成员中的方法是数学运算中有用的一些函数。Math 对象常用的方法如表 10-2 所示。

表 10-2　Math 对象常用的方法

方　　法	说　　明	示　　例
abs(x)	返回 x 的绝对值	console.log(Math.abs(-10));　//10
pow(x,y)	返回 x 的 y 次幂	console.log(Math.pow(2,3));　//8
exp(x)	返回常量 e 的 x 次方	console.log(Math.exp(2));　//7.38905609893065
sqrt(x)	返回 x 的平方根	console.log(Math.sqrt(2));　//1.414213562373095
sin(x)	返回 x 的正弦值	console.log(Math.sin(0));　//0
cos(x)	返回 x 的余弦值	console.log(Math.cos(0));　//1
trunc(x)	返回 x 的整数部分	console.log(Math.trunc(-3.2));　//-3
floor(x)	对 x 进行向下取整	console.log(Math.floor(-3.2));　//-4
ceil(x)	对 x 进行向上取整	console.log(Math.ceil(-3.2));　//-3
round(x)	对 x 进行四舍五入取整	console.log(Math.round(4.6));　//5
log(x)	返回 x 的自然对数	console.log(Math.log(2));　//0.6931471805599453
max([x, [y, [...]]])	返回多个参数中的最大值	console.log(Math.max(10,20,30));　//30
min([x, [y, [...]]])	返回多个参数中的最小值	console.log(Math.min(10,20,30));　//10
random()	返回 0～1 之间的随机小数	console.log(Math.random());　//0.928858381375472

说明：

利用如下公式可以产生指定范围内的随机整数。

随机整数 = 取整((上限-下限+1)*Math.random())+下限

【示例 10-1】 随机生成 10 个 10～100 之间不相等的整数，并存入数组。

核心代码如下：

```
var myRndNumber = [];
for (let i = 0; i < 10; i++) {
  let myRnd =  Math.floor((100-10+1)*Math.random())+10;
  while(myRndNumber.includes(myRnd)){
    myRnd = Math.floor((100-10+1)*Math.random())+10;
  }
  myRndNumber[i] = myRnd;


}
console.log(myRndNumber);
```

运行结果如图 10-1 所示。

```
top ▾   Filter
▸(10) [78, 20, 24, 46, 62, 60, 75, 56, 43, 93]
```

图 10-1　随机数生成

10.1.2　Number 对象

Number 对象中主要保存了一些表示特殊数值的属性，与 Math 对象类似，Number 关键字是一个已经创建的 Number 对象的引用，可以直接通过“Number.属性名”和“Number.方法名()”的形式去使用。

Number 对象常用的属性如表 10-3 所示。

表 10-3　Number 对象常用的属性

属　　性	说　　明
MAX_VALUE	JavaScript 中所能表示的最大值
MIN_VALUE	JavaScript 中所能表示的最小值
NaN	非数字
NEGATIVE_INFINITY	负无穷
POSITIVE_INFINITY	正无穷
MIN_SAFE_INTEGER	最小安全整数，ES6 标准引入
MAX_SAFE_INTEGER	最大安全整数，ES6 标准引入

【示例 10-2】 Number 对象常用的方法。

核心代码如下：

```
console.log("JS 中可处理的最大值:",Number.MAX_VALUE);
console.log("JS 中可处理的最小值:",Number.MIN_VALUE);
console.log("JS 中最大安全整数:",Number.MAX_SAFE_INTEGER);
console.log("JS 中最小安全整数:",Number.MIN_SAFE_INTEGER);
console.log(-10 / 0 === Number.NEGATIVE_INFINITY);
console.log(10 / 0 === Number.POSITIVE_INFINITY);
```

运行结果如图 10-2 所示。

```
top ▾   Filter
JS中可处理的最大值: 1.7976931348623157e+308
JS中可处理的最小值: 5e-324
JS中最大安全整数: 9007199254740991
JS中最小安全整数: -9007199254740991
true
true
```

图 10-2　Number 对象常用的方法

10.1.3　Date 对象

Date 对象的成员主要用于处理日期和时间，并提供了丰富的日期和时间处理方法。

1. 创建 Date 对象

要使用 Date 对象处理日期和时间，必须先创建 Date 对象，创建方法如下：

```
var dt1 = new Date();                          //以当前系统时间创建一个 Date 对象
var dt2 = new Date("2008/08/08");              //以 2008/8/8 00:00:00 创建一个 Date 对象
var dt3 = new Date(2008, 07, 08);              //以 2008/8/8 00:00:00 创建一个 Date 对象
var dt4 = new Date(2008, 07, 08, 20, 0, 0);    //以 2008/8/8 20:00:00 创建一个 Date 对象
```

2. Date 对象常用的方法

Date 对象提供了丰富的用于获取或设置日期和时间的方法，如表 10-4 所示。

表 10-4 Date 对象常用的方法

方　法	说　明
getDate()	获取一个月中的某一天(1～31)
getDay()	获取一周中的某一天(0～6)
getMonth()	获取月份(0～11)
getFullYear()	获取年份(yyyy)
getHours()	获取小时(0～23)
getMinutes()	获取分钟(0～59)
getSeconds()	获取秒数(0～59)
getMilliseconds()	获取毫秒(0～999)
getTime()	获取 1970 年 1 月 1 日至今的毫秒数
setDate()	设置一个月中的某一天(1～31)
setMonth()	设置月份(0～11)
setFullYear()	设置年份(4 位数字)
setHours()	设置小时(0～23)
setMinutes()	设置分钟(0～59)
setSeconds()	设置秒数(0～59)
setMilliseconds()	设置毫秒(0～999)
setTime()	以毫秒设置 Date 对象
toString()	把 Date 对象转换为字符串
toTimeString()	把 Date 对象的时间部分转换为字符串
toDateString()	把 Date 对象的日期部分转换为字符串
toLocaleString()	根据本地时间格式，把 Date 对象转换为字符串
toLocaleTimeString()	根据本地时间格式，把 Date 对象的时间部分转换为字符串

【示例 10-3】 根据系统时间输出当前是星期几。

核心代码如下：

```
var week = ["星期日","星期一","星期二",…,"星期五","星期六"];
var dt = new Date();
console.log(`今天是:${week[dt.getDay()]}`);
```

【示例 10-4】 构造格式为 yyyy-MM-dd HH:mm:ss 的日期时间。

核心代码如下：

```
var myDate = new Date();
var y = myDate.getFullYear();
var m = (myDate.getMonth() + 1);
var d = myDate.getDate();
var fmt =`${y}-${m>9?m:'0'+m}-${d>9?d:'0'+d}`;
console.log(fmt);
```

10.1.4 String 对象

String 对象用于对字符串进行处理，通过其提供的字符串操作方法和属性，可以实现对字符串的各种处理。

1. 创建 String 对象

【示例 10-5】 创建 String 的方法。

核心代码如下：

```
var str1 = new String("JavaScript");
var str2 = String("JavaScript");
var str3 = "JavaScript";
console.log(typeof str1,str1);
console.log(typeof str2,str2);
console.log(typeof str3,str3);
```

运行结果如图 10-3 所示。

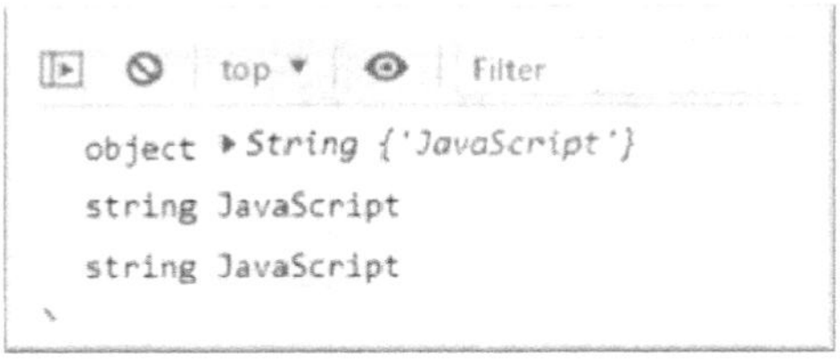

```
top ▼   Filter
object ▸String {'JavaScript'}
string JavaScript
string JavaScript
```

图 10-3　String 对象创建方法

说明：

JavaScript 中，字符串和字符串对象之间能够自由转换，因此不论是创建字符串对象还是直接声明字符串类型的变量，都可以使用下面字符串对象中提供的方法和属性。

2. String 对象常用的属性

String 对象常用的属性如表 10-5 所示。

表 10-5　String 对象常用的属性

属　性	说　明	示例(var s= "JavaScript");
length	获取字符串的长度	s.length；// 10

3. String 对象常用的方法

String 对象常用的方法如表 10-6 所示。

表 10-6　String 对象常用的方法

方　法	说　明	示例(var s = "JavaScript");
charAt()	返回指定位置处的字符	s.charAt(1);　// a
charCodeAt()	返回指定位置处字符的 Unicode 编码	s.charCodeAt(1);　// 97

fromCharCode()	是 String 的静态方法，用于将字符编码转换为一个字符串	var A =[74,97,118,97,83,99,114,105, 112, 116];
		String.fromCharCode(...Unicode);
		// JavaScript

concat()	拼接字符串	s.concat("对象");　// JavaScript 对象
indexOf()	默认从字符串开始位置正向检索字符串对象，返回给定字符串在字符串对象中首次出现的位置，检索不到返回-1	s.indexOf("a");　//1 s.indexOf("a",2);　//3 s.indexOf("b");　// -1
lastIndexOf()	默认从字符串结束位置反向检索字符串对象，返回给定字符串在字符串对象中最后一次出现的位置，检索不到返回-1	s.lastIndexOf("a");　//3 s.lastIndexOf("a",2);　//1 s.lastIndexOf("S",3);　// -1
replace()	替换子字符串	s.replace("S","s"); // Javascript
slice()	根据起始位置和终止位置(不包含终止位置)提取子字符串	s.slice(0,4) ;　//Java s.slice(-1) ;　// t s.slice(-4,-2);　// ri
split()	根据给定字符将字符串分割为字符串数组	s.split("");　// ['J', 'a', 'v', 'a', 'S', 'c', 'r', 'i', 'p', 't']
substr()	根据起始位置和长度提取子字符串	s.substr(0,4);　// Java s.substr(4,5);　// Scrip
substring()	根据起始位置和终止位置(不包括终止位置)，提取子字符串。该方法会根据参数大小，自动匹配起始位置和终止位置	s.substring(1,2) ;　// a s.substring(4,0);　// Java s.substring(0,4);　// Java
toLowerCase()	把字符串转换为小写	s.toLowerCase();　// javascript
toUpperCase()	把字符串转换为大写	s.toUpperCase();　// JAVASCRIPT
toString()	返回字符串	var arr=['J', 'a', 'v', 'a', 'S', 'c', 'r', 'i', 'p', 't']; arr.toString();　// JavaScript

【示例 10-6】 反向输出字符串 JavaScript。

核心代码如下：

方法一：

```
var str = "JavaScript";
for (let i = str.length-1; i >=0; i--) {
  document.write(str.charAt(i));
}
```

方法二：

```
var str = "JavaScript";
```

```
console.log(s.split("").reverse().join(""));
```

运行结果如图 10-4 所示。

【示例 10-7】 统计字符串 JavaScript 中每个字母的个数(不区分大小写)。

核心代码如下：

```
var str = "JavaScript";
var s = str.toLowerCase();
var c = new Array(26).fill(0);
for (let i = 0; i < str.length; i++) {
  c[s.charCodeAt(i) - 97] += 1;
}
for (let i = 0; i < c.length; i++) {
  if (c[i] === 0) continue;
  console.log(`字母${String.fromCharCode(i+97)}数量：${c[i]}`);
}
```

运行结果如图 10-5 所示。

图 10-4 反向输出字符串

图 10-5 统计字符串中每个字母的个数

10.1.5 RegExp 对象

RegExp 对象又称为正则表达式对象，通过该对象可以使用正则表达式对字符串进行各种模式匹配。

正则表达式是一种用于匹配字符串或特殊字符的逻辑公式，由一些特定字符组合而成，具有强大的字符串匹配功能。

1. 创建 RegExp 对象

在 JavaScript 中，需要借助 RegExp 对象来使用正则表达式，进而发挥正则表达式的强大功能，创建 RegExp 对象的方法如下：

```
let oPatt = new RegExp(pattern, modifiers);
let oPatt = /pattern/modifiers;
```

参数说明：

(1) pattern：按照正则表达式的语法定义的正则表达式。

(2) modifiers：用来设置字符串的匹配模式的修饰符。

1) pattern(正则表达式)

正则表达式由字母、数字、标点以及一些字符组成，例如/abc/、/(\d+)\.\d*/等，可以在正则表达式中使用的特殊字符及具体含义如表 10-7 所示。

表 10-7　正则表达式中特殊字符

<table>
<tr><th>特殊字符</th><th>含　义</th></tr>
<tr><td>\</td><td>转义字符，在非特殊字符之前使用反斜杠表示下一个字符是特殊字符，不能按照字面理解，例如\b 表示一个字符边界；在特殊字符之前使用反斜杠则表示下一个字符不是特殊字符，应该按照字面理解。例如反斜杠本身，若要在正则表达式中定义一个反斜杠，则需要在反斜杠前再添加一个反斜杠，即\\</td></tr>
<tr><td>^</td><td>匹配字符串的开头，如果设置了修饰符 m(见表 10-8)，则也可以匹配换行符后紧跟的位置。 例如“/^A/”并不会匹配“an A”中的“A”，但是会匹配“An E”中的“A”</td></tr>
<tr><td>$</td><td>匹配字符串的末尾，如果设置了修饰符 m，则也可以匹配换行符之前的位置。 例如“/t$/”并不会匹配“eater”中的“t”，但是会匹配“eat”中的“t”</td></tr>
<tr><td>*</td><td>匹配前一个表达式 0 次或多次，等价于 {0,}。例如“/bo*/”能够匹配“A ghost boooooed”中的“booooo”，但是在“A goat grunted”中不会匹配任何内容</td></tr>
<tr><td>+</td><td>匹配前面一个表达式 1 次或多次，等价于 {1,}。例如“/a+/”能够匹配“candy”中的“a”和“caaaaaaandy”中所有的“a”，但是在“cndy”中不会匹配任何内容</td></tr>
<tr><td>?</td><td>匹配前面一个表达式 0 次或 1 次，等价于 {0,1}。例如“/e?le?/”能够匹配“angel”中的“el”，“angle”中的“le”以及“oslo”中的“l”</td></tr>
<tr><td>.</td><td>匹配除换行符之外的任何单个字符。例如“/.n/”能够匹配“nay, an apple is on the tree”中的“an”和“on”</td></tr>
<tr><td>(x)</td><td>匹配“x”并记住这一匹配项，这里的括号被称为捕获括号</td></tr>
<tr><td>(?:x)</td><td>匹配“x”但是不记住匹配项，这里的括号被称为非捕获括号</td></tr>
<tr><td>x(?=y)</td><td>当“x”后面跟着“y”时，匹配其中的“x”。例如“/Jack(?=Sprat)/”会匹配后面跟着“Sprat”的“Jack”，“/Jack(?=Sprat|Frost)/”会匹配后面跟着“Sprat”或是“Frost”的“Jack”</td></tr>
<tr><td>x(?!y)</td><td>当“x”后面不是“y”时，匹配其中的“x”。 例如“/\d+(?!\.)/”会匹配“3.141”中的“141”，而不是“3.141”</td></tr>
<tr><td>(?<!y)x</td><td>当“x”前面不是“y”时，匹配其中的“x”</td></tr>
<tr><td>x|y</td><td>匹配“x”或“y”。 例如“/green|red/”能够匹配“green apple”中的“green”和“red apple”中的“red”</td></tr>
<tr><td>{n}</td><td>n 是一个正整数，表示匹配前一个字符 n 次。例如“/a{2}/”不会匹配“candy”中的“a”，但能够匹配“caandy”中所有的“a”，以及“caaandy”中的前两个“a”</td></tr>
<tr><td>{n,}</td><td>n 是一个正整数，表示匹配前一个字符至少 n 次。例如“/a{2,}/”能够匹配“aa”、“aaaa”或“aaaaa”，但不会匹配“a”</td></tr>
<tr><td>{n,m}</td><td>n 和 m 都是整数，表示匹配前一个字符至少 n 次，最多 m 次，如果 n 或 m 等于 0，则表示忽略这个值。例如“/a{1, 3}/”能够匹配“candy”中的“a”，“caandy”中的前两个“a”，“caaaaaaandy”中的前三个“a”</td></tr>
</table>

续表

特殊字符	含　义
[xyz]	转义序列，匹配 x、y 或 z，也可以使用“-”来指定一个字符范围。例如“[abcd]”和“[a-d]”是一样的，它们都能匹配“brisket”中的“b”，“city”中的“c”
[^xyz]	反向字符集，匹配除 x、y、z 以外的任何字符，也可以使用“-”来指定一个字符范围。例如“[^abc]”和“[^a-c]”是一样的，它们都能匹配“brisket”中的“r”，“chop”中的“h”
[\b]	匹配一个退格符。注意不要和 \b 混淆
\b	匹配一个单词的边界，即单词的开始或末尾。例如“/\bm/”能够匹配“moon”中的“m”，但不会匹配“imoon”中的“m”
\B	匹配一个非单词的边界。例如“er\B”能匹配“verb”中的“er”，但不能匹配“never”中的“er”
\cX	当 X 是A 到 Z 之间的字符时，匹配字符串中的一个控制符。例如“/\cM/”能够匹配字符串中的“control-M(U+000D)”
\d	匹配一个数字，等价于“[0-9]”。例如“/\d/”或者“/[0-9]/”能够匹配“B2 is the suite number.”中的“2”
\D	匹配一个非数字字符，等价于“[^0-9]”。例如“/\D/”或者“/[^0-9]/”能够匹配“B2 is the suite number.”中的“B”
\f	匹配一个换页符 (U+000C)
\n	匹配一个换行符 (U+000A)
\r	匹配一个回车符 (U+000D)
\v	匹配一个垂直制表符 (U+000B)
\s	匹配一个空白字符，包括空格、制表符、换页符和换行符，等价于“[\f\n\r\t\v\u00a0\u1680\u180e\u2000-\u200a\u2028\u2029\u202f\u205f\u3000\ufeff]”。例如“/\s\w*/”能够匹配“foo bar.”中的“bar”
\S	匹配一个非空白字符，等价于“[^\f\n\r\t\v\u00a0\u1680\u180e\u2000-\u200a\u2028\u2029\u202f\u205f\u3000\ufeff]”。例如“/\S\w*/”能够匹配“foo bar.”中的“foo”
\t	匹配一个水平制表符 (U+0009)
\w	匹配一个单字字符(字母、数字或者下划线)，等价于“[A-Za-z0-9_]”。例如“/\w/”能够匹配“apple,”中的“a”，“$5.28,”中的“5”和“3D.”中的“3”
\W	匹配一个非单字字符，等价于“[^A-Za-z0-9_]”。例如“/\W/”或者“/[^A-Za-z0-9_]/”能够匹配“50%.”中的“%”
\n	获取最后的第 n 个匹配的值。比如“/apple(,)\sorange\1/”能够匹配“apple, orange, cherry, peach.”中的“apple, orange,”
\0	匹配 NULL(U+0000)字符。注意不要在其后面跟其他小数，因为 \0<digits> 是一个八进制转义序列
\xhh	匹配一个两位十六进制数(\x00-\xFF)表示的字符
\uhhhh	匹配一个四位十六进制数表示的 UTF-16 代码单元

说明：

在正则表达式中，字符.、*、?、+、[、]、(、)、{、}、^、$、|、\等被赋予了特殊的含义，若要在正则表达式中使用这些字符的原本意思时，需要在这些字符前添加反斜杠进行转义，例如若要匹配“?”，则必须写为“\?”。

2) modifiers(修饰符)

修饰符通常要和正则表达式配合使用，用于设置字符串匹配模式。常用的修饰符如表 10-8 所示。

表 10-8 常用的修饰符

修 饰 符	描 述
i	执行对大小写不敏感的匹配
g	执行全局匹配(查找所有的匹配项，而非在找到第一个匹配项后停止)
m	执行多行匹配
s	允许使用“.”匹配换行符

2. RegExp 对象常用的方法

RegExp 对象提供了一系列用于正则操作的方法，常用的方法如表 10-9 所示。

表 10-9 RegExp 对象常用的方法

方 法	说 明
exec()	在字符串搜索匹配项，并返回一个数组，若没有匹配项，则返回 null
test()	测试字符串是否与正则表达式匹配，匹配则返回 true，不匹配则返回 false

【示例 10-8】 利用 RegExp 对象计算字符串 JavaScript 中字母 a,b,c 出现的索引。

核心代码如下：

```
var str = "JavaScript";
let oReg = new RegExp("[a-c]", "g");
var res;
while ((res = oReg.exec(str)) != null) {
   console.log(res[0],res.index);
}
```

运行结果如图 10-6 所示。

图 10-6 RegExp 对象示例

10.2 浏览器对象

浏览器对象，简称 BOM(Browser Object Model)，是 JavaScript 的组成部分之一，通过 BOM，可以实现 JavaScript 程序与浏览器之间的交互。

10.2.1 window 对象

window 对象是 BOM 的核心，处于 BOM 的最顶层，用来表示当前浏览器窗口。

window 对象提供了一系列用来操作和访问浏览器的方法和属性。

JavaScript 中的所有全局对象、函数以及变量也都属于 window 对象。

例如：

```
var msg="hello world";
var oStu={
    name:"zs",
    age:20
};
function sayHello(){
    console.log(this.msg);
    console.log(this.oStu);
}
window.sayHello();
```

说明：

上面代码段中的变量 msg、对象 oStu 以及函数 sayHello()均属于全局属性，故全都属于 window 对象，在具体编码过程中，当引用 window 对象的成员时，可以省略 window 关键字。

1. window 对象的属性

window 对象常用的属性如表 10-10 所示。

表 10-10　window 对象常用的属性

属　性	说　明
innerHeight	返回浏览器窗口的高度，不包含工具栏与滚动条
innerWidth	返回浏览器窗口的宽度，不包含工具栏与滚动条
name	设置或返回窗口的名称
outerHeight	返回浏览器窗口的完整高度，包含工具栏与滚动条
outerWidth	返回浏览器窗口的完整宽度，包含工具栏与滚动条
pageXOffset	设置或返回当前页面相对于浏览器窗口左上角沿水平方向滚动的距离
pageYOffset	设置或返回当前页面相对于浏览器窗口左上角沿垂直方向滚动的距离
parent	返回父窗口
screenLeft	返回浏览器窗口相对于计算机屏幕的 X 坐标(不兼容 FF 浏览器)
screenTop	返回浏览器窗口相对于计算机屏幕的 Y 坐标(不兼容 FF 浏览器)
screenX	返回浏览器窗口相对于计算机屏幕的 X 坐标(兼容 FF 浏览器)
screenY	返回浏览器窗口相对于计算机屏幕的 Y 坐标(兼容 FF 浏览器)
self	返回对 window 对象的引用

【示例 10-9】 返回浏览器窗口基本信息。

核心代码如下：

```
console.log("浏览器窗口高度：" + window.innerHeight);
console.log("浏览器窗口宽度：" + window.innerWidth);
console.log("浏览器窗口完整高度：" + window.outerHeight);
```

```
console.log("浏览器窗口完整宽度：" + window.outerWidth);
console.log("浏览器坐标：" + window.screenX + ',' + window.screenY);
console.log("浏览器坐标：" + window.screenLeft + ',' + window.screenTop);
```

运行结果如图 10-7 所示。

```
top ▾    过滤
浏览器窗口高度:703
浏览器窗口宽度:1536
浏览器窗口完整高度:824
浏览器窗口完整宽度:1536
浏览器坐标:0,0
浏览器坐标:0,0
>
```

图 10-7　window 对象常用的属性

2. window 对象的方法

window 对象常用的方法如表 10-11 所示。

表 10-11　window 对象常用的方法

方　法	说　明
open()	打开一个新的浏览器窗口或查找一个已命名的窗口
close()	关闭某个浏览器窗口
alert()	在浏览器窗口中弹出一个提示框，提示框中有一个确认按钮
confirm()	在浏览器中弹出一个对话框，对话框带有一个确认按钮和一个取消按钮
prompt()	显示一个可供用户输入的对话框
print()	打印当前窗口的内容
setInterval()	创建一个定时器，按照指定的时长(以毫秒计)来不断调用指定的函数或表达式
setTimeout()	创建一个定时器，在经过指定的时长(以毫秒计)后调用指定函数或表达式，只执行一次
clearInterval()	取消由 setInterval() 方法设置的定时器
clearTimeout()	取消由 setTimeout() 方法设置的定时器
moveBy()	将浏览器窗口移动指定的像素
moveTo()	将浏览器窗口移动到一个指定的坐标
resizeBy()	按照指定的像素调整窗口的大小，即将窗口的尺寸增加或减少指定的像素
resizeTo()	将窗口的大小调整到指定的宽度和高度

【示例 10-10】 在屏幕中央打开新窗体。

核心代码如下：

```
<button onclick="openWin()">打开窗口</button>
<button onclick="closeWin()">关闭窗口</button>
<script type="text/javascript">
  var myWin = null;
  //打开窗口
  function openWin() {
```

```
        myWin = window.open("", "备注", "width=100,height=100");
        myWin.resizeTo(400, 400);
        var x = window.outerWidth / 2 - 200;
        var y = window.outerHeight / 2 - 200;
        myWin.moveTo(x, y);
        myWin.focus();
    }
    //关闭窗口
    function closeWin() {
        if (myWin!== null) {
            myWin.close();
        }
    }
</script>
```

【示例 10-11】 利用 setTimeout 实现动态时钟。

核心代码如下：

```
<label id="lblClock" class="clock"></label>
<script type="text/javascript">
    var oLbl = document.getElementById("lblClock");
    function myClock() {
        var myDate = new Date();
        oLbl.innerText = myDate.toLocaleTimeString();
        var timeID = window.setTimeout("myClock()", 1000);
    }
    myClock();
</script>
```

【示例 10-12】 利用 setInterval 实现动态时钟。

核心代码如下：

```
<label id="lblClock" class="clock"></label>
<script type="text/javascript">
    var oLbl = document.getElementById("lblClock");
    window.setInterval(function(){
        var myDate = new Date();
        oLbl.innerText = myDate.toLocaleTimeString();
    },1000);
</script>
```

【示例 10-13】 利用 setInterval 实现阅读倒计时。

核心代码如下：

```
<button id="btn" disabled="true">请认真阅读</button>
```

```
<script type="text/javascript">
var i=10;
var obtn= document.getElementById("btn");
var timeID=null;
  timeID=window.setInterval(function(){
    i--;
    obtn.innerText =`请认真阅读(${i})`;
    if(i===-1){
      window.clearInterval(timeID);
      timeID=null;
      obtn.innerText ='阅读完成';
      obtn.disabled=false;
    }
  },1000) ;
</script>
```

3. window 对象的事件

window 对象常用的事件有 onload、onresize、onscroll 等，分别在页面加载完成后、页面大小改变时以及页面滚动条滚动时触发。

【示例 10-14】 onload 事件分析。

核心代码如下：

```
<script>
  document.getElementById("btn").onclick = function() {
    alert("hello world!");
  }
</script>
<button id="btn">确定</button>
```

示例说明：

以上代码执行会出现错误提示：Cannot set properties of null (setting 'onclick')，原因是代码从上往下边解释边执行，当通过 getElementById 方法获取<button>标签对象时，该标签还没有被加载。可以使用以下两种方法解决。

方法 1：将<button>标签放在<script>标签前面，保障优先加载。

```
<button id="btn">确定</button>
<script>
  document.getElementById("btn").onclick = function() {
    alert("hello world!");
  }
</script>
```

方法 2：将对标签的获取放在 window 对象的 onload 事件中，保证页面加载完成后，相应代码才会被执行。

```
<script>
  window.onload = function(){
    document.getElementById("btn").onclick = function(){
      alert("hello world!");
    }
  }
</script>
<button id="btn">确定</button>
```

【示例 10-15】 动态获取浏览器窗口大小。

核心代码如下：

```
<script>
  window.onresize = function() {
    let o = document.getElementById("msg");
    o.innerText = `宽度:${window.innerWidth},高度:${window.innerHeight}`;
  }
</script>
```

【示例 10-16】 利用 onscroll 事件检测滚动条位置，动态显示内容。

核心代码如下：

```
<style>
  #top_div {
    position: fixed;
    bottom: 60px;
    right: 10px;
    display: none;
  }
</style>
<script>
  window.onscroll = function() {
    let t =document.documentElement.scrollTop || document.body.scrollTop;
      let top_div = document.getElementById("top_div");
      if (t >= 200) {
        top_div.style.display = "inline";
      } else {
        top_div.style.display = "none";
      }
    }
  </script>
  <div id="top_div">
    返回顶部
```

```
</div>
```

10.2.2　navigator 对象

navigator 是 window 对象的一个属性，该属性是对 navigator 对象的只读引用，其中存储了与浏览器相关的信息，例如浏览器类型、名称、版本等。可以通过 window 对象的 navigator 属性(即 window.navigator)来引用 navigator 对象，并通过它来获取浏览器的相关信息。在具体的使用过程中，也可以省略 window 直接使用，navigator 对象常用的属性如表 10-12 所示。

表 10-12　navigator 对象常用的属性

属　性	说　明
appCodeName	返回当前浏览器的内部名称(开发代号)
appName	返回浏览器的官方名称
appVersion	返回浏览器的平台和版本信息

【示例 10-17】 控制台输出浏览器相关信息。

核心代码如下：

```
<script type="text/javascript">
  console.log("navigator.appCodeName: ", navigator.appCodeName);
  console.log("navigator.appName: ", navigator.appName);
  console.log("navigator.appVersion: ", navigator.appVersion);
</script>
```

运行结果如图 10-8 所示。

```
navigator.appCodeName:  Mozilla
navigator.appName:  Netscape
navigator.appVersion:  5.0 (Windows NT 10.0; Win64; x64) AppleWebKit/537.36 (KHTML
like Gecko) Chrome/105.0.0.0 Safari/537.36
>
```

图 10-8　浏览器基本信息

10.2.3　screen 对象

screen 是 window 对象的一个属性，该属性是对 screen 对象的只读引用，其中存储了有关计算机屏幕的相关信息，例如分辨率、宽度、高度、可用宽度、可用高度等。可以通过 window 对象的 screen 属性(即 window.screen)来引用 screen 对象，并通过它来获取计算机屏幕的相关信息。在具体的使用过程中，也可以省略 window 直接使用，screen 对象常用的属性如表 10-13 所示。

表 10-13　screen 对象常用的属性

属　性	说　明
availHeight	返回屏幕的高度(不包括 Windows 任务栏)
availWidth	返回屏幕的宽度(不包括 Windows 任务栏)
height	返回屏幕的完整高度
width	返回屏幕的完整宽度

【示例 10-18】 控制台输出计算机屏幕相关信息。

核心代码如下：

```
<script type="text/javascript">
    console.log("屏幕高度：", screen.height);
    console.log("屏幕宽度：", screen.width);
    console.log("屏幕可用高度：", screen.availHeight);
    console.log("屏幕可用宽度：", screen.availWidth);
</script>
```

运行结果如图 10-9 所示。

```
屏幕高度： 864
屏幕宽度： 1536
屏幕可用高度： 824
屏幕可用宽度： 1536
>
```

图 10-9　计算机屏幕基本信息

10.2.4　location 对象

location 是 window 对象的一个属性，该属性是对 location 对象的引用，其中存储了当前页面链接的相关信息，例如完整 URL、主机名、端口号等。可以通过 window 对象的 location 属性(即 window.location)来引用 location 对象，并通过它来获取当前页面链接的相关信息。在具体的使用过程中，也可以省略 window 直接使用。

1. location 对象的属性

location 对象常用的属性如表 10-14 所示。

表 10-14　location 对象常用的属性

属　性	说　明
hash	返回一个 URL 中锚点的部分。例如：http://www.123.com#js 中的#js
host	返回一个 URL 的主机名和端口号。例如：http://www.123.com:8080
hostname	返回一个 URL 的主机名。例如：http://www.123.com
href	返回一个完整的 URL。例如：http://www.123.com/JavaScript/study.html
pathname	返回一个 URL 中的路径部分。开头有个/
port	返回一个 URL 中的端口号。如果 URL 中不包含明确的端口号，则返回一个空字符串
protocol	返回一个 URL 协议，即 URL 中冒号“:”及其之前的部分。例如：http:和 https:
search	返回一个 URL 中的查询部分，即 URL 中“?”及其之后的一系列查询参数

【示例 10-19】 控制台输出指定页面链接的相关信息。

核心代码如下：

```
<a href="http://123.56.225.8:8080/index/?n=1#p1" id="myUrl">电梯维保平台</a>
```

```
<script>
  let url = document.querySelector("#myUrl");
  console.log("hash: " + url.hash);
  console.log("host: " + url.host);
  console.log("hostname: " + url.hostname);
  console.log("href: " + url.href);
  console.log("pathname: " + url.pathname);
  console.log("port: " + url.port);
  console.log("protocol: " + url.protocol);
  console.log("search: " + url.search);
</script>
```

运行结果如图 10-10 所示。

```
hash: #p1
host: 123.56.225.8:8080
hostname: 123.56.225.8
href: http://123.56.225.8:8080/main/index/?number=1#p1
pathname: /main/index/
port: 8080
protocol: http:
search: ?number=1
```

图 10-10　指定链接的相关信息

2. location 对象的方法

location 对象常用的方法如表 10-15 所示。

表 10-15　location 对象常用的方法

方　法	说　明
assign()	加载指定的页面
reload()	重新加载当前的页面
replace()	用指定的页面替换当前的页面。与 assign() 方法不同的是，使用 replace() 替换的新页面不会保存在浏览历史中，不能执行后退操作

【示例 10-20】 根据用户显示器分辨率大小，加载不同页面。

核心代码如下：

```
<script>
  if (screen.width >= 1024 && screen.height >= 768) {
    location.assign("index.html");
  } else {
    location.assign("index_s.html");
  }
</script>
```

10.2.5 history对象

history是window对象的一个属性，该属性是对history对象的只读引用，其中存储了用户在浏览器中访问过的历史记录。可以通过window对象的history属性(即window.history)来引用history对象，也可以省略window直接使用，其常用的属性和方法如表10-16所示。

表10-16 history对象常用的属性和方法

属性/方法	说　　明
length	返回浏览历史列表中URL的数量，包含当前页面的URL
back()	执行后退操作，相当于单击浏览器的“后退”按钮功能
forward()	执行前进操作，相当于单击浏览器的“前进”按钮功能
go()	执行跳转操作

10.2.6 document对象

document是window对象的一个属性，该属性是对document对象的只读引用，表示在浏览器窗口中显示的当前页面文档。可以通过window对象的document属性(即window.document)来引用document对象，并通过它来获取当前页面文档信息，在具体的使用过程中，也可以省略window直接使用。

具体来说，document对象是整个HTML文档的根节点，理论上通过document对象可以访问到HTML文档中所有的元素，具体方法后续章节会有详细介绍。

10.3 自定义对象

用户根据实际情况需求自行定义的对象称为自定义对象，对象是由属性和方法组成的，所以自定义对象也就是定义对象是由哪些属性和方法组成。

10.3.1 创建对象

可以使用字面量、new Object()、构造函数以及原型等方式创建对象。

1. 字面量方式创建对象

使用字面量方式创建的对象称为字面量对象，其格式是使用一对花括号“{}”将用逗号分隔的多个成员进行包裹。

例如创建一个学生对象，代码如下：

```
let objStu ={
    name:"zs",
    age:20,
    sayHello:function(){
```

```
        console.log(`大家好，我是${this.name}，今年${this.age}岁。`);
    }
};
objStu.sayHello();              // 控制台输出：大家好，我是 zs，今年 20 岁。
```

2. new Object()方式创建对象

Object 对象的一个用途就是定义新类型的对象，可以先通过 new Object()的方式创建一个对象，然后再通过赋值操作为该对象添加属性和方法。

例如创建一个学生对象，代码如下：

```
let objStu = new Object();
objStu.name = "zs";
objStu.age = 20;
objStu.sayHello = function() {
    console.log(`大家好，我是${this.name}，今年${this.age}岁。`)
};
objStu.sayHello();          // 控制台输出：大家好，我是 zs，今年 20 岁。
```

3. 构造函数方式创建对象

上面两种创建对象的方式虽然简单，但是复用性很差，在创建多个同类型对象时，会造成代码重复。在应对创建多个同类型对象需求的应用场景时，可以使用构造函数方式创建对象，此时构造函数可以看成生产对象的模板。

【示例 10-21】 基于构造函数创建多个类型相同的学生对象。

核心代码如下：

```
function Stu(name,age){
    this.name =name;
    this.age =age;
    this.sayHello = function(){
        console.log(`大家好，我是${this.name}，今年${this.age}岁。`);
    };
};
let zs = new Stu("zs",20);
let ls = new Stu("ls",21);
zs.sayHello();          // 控制台输出：大家好，我是 zs，今年 20 岁。
ls.sayHello();          // 控制台输出：大家好，我是 ls，今年 21 岁。
```

示例说明：根据编程规范，构造函数名称建议首字母大写。

4. 原型方式创建对象

使用构造函数方式创建对象存在性能问题，示例 10-21 中，在 Stu 构造函数中定义了一个方法 sayHello，在创建对象时，会为每一个对象开辟一个独立的存储空间，在每个对象独立的存储空间中都添加了一个功能相同的 sayHello 方法，这样会导致大量的内存被占用。可以使用下面代码验证：

```
console.log(zs.sayHello == ls.sayHello);        // 控制台输出:false
```

控制台输出：false，说明 zs 和 ls 两个对象分别拥有一个功能相同的 sayHello 方法。

解决使用构造函数方式创建对象在存储空间上的浪费问题，可以使用构造函数的原型来解决。

每一个构造函数都拥有一个名为 prototype 的属性，称为原型，该属性可以是一个对象，而且这个对象中的所有成员都属于构造函数，为构造函数所创建的对象共有。基于此特性，可以把示例 10-21 中 sayHello 方法定义在 prototype 的属性中。具体代码如下：

```
function stu(name,age){
    this.name =name;
    this.age =age;
}
stu.prototype ={
  sayHello:function(){
    console.log(`大家好，我是${this.name}，今年${this.age}岁。`);
  }
};
let zs = new stu("zs",20);
let ls = new stu("ls",21);
zs.sayHello();          // 控制台输出：大家好，我是 zs，今年 20 岁。
ls.sayHello();          // 控制台输出：大家好，我是 ls，今年 21 岁。
console.log(zs.sayHello == ls.sayHello);        //控制台输出: true
```

控制台输出：true，说明 zs 和 ls 两个对象拥有同一个 sayHello 方法，这样就解决了创建不同的实例都会重新创建一个新的 sayHello 方法的问题，大大减少了对内存空间的占用。

10.3.2　操作对象

操作对象其实操作的是对象的成员。

1. 遍历成员

遍历一个对象的成员，可以使用 for in 语句，例如：

```
let objStu = {
  name: "zs",
  age: 20,
  sayHello: function() {
    console.log(`大家好，我是${this.name}，今年${this.age}岁。`);
  }
};
for (let o in objStu) {
  console.log(o+":"+objStu[o]);
}
```

运行结果如图 10-11 所示。

```
top ▼    Filter    De
name:zs
age:20
sayHello:function() {
                console.log(`大家好，我是${this.name}，今年${this.age}岁。`)
            }
```

图 10-11　遍历对象成员

说明：

访问某个对象成员时，可以使用以下两种方式：

(1) 对象名.成员名；

(2) 对象名["成员名"]。

方法(1)更易于代码的编写，但其通用性较差，并不是所有情况下都可以使用。

方法(2)通用性更强，可以适用各种场合。

例如以下两种场合，必须使用方法(2)。

(1) 属性名包含空格或者特殊字符时，例如：

```
let objStu = {
   "first-name": "张",
   "last-name":"三"
};
// console.log(objStu.first-name);    //错误用法
// console.log(objStu.last-name);     //错误用法
console.log(objStu["first-name"]);  //正确用法
console.log(objStu["last-name"]);   //正确用法
```

(2) 属性名是一个变量的值时，例如：

```
let objStu = {
   name: "zs",
   age: 20,
};
let key = "age";
// console.log(objStu.key);     //错误用法
console.log(objStu[key]);     //控制台输出:zs
```

2. 修改或添加对象成员

修改对象的成员，指的是对对象中已经存在的成员的值进行修改，更多的时候修改的是属性的值。

添加对象成员，是通过对对象中不存在的成员进行赋值的方式动态添加的。

【示例 10-22】　定义 objStu 对象，修改其 age 属性，添加 gender 属性和 judge 方法。

核心代码如下：

```
let objStu = {
   name:"zs",
   age: 20,
};
objStu.age = 22;
objStu.gender = "男";
objStu.judge = function() {
   if (this.age > 18) {
      console.log("你成年了。");
   } else {
      console.log("还未成年。");
   }
};
console.log(objStu.age);
console.log(objStu.gender);
objStu.judge();
```

运行结果如图 10-12 所示。

```
top ▼   Filter
22
男
你成年了。
>
```

图 10-12　修改添加对象成员

3. 删除对象成员

删除对象的成员，通过关键字 delete 完成。

【示例 10-23】 删除 objStu 对象中的 age 和 gender 成员。

核心代码如下：

```
let objStu = {
   name: "zs",
   age: 20,
   gender:"男"
};
console.log("删除前：",objStu.age,objStu["gender"]);
delete objStu.age;
delete objStu["gender"];
console.log("删除后：",objStu.age,objStu["gender"]);
```

运行结果如图 10-13 所示。

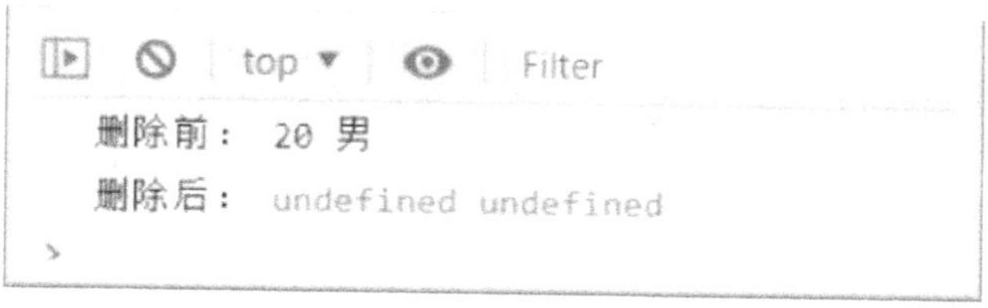

```
删除前： 20 男
删除后： undefined undefined
```

图 10-13 删除成员

示例说明：

(1) 示例中使用了两种访问成员的方式：对象名.成员名，对象名["成员名"]。

(2) 要想删除对象成员，必须使用 delete 关键字，将成员值设置为 undefined 或 null 仅会更改成员的值，并不会将其从对象中删除。例如：

```
let objStu = {
  name: "zs",
  age: 20,
  gender:"男"
};
console.log("删除前： ",objStu.age,objStu["gender"]);
objStu.age = undefined;
objStu["gender"] = undefined;
console.log("删除后： ",objStu.age,objStu["gender"]);
```

这段代码和示例 10-23 有相同的输出，但是本质是不一样的，示例 10-23 代码执行完后对象 objStu 只剩下一个成员 name，而这段代码执行完后，对象 objStu 仍然有 3 个成员，只不过成员 age 和 gender 值为 undefined。可以通过如下代码遍历对象进行验证。

```
for (let o in objStu) {
  console.log(o + ":" + objStu[o]);
}
```

前后两次输出结果对比如图 10-14 所示。

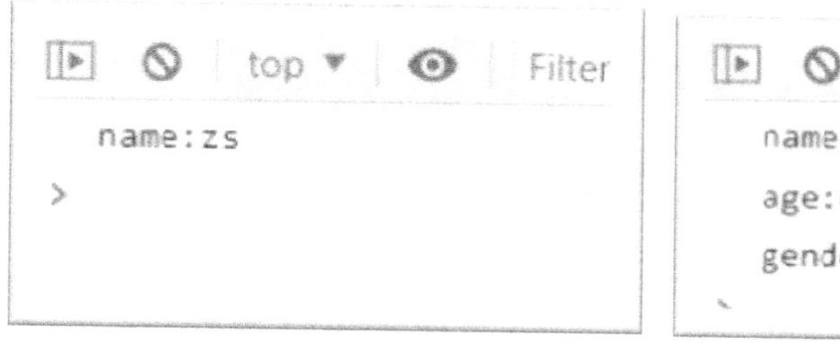

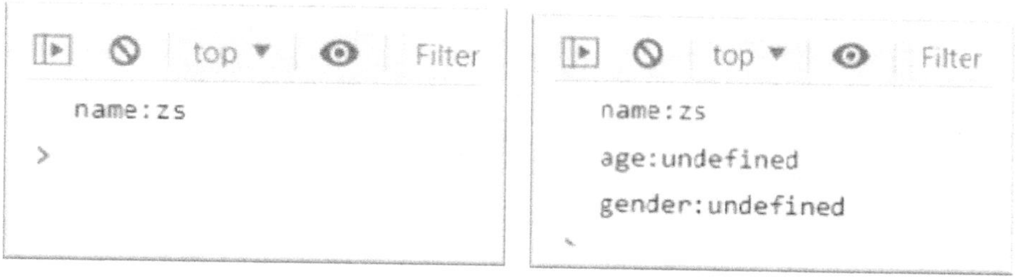

```
name:zs
age:undefined
gender:undefined
```

图 10-14 两种方式对比

4. this 关键字

在 JavaScript 中，this 关键字表示对特定对象的引用，这个对象不是固定不变的，它会随着执行环境的改变而改变。

(1) 对象的方法如果被定义为普通函数，方法中的 this 在被调用时指向调用它的对象。

例如：

```
var x = 1;
var obj = {
  x: 2,
  fn: function(){
    console.log(this.x);
  }
};
obj.fn();    //控制台输出：2
```

说明：

通过 obj 对象调用了方法 fn()，由于方法 fn()被定义成普通函数，则方法 fn()中的 this 此时指向调用它的对象 obj，所以控制台打印输出 2。

(2) 对象的方法如果被定义为箭头函数，方法中的 this 在被调用时指向调用它的对象的上一层。

例如：

```
var x = 1;
var obj = {
  x: 2,
  fn: ()=>{
    console.log(this.x);
  }
};
obj.fn();    //控制台输出：1
```

说明：

通过 obj 对象调用了方法 fn()，由于方法 fn()被定义成箭头函数，则方法 fn()中的 this 此时指向调用它的对象 obj 的上一层，即 window，所以控制台打印输出 1。

(3) 普通函数在被调用时，函数中的 this 指向全局对象 window。例如：

```
var x=1;
var fn = function(){
  console.log(this.x);
};
fn();            //控制台输出：1
```

(4) 匿名函数、setTimeout、setInterval 等函数在被调用时没有明确的对象时，这些函数内部的 this 指向全局对象 window。

例如：

```
var x = 1;
var fn = function() {
  let x = 2;
  setTimeout(function() {
```

```
        console.log(this.x);
    }, 1000);
};
fn();        //控制输出：1
```

(5) 构造函数调用模式下，this 指向被构造的对象。

例如：

```
var obj = null;
function Stu(name, age) {
    this.name = name;
    this.age = age;
    obj = this;
};
let zs = new Stu("zs", 20);
console.log(zs === obj);        //控制台输出:true
```

说明：

zs 为通过 Stu 构造的一个对象，控制台输出 true，说明构造函数 Stu 内部的 this 指向了其构造的对象 zs。

(6) apply，call，bind 调用模式下，可以改变函数/方法的 this 指向。这 3 个方法的第一个参数都是 this 所要指向的对象，如果省略或为 null，则指向全局对象 window。

例如：

```
var name = "王五";
var lsObj = {
    name: "李四"
};
var zsObj = {
    name: "张三",
    getName: function() {
        console.log(this.name);
    }
}
zsObj.getName();                //控制台输出：张三
zsObj.getName.call();           //控制台输出：王五
zsObj.getName.call(lsObj);      //控制台输出：李四
zsObj.getName.apply();          //控制台输出：王五
zsObj.getName.apply(lsObj);     //控制台输出：李四
zsObj.getName.bind()();         //控制台输出：王五
zsObj.getName.bind(lsObj)();    //控制台输出：李四
```

说明：

apply 方法和 call 方法调用之后立即执行，bind 方法是复制一个新函数/方法，改变 this

指向后将其返回，所以 bind 方法执行后还需要调用一下。

本 章 小 结

本章简要阐述了 JavaScript 对象的基本概念，明确了 JavaScript 对象的组成：内置对象、浏览器对象(BOM)和自定义对象；详细介绍了 JavaScript 常用内置对象的功能和使用方法、BOM 核心对象的功能和使用方法、自定义对象的创建和使用方法以及与对象关联比较紧密的 this 关键字。

习题与实验 10

一、选择题

1. 下列 navigator 属性中，用于检测实际使用的浏览器信息的是(　　)。

A. platform　　B. userLanguage
C. appName　　D. userAgent

2. 下列 Math 对象的方法中，可以实现上取整的是(　　)。

A. floor()　　B. round()
C. abs()　　D. ceil()

3. 下列语句中，不能实现为对象 oStu 定义值为 18 的属性 age 的是(　　)。

A. oStu.age = 18　　B. oStu."age" = 18
C. oStu.["age"] = 18　　D. oStu = { age: 18 }

4. location 对象 URL 中，表示端口的是(　　)。

A. scheme　　B. path
C. port　　D. hostname

5. 下列方法中，用于去掉字符串的前后空格的是(　　)。

A. trim()　　B. split()
C. trimLeft()　　D. trimRight()

二、填空题

1. BOM(Browser Object Model)中最顶层最核心的对象是 ________________。
2. JavaScript 中创建对象的方法有__________、__________、__________、__________等。
3. 在 JavaScript 中可以通过__________的方式实现属性的设置，通过__________的方式实现方法的设置。
4. ______函数用来指定某个 JavaScript 的操作，在多少毫秒后执行；__________函数通过设定一个时间间隔，每隔一段时间去执行 JavaScript 的操作。
5. 可以改变 this 指向的方法有__________、__________、__________三种。

三、实验题

1. 编程分别实现一个浮点数的上取整、下取整以及四舍五入。

2. 编程实现随机抽奖功能。
3. 以对象数组的形式保存 10 个学生的成绩信息，格式如下：

```
[{
    sNo: "001",
    sName: "zs",
    English: 80,
    Math: "88",
    Chinese: 90
 }
 …
]
```

并以如下表格形式输出，同时按照总成绩降序排序。

sNo	sName	English	Math	Chinese	总成绩

第 11 章

HTML DOM

思维导图

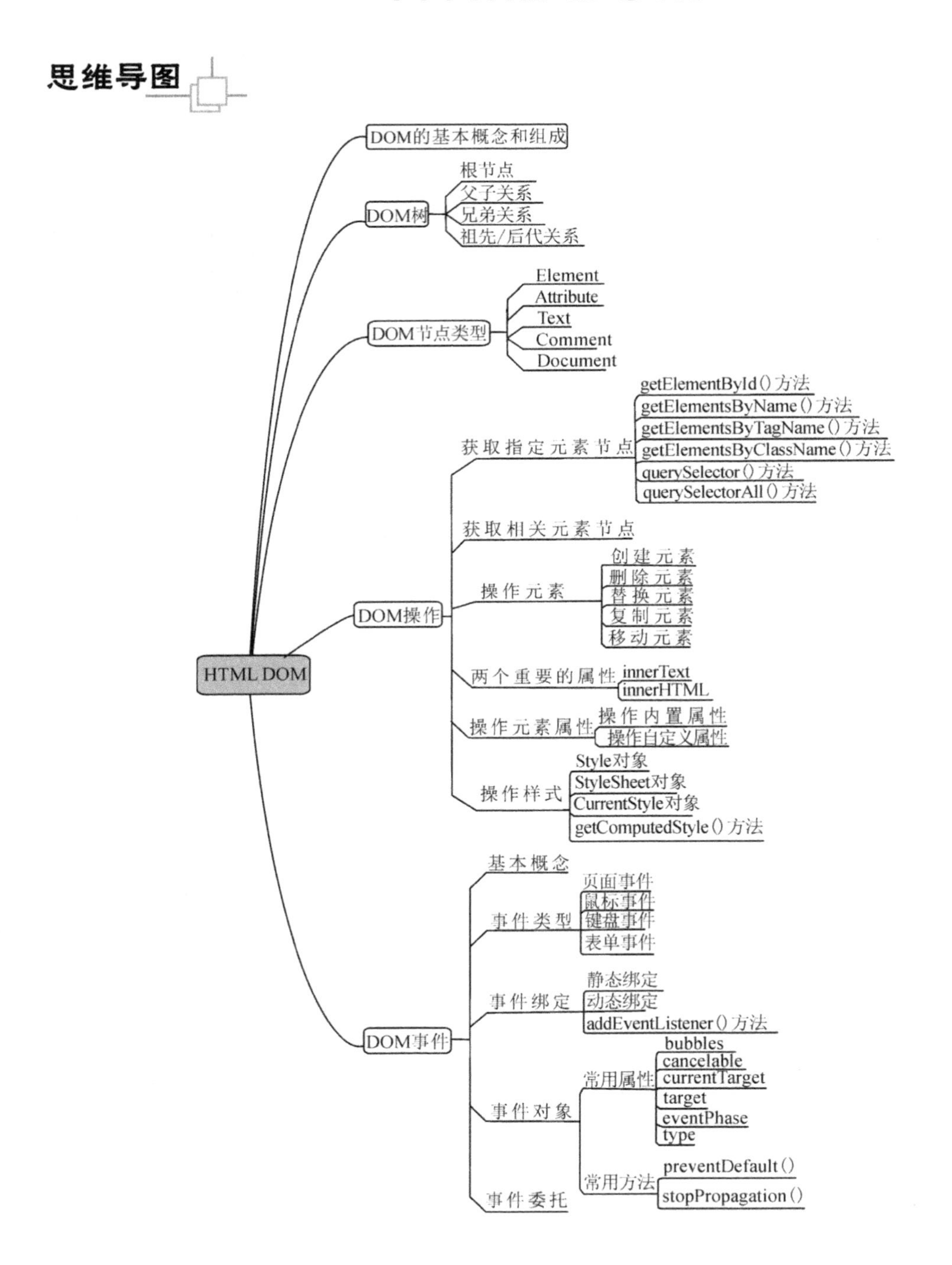

学习目标

(1) 了解 DOM 的基本概念和组成。
(2) 理解 DOM 树的概念以及节点的类型。
(3) 熟悉常用的 DOM API，掌握 DOM 节点获取和操作的方法。
(4) 理解 DOM 事件的基本概念和事件的类型，掌握事件的绑定方法和处理机制。

document 是 BOM 中非常重要的一个对象，是 window 对象的 document 属性的一个引用，它提供了对浏览器窗口中显示的页面文档的各种操作。由于 document 对象特有的重要性，所以从一开始，就不停地在扩展功能，但是在早期的扩展过程中，由于没有统一的规范标准，导致不同浏览器有了不同的定义，出现了严重的兼容性问题，为了解决不同浏览器之间的兼容性问题，W3C 发起了 DOM(Document Object Model)标准的制定。

DOM 的设计是以对象管理组织(OMG)的规约为基础的，因此可以用于任何编程语言。最初人们把它认为是一种让 JavaScript 在浏览器间可移植的方法，不过 DOM 的应用已经远远超出这个范围。DOM 技术使得用户页面可以动态地变化，例如可以动态地显示或隐藏一个元素，改变它们的属性，增加一个元素等，DOM 技术使得页面的交互性大大地增强。

W3C DOM 标准包含 3 个部分：

(1) 核心 DOM；针对任何结构化文档的标准模型。
(2) XML DOM；针对 XML 文档的标准模型。
(3) HTML DOM；针对 HTML 文档的标准模型。

本章节重点介绍 HTML DOM。HTML DOM 定义了所有 HTML 元素的对象和属性，以及访问它们的方法，也就是说通过 HTML DOM 可以实现获取、修改、添加或删除 HTML 元素。

11.1 DOM 树

当网页加载时，浏览器就会自动创建当前页面的文档对象模型(DOM)。在 DOM 中，文档的所有部分(例如元素、属性、文本等)都会被组织成一个树状的逻辑树结构，其中每一个分支的终点称为一个节点，每个节点都是一个对象。

例如：对于以下 HTML 文档：

```
<!DOCTYPE html>
<html>
  <head>
    <meta charset="utf-8">
    <title>Web 前端技术</title>
  </head>
  <body>
    <h1 id="title">Web 前端核心技术</h1>
    <ul>
```

```
        <li>HTML</li>
        <li>CSS</li>
        <li>JavaScript</li>
      </ul>
    </body>
  </html>
```

DOM 会自动把该文档处理成如图 11-1 所示的结构。

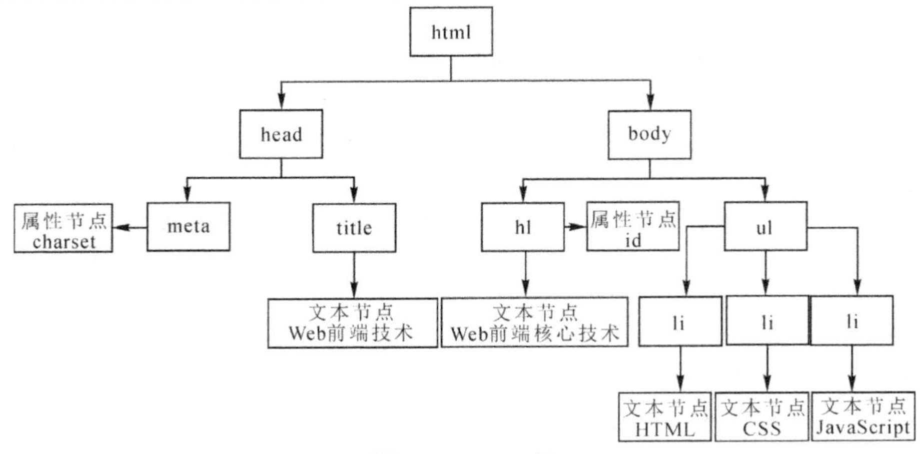

图 11-1　DOM 树

从图 11-1 可以看出，整个 DOM 呈现一个树状结构，称为 DOM 树。DOM 树的节点之间存在如下关系：

(1) 根节点。

(2) 父子关系。

(3) 兄弟关系。

(4) 祖先/后代关系。

11.2　DOM 节点类型

HTML 页面中的所有内容都会体现在 DOM 树中，要理解这种结构，对构成它的每个节点就要先有了解。根据 W3C DOM 规范，DOM 树中的节点包含 12 种类型，其中常用的类型有以下 5 种，如表 11-1 所示。

表 11-1　常用的 DOM 节点类型

节点类型	节点类型值	说　　明
Element	1	元素节点，表示 html 文档中的 html 元素。例如：<h1></h1>
Attribute	2	属性节点，表示 html 文档中的 html 元素的属性。例如：id="title"
Text	3	文本节点，表示 html 起始和终止标签之间的文本。例如：<title>Web 前端技术</title>中的文本为：Web 前端技术
Comment	8	注释节点，表示文档中的注释内容。形如：<!--要注释的内容-->
Document	9	文档节点，表示整个文档

11.3　DOM 操作

要想实现 DOM 操作，前提是先获取要操作的元素对象，获取要操作的元素对象的方法根据功能可以分成两类，一类是获取指定元素对象，另外一类是根据已经获取的元素对象，获取其相关联的元素对象。

11.3.1　获取指定元素节点对象

获取指定元素节点的方式有很多，可以通过 Document 对象或者 HTMLElement 对象的相关方法实现指定元素节点的获取。

1. getElementById()方法

getElementById()方法由 Document 对象提供，实现通过元素 id 属性值获取元素引用，返回值类型为 HTMLElement 对象，由于 id 属性的唯一性，如果给定的 id 属性值存在，则该方法执行后返回一个 HTMLElement 对象，否则返回 null。

【示例 11-1】 在页面上显示一个跑马灯效果的滚动字母。

核心代码如下：

```
<script>
  let str = "计算机学院欢度国庆节。";
  let oLbl = document.getElementById("lblMsg");
  if (oLbl !== null) {
    setInterval(function() {
      let s = str.substring(0, 1);
      let e = str.substring(1);
      str = e + s;
      oLbl.innerText = str;
    }, 500);
  }
</script>
```

2. getElementsByName()方法

getElementsByName()方法同样由 Document 对象提供，实现通过元素 name 属性值获取元素引用，返回值类型为 NodeList 对象，由于 name 属性不具有唯一性，所以该方法执行后返回一个包含 n 个元素的 NodeList 对象。

【示例 11-2】 输出复选框选中的内容。

核心代码如下：

```
<h3>请选择兴趣爱好</h3>
<label><input type="checkbox" name="hobby" value="足球">足球</label>
<label><input type="checkbox" name="hobby" value="篮球">篮球</label>
```

```
<label><input type="checkbox" name="hobby" value="排球">排球</label>
<button id="btnOK">确定</button>
<h4><label id="msg"></label></h4>
<script>
  let oBtn = document.getElementById("btnOK");
  let oLbl = document.getElementById("msg");
  let msg = "";
  oBtn.onclick = function() {
    let oChk = document.getElementsByName("hobby");
    for (let i = 0; i < oChk.length; i++) {
      if (oChk[i].checked) {
        msg += oChk[i].value + ",";
      }
    };
    oLbl.innerText = msg.substring(0, msg.length - 1);
  };
</script>
```

运行结果如图 11-2 所示。

图 11-2　getElementsByName()方法示例

3. getElementsByTagName()方法

getElementsByTagName()方法既可以由 Document 对象调用，也可以由 HTMLElement 对象调用，也就是说这两个对象都提供了相同的方法 getElementsByTagName()。该方法通过指定标签名称获取元素引用，返回值类型为 HTMLCollection。

【示例 11-3】 Document、HTMLElement 两个对象实现 getElementsByTagName()方法调用对比。

核心代码如下：

```
<h2>前端核心技术</h2>
  <ul id="base">
    <li>html</li>
    <li>css</li>
    <li>JavaScript</li>
  </ul>
  <h2>三大前端框架</h2>
  <ul id="frame">
    <li>Vue</li>
    <li>React</li>
    <li>Angular</li>
  </ul>
  <script>
```

```
        console.log("document 对象调用 getElementsByTagName()方法");
        let oLi = document.getElementsByTagName("li");
        for (let i = 0; i < oLi.length; i++) {
            console.log(oLi[i].innerText);
        }
        console.log("HTMLElement 对象调用 getElementsByTagName()方法");
        let oUl = document.getElementById("frame");
        oLi = oUl.getElementsByTagName("li");
        for (let i = 0; i < oLi.length; i++) {
            console.log(oLi[i].innerText);
    }
</script>
```

运行结果如图 11-3 所示。

图 11-3　Document、HTMLElement 对象调用 getElementsByTagName()方法对比

4. getElementsByClassName()方法

与 getElementsByTagName()方法类似，getElementsByClassName()方法既可以由 Document 对象调用，也可以由 HTMLElement 对象调用，该方法通过指定 CSS 类名获取元素引用，返回值类型为 HTMLCollection。其中 CSS 类名可以指定一个，也可以指定多个，多个类名之间用空格隔开，与先后顺序无关。

【示例 11-4】 应用 getElementsByClassName()方法获取指定元素。

核心代码如下：

```
<p class="odd">段落 1</p>
<p class="even">段落 2</p>
<p class="odd">段落 3</p>
<p class="even special">段落 4</p>
<script>
    let oLi = document.getElementsByClassName("odd");
    for (let i = 0; i < oLi.length; i++) {
```

```
        console.log(oLi[i].innerText);
    }
    let oEle = document.getElementsByClassName("even special");
    for (let i = 0; i < oEle.length; i++) {
        console.log(oEle[i].innerText);
    }
</script>
```

运行结果如图 11-4 所示。

图 11-4　getElementsByClassName()方法应用

5. querySelector()和 querySelectorAll()方法

querySelector()和 querySelectorAll()方法功能类似，都是既可以由 Document 对象调用，也可以由 HTMLElement 对象调用，都是通过指定 CSS 选择器获取对元素引用，不同的是 querySelector()方法返回值类型为 HTMLElement，而且只返回第一个匹配到的元素，而 querySelectorAll()方法返回值类型为 NodeList，且返回所有匹配到的元素。

【示例 11-5】 querySelector()与 querySelectorAll()方法演示。

核心代码如下：

```
<p class="odd">段落 1</p>
<p class="even">段落 2</p>
<p class="odd">段落 3</p>
<p class="even">段落 4</p>
<script>
    let o = document.querySelector(".odd");
    console.log(o);
    o = document.querySelectorAll(".odd");
    console.log(o);
</script>
```

运行结果如图 11-5 所示。

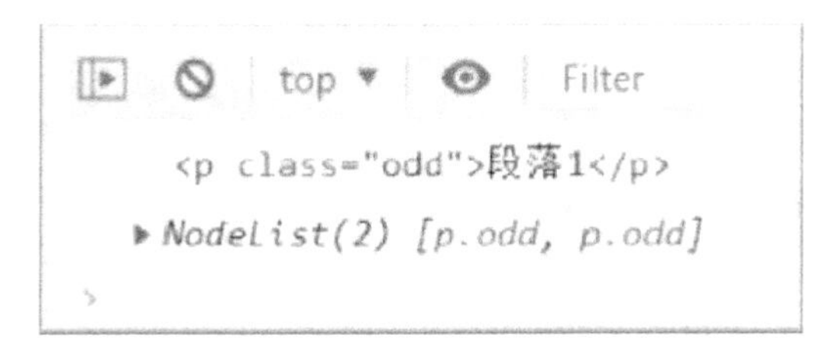

图 11-5　querySelector()与 querySelectorAll()方法运行结果对比

11.3.2 获取相关元素节点对象

通过上一小节介绍的方法，可以获取相应元素节点对象的引用，在获取相应元素节点对象的引用后，还可以通过表 11-2 所示的一些属性，实现其相关元素节点的获取。

表 11-2 元素节点常用的相关属性

属　性	说　明
childNodes	返回指定元素的子节点集合，类型为 NodeList
children	返回指定元素的子元素的集合，类型为 HTMLCollection
firstChild	返回指定元素的第一个子节点，类型为各种可能的 Node
firstElementChild	返回指定元素的第一个子元素，类型为 Element
lastChild	返回指定元素的最后一个子节点，类型为各种可能的 Node
lastElementChild	返回指定元素的最后一个子元，类型为 Element
nextElementSibling	返回指定元素紧邻的下一个兄弟元素，类型为各种可能的 Element
previousSibling	返回指定元素紧邻的前一个兄弟节点，类型为各种可能的 Node
previousElementSibling	返回指定元素紧邻的前一个兄弟元素，类型为各种可能的 Element
parentNode	返回指定元素的父节点，类型为各种可能的 Element
nodeName	返回指定元素的标记名(大写)
nodeType	返回指定元素的节点类型
nodeValue	返回指定元素的节点值

【示例 11-6】 获取指定元素相关的元素节点。

核心代码如下：

```
<h2>前端核心技术</h2>
<ul id="base">
  <li class="one">html</li>
  <li class="two">css</li>
  <li class="three">JavaScript</li>
</ul>
<script>
  let oUL = document.getElementById("base");
  console.log(oUL.childNodes,oUL.children);
  console.log(oUL.firstChild,oUL.firstElementChild);
  console.log(oUL.lastChild,oUL.lastElementChild);
  console.log(oUL.previousSibling,oUL.previousElementSibling);
  console.log(oUL.nextSibling,oUL.nextElementSibling);
  console.log(oUL.parentNode);
</script>
```

运行结果如图 11-6 所示。

```
▸ NodeList(7) [text, li.one, text, li.two, text, li.three, text]
▸ HTMLCollection(3) [li.one, li.two, li.three]
▸ #text ▸ li.one
▸ #text ▸ li.three
▸ #text ▸ h2
▸ #text ▸ script
▸ body
```

图 11-6 获取指定元素相关的元素节点

11.3.3 元素操作

元素操作涉及元素的创建、删除、替换、复制以及移动等。

1. 创建元素

可以通过 Document 对象的 createElement()方法动态创建一个元素，此时动态创建的元素存在于内存中，如果想要将动态创建的元素展现在页面上，还需要使用 appendChild()或者相类似的方法，将其添加到指定位置。

创建元素的基本流程是：先创建，再添加。

【示例 11-7】 在 body 中动态创建一个元素 h1，设置其显示文本为：Hello World!

核心代码如下：

```
<script>
  // 创建元素节点 h1
  let oNode = document.createElement("h1");
  // 创建文本节点
  let oText = document.createTextNode("Hello World! ");
  // 将文本节点附加到元素节点 h1 上
  oNode.appendChild(oText);
  // 将元素节点附加到 body 上
  document.body.appendChild(oNode);
</script>
```

示例说明：

也可以使用 oNode.innerText ="Hello World! "来代替第 2，3 行代码，实现同样的效果。innerText 属性会在后续章节详细介绍。

每次向页面动态添加一个元素，页面都会产生回流和重绘，如果要动态添加大量元素时，页面的回流和重绘会产生性能问题。

应对动态添加大量元素的场景，可以使用 document 对象的 createDocumentFragment()方法，以提高性能，执行该方法后会返回一个 DocumentFragment 对象，可以先把动态创建的元素附加到 DocumentFragment 对象上，该对象存在于内存中，最后再统一将 DocumentFragment 添加到页面指定的位置，这样会减少页面渲染 DOM 的次数，达到提升性能的目的。

【示例 11-8】 在 body 中动态创建 100 个元素。

核心代码如下：

```
let oDf = document.createDocumentFragment();
for (var i = 0; i < 100000; i++) {
  let op = document.createElement("p");
  op.innerText = "段落" + i;
  oDf.appendChild(op);
}
document.body.appendChild(oDf);
```

示例说明：

把一个 DocumentFragment 对象插入 DOM 树时，插入的不是 DocumentFragment 自身，而是它的所有子节点。

2. 删除元素

通过 removeChild()方法可以动态删除 DOM 中已经存在的一个元素，此方法是通过要删除元素节点的父元素调用的。

【示例 11-9】删除页面中指定的元素节点。

核心代码如下：

```
<h2>前端核心技术</h2>
<ul id="base">
  <li>html</li>
  <li>css</li>
  <li>JavaScript</li>
  <li>其他</li>
</ul>
<button onclick="removeEel()">删除元素测试</button>
<script>
  function removeEel() {
    let oEle = document.getElementById("base").lastElementChild;
    if (oEle !== null) {
      oEle.parentNode.removeChild(oEle);
    }
  }
</script>
```

示例说明：

(1) 由于 removeChild()方法是通过要删除元素节点的父元素调用的，所以在获取到要删除的元素节点后，可以通过其 parentNode 属性定位其父节点，然后调用 removeChild()方法执行删除操作。

(2) 也可以使用 HTMLElement 对象的 remove()方法，来达到删除元素的目的，例如可以将示例 11-9 中 oEle.parentNode.removeChild(oEle)语句替换成 oEle.remove()，但是 remove()方法存在兼容性问题，旧版浏览器不支持。

3. 替换元素

通过 replaceChild()方法可以实现新旧元素的替换，replaceChild()方法接受 2 个参数，类型均为 Node，第一个参数是新节点，第二个参数是要替换的旧节点。

【示例 11-10】 用图片替换文字介绍。

核心代码如下：

```
<p id="info">运城学院子夏楼</p>
<button onclick="replaceEel()">替换元素测试</button>
<script>
  function replaceEel() {
    let oEle = document.getElementById("info");
    let oImg = document.createElement("img");
    oImg.src = "img/zxl.jpg";
    if (oEle !== null) {
      oEle.parentNode.replaceChild(oImg, oEle);
    }
  }
</script>
```

示例说明：

从 replaceChild()方法的命名上能看出来，该方法和 removeChild()方法类似，需要借助父元素来实现元素替换的功能。

4. 复制元素

可以使用 HTMLElement 对象的 cloneNode()方法实现元素的复制功能，cloneNode()方法接收一个可选参数，为空或为 false 时，执行浅表复制，只复制元素节点本身；为 true 时，执行深度复制，将复制元素节点及其所有子节点。

【示例 11-11】 动态增加表格行。

核心代码如下：

```
<table id="oTable">
  <tr>
      <th>序号</th>
      <th>姓名</th>
      <th>性别</th>
      <th>年龄</th>
    </tr>
    <tr id="template">
      <td>1</td>
      <td><input type="text" name="name" /></td>
      <td>
```

```
            <select name="sex">
                <option value="0">男</option>
                <option value="1">女</option>
            </select>
        </td>
        <td><input type="text" name="age" /></td>
    </tr>
</table>
<button onclick="add()">添加一人</button>
<script language="javascript">
 function add() {
  let oTable = document.getElementById("oTable");
  let oTR = document.getElementById("template");
  let oNTR = oTR.cloneNode(true);
  oNTR.firstElementChild.innerText=oTable.querySelectorAll("tr").length;
  if (oTable!== null) {
  oTable.appendChild(oNTR);
  }
 }
</script>
```

5. 移动元素

移动一个元素可以通过先删除再添加的方式完成，也可以使用 appendChild()、insertBefore()等方法实现。

当通过 appendChild()、insertBefore()等方法为页面追加元素时，如果被追加的元素在当前页面中已经存在，则会从原来的位置移除，插入到新的位置，从而实现移动的效果。

【示例 11-12】 将页面中的段落 1 移动到段落 3 后面。

核心代码如下：

```
<div>
    <p>段落 1</p>
    <p>段落 2</p>
    <p>段落 3</p>
</div>
<button onclick="moveEle()">移动元素测试</button>
<script language="javascript">
    function moveEle() {
        var op = document.querySelector("p");
        var odiv = document.querySelector("div");
        odiv.appendChild(op);
```

```
    }
</script>
```

运行结果如图 11-7 所示。

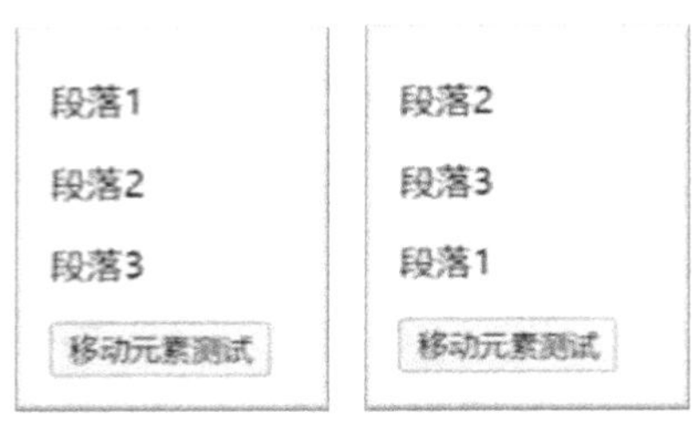

图 11-7 移动元素

6. 两个重要属性(innerText 、innerHTML)

HTMLElement 对象有两个重要的属性：innerText、innerHTML，这两个属性都是可读可写的，通过对这两个属性的读写，可以方便地实现对文档的操作。

1) innerText 属性

元素对象的 innerText 属性表示元素之间的文本，包括后代元素之间的文本。

【示例 11-13】 innerText 属性读取。

核心代码如下：

```
<ul id="base">
  <li class="one">html</li>
  <li class="two">css</li>
  <li class="three">JavaScript</li>
</ul>
<button onclick="getinnerText()">innerText 读取测试</button>
<script language="javascript">
  function getinnerText() {
    var o = document.getElementById("base");
    console.log(o.innerText);
  }
</script>
```

运行结果如图 11-8 所示。

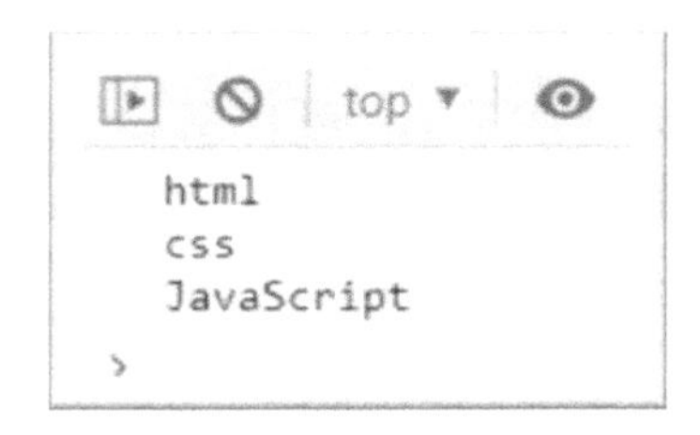

图 11-8 innerText 属性读取

虽然 innerText 属性表示元素之间的文本，但是通过对元素对象的 innerText 属性赋值，可以实现对元素对象子节点的替换或删除操作。

【示例 11-14】 innerText 属性赋值。

核心代码如下：

```
<ul id="base">
  <li class="one">html</li>
  <li class="two">css</li>
  <li class="three">JavaScript</li>
</ul>
<button onclick=" setinnerText()">innerText 赋值测试</button>
<script language="javascript">
  function setinnerText() {
    var o = document.getElementById("base");
    o.innerText =`
    <li>Vue</li>
    <li>React</li>
    <li>Angular</li>
                    `
                    ;
  }
</script>
```

运行结果如图 11-9 所示。

图 11-9　innerText 属性赋值

示例说明：

由运行结果可以看出，对 innerText 属性的赋值，全部变为文本，此时 HTML 结构是错误的。

2) innerHTML 属性

元素对象的 innerHTML 属性表示元素之间所有的 HTML 代码，包括后代元素。

【示例 11-15】 innerHTML 属性读取。

核心代码如下：

```
<ul id="base">
  <li class="one">html</li>
  <li class="two">css</li>
  <li class="three">JavaScript</li>
```

```
</ul>
<button onclick=" getinnerHTML()">innerHTML 读取测试</button>
<script language="javascript">
  function getinnerHTML() {
    var o = document.getElementById("base");
    console.log(o.innerHTML);
  }
</script>
```

运行结果如图 11-10 所示。

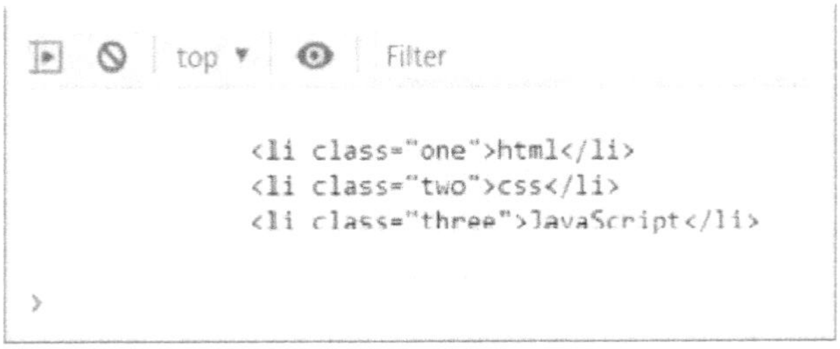

```
<li class="one">html</li>
<li class="two">css</li>
<li class="three">JavaScript</li>
```

图 11-10　innerHTML 属性读取

因为 innerHTML 属性表示元素之间所有的 HTML 代码，所以通过对元素对象的 innerHTML 属性赋值相应的 HTML 代码，可以实现对该元素对象子节点的替换或删除操作。

【示例 11-16】 innerHTML 属性赋值。

核心代码如下：

```
<ul id="base">
  <li class="one">html</li>
  <li class="two">css</li>
  <li class="three">JavaScript</li>
</ul>
<button onclick="setHTML()">innerHTML 赋值测试</button>
<script language="javascript">
  function setHTML() {
    var o = document.getElementById("base");
    o.innerText =`
        <li>Vue</li>
        <li>React</li>
        <li>Angular</li>
          `
          ;
  }
</script>
```

运行结果如图 11-11 所示。

图 11-11　innerHTML 属性赋值

另外与 innerText 和 innerHTML 类似的还有 2 个属性：outerText 和 outerHTML，它们的区别是 innerText 和 innerHTML 不包含元素对象本身，而 outerText 和 outerHTML 包含元素对象本身。

11.3.4　元素属性操作

元素属性分为内置属性和用户自定义属性，为了简化属性操作，内置属性可以直接通过“元素对象.属性名”的方式操作，而自定义属性需要结合 getAttribute()、setAttribute() 等方法来进行操作。

1. 操作内置属性

内置属性可以直接通过“元素对象.属性名”的方式进行操作。

【示例 11-17】 对复选框执行全选、全消以及反选操作。

核心代码如下：

```
<h3>请选择兴趣爱好</h3>
<label><input type="checkbox" name="hobby" value="足球">足球</label>
<label><input type="checkbox" name="hobby" value="篮球">篮球</label>
<label><input type="checkbox" name="hobby" value="排球">排球</label>
<div>
  <button onclick="btnSelAll()">全选</button>
  <button onclick="btnSelNo()">全消</button>
  <button onclick="btnSelRev()">反选</button>
</div>
<script language="javascript">
  function btnSelAll() {
    var oChk = document.getElementsByName("hobby");
    for (var i = 0; i < oChk.length; i++) {
      oChk[i].checked = true;
    }
  }
  function btnSelNo() {
    var oChk = document.getElementsByName("hobby");
    for (var i = 0; i < oChk.length; i++) {
```

```
            oChk[i].checked = false;
        }
    }
    function btnSelRev() {
        var oChk = document.getElementsByName("hobby");
        for (var i = 0; i < oChk.length; i++) {
            oChk[i].checked = !oChk[i].checked;
        }
    }
</script>
```

运行结果如图 11-12 所示。

请选择兴趣爱好

足球 篮球 排球

全选 全消 反选

图 11-12　操作内置属性

2. 操作自定义属性

自定义属性可以以元素对象调用 getAttribute()和 setAttribute()方法来进行读取和设置操作，可以通过 removeAttribute()和 hasAttribute()方法来移除和判断属性是否存在。

【示例 11-18】 给段落 p 设置自定义属性。

核心代码如下：

```
<p>这是一个段落</p>
<button onclick="btnSetAttr()">设置自定义属性</button>
<button onclick="btnGetAttr()">读取自定义属性</button>
<button onclick="btnRemoveAttr()">移除自定义属性</button>
<button onclick="btnHasAttr()">是否存在自定义属性</button>
<script language="javascript">
    function btnSetAttr() {
        var op = document.querySelector("p");
        op.setAttribute("myA", "测试");
    }
    function btnGetAttr() {
        var op = document.querySelector("p");
        console.log(op.getAttribute("myA"));
    }
    function btnRemoveAttr() {
        var op = document.querySelector("p");
        op.removeAttribute("myA");
```

```
    }
    function btnHasAttr(){
        var op = document.querySelector("p");
        console.log(op.hasAttribute("myA"));
    }
</script>
```

运行结果如图 11-13 所示。

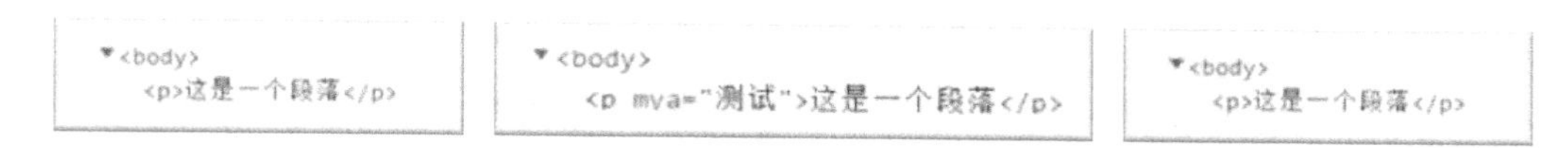

图 11-13　自定义属性设置前、设置后、移除后 HTML DOM 结构

对应内置属性来说，上述两种方式都可以进行操作，对应自定义属性来说，只能使用第二种方式来进行操作。

11.3.5　样式操作

HTML DOM 不仅支持对 HTML 结构和内容的操作，还可通过相关的对象和方法实现对页面样式的操作。

1. Style 对象

每个 HTMLElement 对象都有一个 Style 属性，通过这个属性可以动态获取和设置元素的样式，这个 Style 属性其实是一个 Style 对象的引用，该对象包含了所有的 CSS 样式属性。

【示例 11-19】 动态设置段落样式。

核心代码如下：

```
<p id="p1">这是一个段落</p>
<button onclick="btnSetStyle()">动态设置样式属性</button>
<script language="javascript">
    function btnSetStyle() {
        var op = document.getElementById("p1");
        op.style.fontSize = "20px";
        op.style.color = "red";
        op.style.backgroundColor = "pink";
        op.style.width = "200px";
        op.style.height = "40px";
        op.style.lineHeight = "40px";
        op.style.textAlign = "center";
```

```
    }
&lt;/script&gt;
```

运行结果如图 11-14 所示。

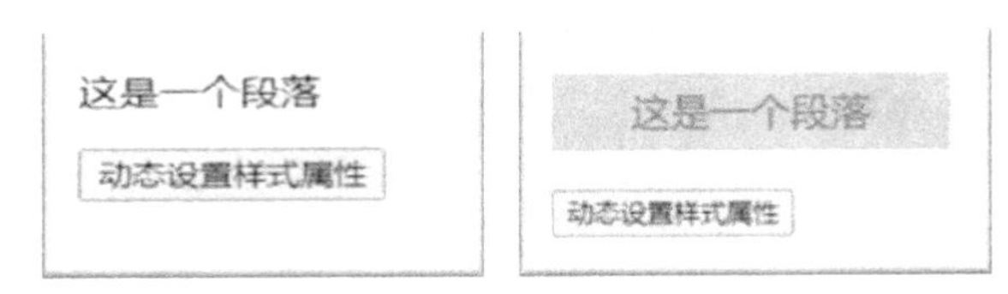

图 11-14　通过 Sytle 属性操作样式

示例说明：

(1) 示例 11-19 中，通过 Style 属性，修改了 7 个样式属性，也就是说多次修改了样式属性，这样会导致页面产生回流和重绘，产生性能问题，可以使用 cssText 属性一次赋值，解决性能问题。例如示例 11-19 可以修改如下：

```
op.style.cssText ="font-size:20px;color:red;background-color:pink;…";
```

(2) 对于通过 Style 属性设置样式，如果 CSS 属性名中间存在“-”，则需要将其转换成驼峰命名形式，例如：CSS 属性名 font-size 应转换为 fontSize；如果使用 cssText 属性设置样式，则属性名与 CSS 属性名保持一致。

(3) 通过 Style 属性读取和设置元素的样式，针对的是行内样式，与内嵌和外链样式无关。

(4) 通过 Style 属性设置元素的样式，值类型为字符串，没有设置值时设置为“”。

通过 Style 属性设置元素样式前后，HTML DOM 对比如图 11-15 所示。

```
<p id="p1">这是一个段落</p>
<button onclick="btnSetStyle()">动态设置样式属性</button>
```

```
<p id="p1" style="font-size: 20px; color: red; background
color: pink; width: 200px; height: 40px; line-height: 40p
x; text-align: center;">这是一个段落</p>
<button onclick="btnSetStyle()">动态设置样式属性</button>
```

图 11-15　通过 Style 设置元素样式前后 HTML DOM 对比

2. StyleSheet 对象

Document 对象的 styleSheets 属性引用了一个 StyleSheetList，StyleSheetList 中的每一个 StyleSheet 对象表示一个单独的 CSS 样式表，这个样式表可以是嵌入式的样式表，也可以是链接式的外部样式表。

StyleSheet 对象常用的属性如表 11-3 所示。

表 11-3　StyleSheet 对象常用的属性

属　性	描　述
cssRules	以数组的形式返回 StyleSheet 对象中所有 CSS 规则
disabled	读取或设置是否禁用样式表，值为 true 禁用，false 启用
href	读取或设置外部样式表的 URL，如果是内联样式表，返回 null

StyleSheet 对象常用的方法如表 11-4 所示。

表 11-4 StyleSheet 对象常用的方法

属　性	描　述
insertRule(rule,index)	向样式表中插入一条规则
deleteRule(index)	从样式表指定位置处删除一条规则

【示例 11-20】 StyleSheet 对象综合应用。

代码如下：

```
<!DOCTYPE html>
<html>
  <head>
    <meta charset="utf-8">
    <title>Web 前端技术</title>
    <style>
      p{
        font-size: 20px;
      }
    </style>
    <link rel="stylesheet" href="css/mycss.css">
  </head>
  <body>
    <p id="p1">这是一个段落</p>
  <button onclick="btnSetStyle()">styleSheet 对象使用演示</button>
  <script language="javascript">
      function btnSetStyle() {
        let objStyleSheet = document.styleSheets;
        //objStyleSheet[0]对象中插入一条样式规则
        objStyleSheet[0].insertRule("p{font-weight:bold;}",0);
        //objStyleSheet[1]对象中插入一条样式规则
        objStyleSheet[1].insertRule("p{font-style: italic;}",0);
        for (var i = 0; i < objStyleSheet.length; i++) {
          for (var j = 0; j < objStyleSheet[i].cssRules.length; j++) {
            console.log(objStyleSheet[i].cssRules[j].cssText);
          }
        }
      }
    </script>
  </body>
</html>
```

运行结果如图 11-16 所示。

```
p { font-weight: bold; }
p { font-size: 20px; }
p { font-style: italic; }
p { color: blue; }
```

图 11-16 StyleSheet 对象综合应用

3. CurrentStyle 对象和 getComputedStyle()方法

通过 Style 属性只能获取元素行内样式，要想获取一个元素的全部样式，可以使用 CurrentStyle 对象或 getComputedStyle()方法。

【示例 11-21】 CurrentStyle 对象和 getComputedStyle()方法对比。

代码如下：

```
<!DOCTYPE html>
<html>
  <head>
    <meta charset="utf-8">
    <title>Web 前端技术 CurrentStyle 对象和 getComputedStyle()方法</title>
    <link rel="stylesheet" href="css/mycss.css">
    <style>
      p {
        font-size: 20px;
      }
    </style>
  </head>
  <body>
    <p id="p1" style="font-weight: 700;">这是一个段落</p>
<button onclick="btnCurrentStyle()">CurrentStyle 对象使用演示</button>
<button onclick="btnGetComputedStyle()">getComputedStyle 方法使用演示</button>
    <script language="javascript">
      function btnCurrentStyle() {
        var op = document.getElementById("p1");
        console.log(op.currentStyle.fontSize);
        console.log(op.currentStyle.color);
        console.log(op.currentStyle.fontWeight);
      }
      function btnGetComputedStyle() {
        var op = document.getElementById("p1");
        var ComputedStyle = window.getComputedStyle(op, null);
```

```
            console.log(ComputedStyle.fontSize);
            console.log(ComputedStyle.color);
            console.log(ComputedStyle.fontWeight);
        }
    </script>
  </body>
</html>
```

Chrome 浏览器下运行结果如图 11-17 所示。

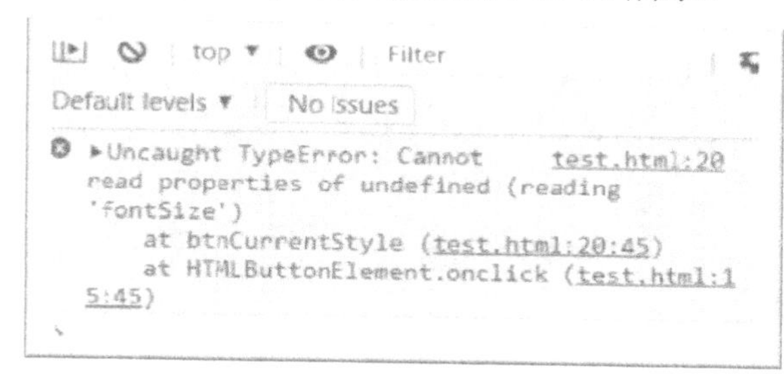

图 11-17　通过 CurrentStyle 对象和 getComputedStyle()方法获取元素属性对比

IE8 浏览器下运行结果如图 11-18 所示。

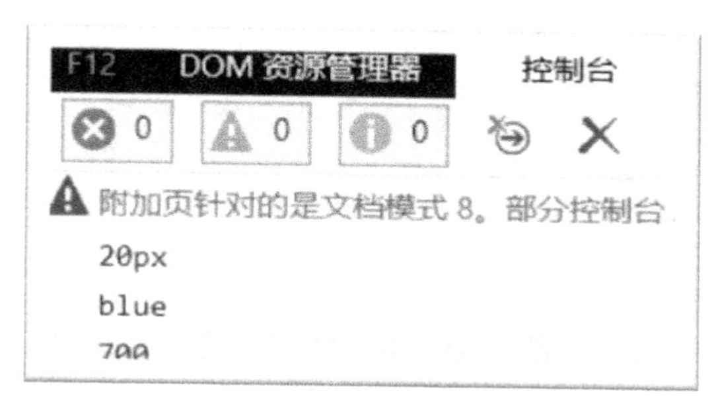

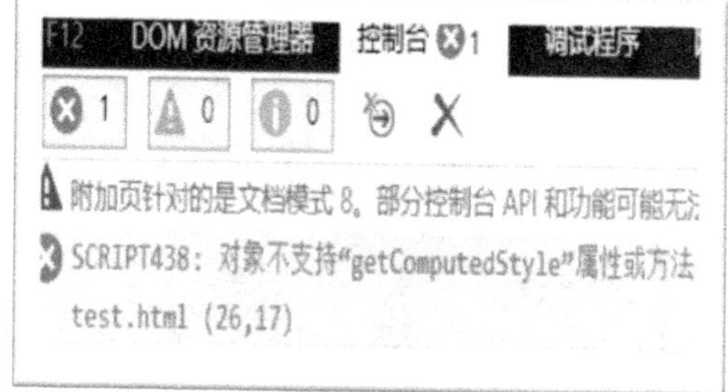

图 11-18　通过 CurrentStyle 对象和 getComputedStyle()方法获取元素属性对比

示例说明：

通过示例 11-21 可以看出，IE8 以下版本浏览器不支持 getComputedStyle()方法，而 Chrome 浏览器不支持 CurrentStyle 对象，如果要考虑浏览器的兼容问题，可以自定义方法兼容不同浏览器实现所有元素样式属性的获取。

【示例 11-22】 自定义方法兼容浏览器。

代码如下：

```
<!DOCTYPE html>
<html>
  <head>
    <meta charset="utf-8">
    <title>Web 前端技术 CurrentStyle 对象和 getComputedStyle()方法</title>
    <link rel="stylesheet" href="css/mycss.css">
    <style>
```

```
        p {
            font-size: 20px;
        }
    </style>
    </head>
    <body>
        <p id="p1" style="font-weight: 700;">这是一个段落</p>
        <button onclick="btnGetStyle()">自定义方法使用演示</button>
        <script language="javascript">
            function btnGetStyle() {
                var op = document.getElementById("p1");
                console.log(getStyle(op, "fontSize"));
                console.log(getStyle(op, "color"));
                console.log(getStyle(op, "fontWeight"));
            }
            function getStyle(element, attr) {
                                return window.getComputedStyle ?
                        window.getComputedStyle(element, null)[attr] :
                        element.currentStyle[attr] || 0;
            }
        </script>
    </body>
</html>
```

运行结果如图 11-19 所示。

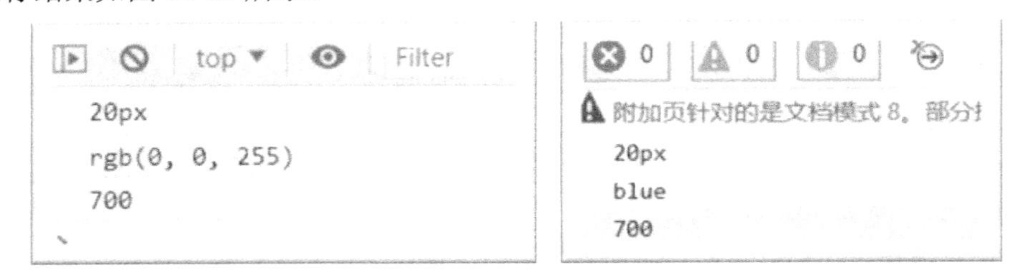

图 11-19　通过自定义方法兼容不同浏览器获取元素属性对比

11.4　DOM 事　件

11.4.1　事件概念

DOM 事件指的是可以被浏览器识别的，发生在页面上的用户动作或相关状态的变化。例如用户单击一个对象，会触发该对象的(click)事件，用户按下并弹起键盘上的一个按键，

会触发(keypress、keydown 以及 keyup)事件等；页面加载状态完成时，会触发页面的(load)事件，页面大小发生变化时，会触发页面的(resize)事件等。与事件相关的概念如下：

(1) 事件源：是指触发事件的对象。常见的事件源有 Window、Document、Element 等。

(2) 事件类型：是指具体发生事件的名称，又称为事件名称。例如 click、mouseover 等。

(3) 事件处理程序：又称为事件监听程序，通常是一个函数，用来响应相关事件并执行。

(4) 事件对象：是指事件发生时，包含事件详细信息的对象，通过事件对象，可以访问与事件相关的状态。例如事件名称、鼠标位置、按键状态等。

(5) 事件流：是指事件发生的顺序或者事件的处理及执行的过程。DOM 事件流包含三个过程：捕获过程、触发过程、冒泡过程。

11.4.2　事件类型

根据触发事件的来源和作用对象的不同，常用的事件类型大致分为以下 4 类。

(1) 页面事件：是指页面的状态发生变化而触发的事件。如页面文档完全载入时会触发(load)事件、页面文档卸载时会触发(unload)事件、页面文档加载错误时会触发(error)事件等。

(2) 鼠标事件：是指用户通过鼠标操作页面时触发的事件。如(click)单击、(dbclick)双击、(mousedown)鼠标按键按下、(mouseup)鼠标按键释放、(mouseover)鼠标悬停、(mousemove)鼠标移动、(mouseout)鼠标离开等。

(3) 键盘事件：是指用户操作键盘时触发的事件。如(keypress)按下一个字符、(keydown)键盘按键按下、(keyup)键盘按键弹起等。

(4) 表单事件：是指与表单或表单元素相关的事件。如(submit)表单提交、(reset)表单重置、(blur)表单元素失去焦点、(focus)表单元素获得焦点等。

除了以上 4 类常用的事件类型外，还有一些不常用的突发的事件类型，如 DOM 结构发生变化时触发的一些事件。

11.4.3　事件绑定

事件绑定，又称为事件注册，如果需要某个事件发生时，响应这个事件，就需要对该事件绑定一个处理函数。事件绑定的方式有以下 3 种。

1. 静态绑定

静态绑定，又称为行内注册，是将事件直接内联在 HTML 代码中，直接在行内对事件属性进行赋值，此时的事件属性名称就是在事件名称前加“on”，前面章节很多案例中都有使用。

【示例 11-23】 静态事件绑定。

核心代码如下：

```
<button onclick="btnShow()">静态事件绑定示例</button>
<script language="javascript">
  function btnShow(){
    console.log('hello');
```

```
    }
</script>
```

示例说明：

静态绑定的方式使得页面的表现(HTML)和行为(JavaScript)严重耦合，不利于代码的维护，不符合 Web 设计标准。

2. 动态绑定

动态绑定，又称为 DOM0 级别事件绑定，是将事件处理函数赋值给元素对象的事件属性，是最早版本的事件绑定方式，被所有浏览器兼容。

【示例 11-24】 动态事件绑定。

核心代码如下：

```
<button id="btn">动态事件绑定示例</button>
<script language="javascript">
  let btnObj = document.getElementById("btn");
  btnObj.onclick = function(){
     console.log('hello');
  }
</script>
```

也可以将函数单独定义，将函数名赋值给元素对象的事件属性。

```
<button id="btn">动态事件绑定示例</button>
<script language="javascript">
  let btnObj = document.getElementById("btn");
  btnObj.onclick = btnShow;
  function btnShow() {
     console.log('hello');
  }
</script>
```

示例说明：

(1) 如果要删除指定的事件处理函数，则可将元素对象的事件属性赋值为 null。例如：

```
btnObj.onclick = null;
```

(2) 这种事件绑定方式灵活简单，且具有良好的兼容性，但是不能指定事件响应时机，只能在事件冒泡阶段响应，而且只能绑定一个事件处理函数，如果绑定多个，则会形成覆盖。

3. addEventListener()方法

事件流模型包含两种方式，分别是捕获方式和冒泡方式。

捕获方式由微软公司提出，事件从文档根节点(Document 对象)流向目标节点，途中会经过目标节点的各个父级节点，并在这些节点上触发捕获事件，直至到达事件的目标节点。

冒泡方式由网景公司提出，与事件捕获方式相反，事件会从目标节点流向文档根节点，途中会经过目标节点的各个父级节点，并在这些节点上触发捕获事件，直至到达文档的根节点。

W3C 为了统一标准，采用了一个折中的方式，即将事件捕获与事件冒泡合并，同时支持捕获方式和冒泡方式。前面 2 种事件绑定方式，采用的都是冒泡机制，而且无法修改。

通过 addEventListener()方法可以对元素对象进行事件监听，绑定事件处理函数，同时可以决定采用冒泡方式还是捕获方式；与之对应的是 removeEventListener()方法，可以取消对事件的监听。这 2 个方法属于 DOM2 级别事件绑定。

addEventListener()方法有 3 个参数:

第一个参数为要处理的事件类型(注意是事件类型，不加 on)；

第二个参数为事件处理函数，不加括号，可以是匿名函数；

第三个参数是一个布尔值，true，表示在捕获阶段调用事件处理函数；false，表示在冒泡阶段调用事件处理函数。

【示例 11-25】 addEventListener()方式示例。

代码如下：

```
<!DOCTYPE html>
<html lang="en">
  <head>
    <meta charset="UTF-8">
    <title>addEventListener()方法</title>
    <style type="text/css">
      div {
        padding: 15px;
        border: 1px solid #000;
      }
    </style>
  </head>
  <body>
    <div id="a">a
      <div id="b">b</div>
    </div>
    <script>
      function showIdName() {
        console.log(this.id);
      }
      var elems = document.querySelectorAll("div");
      for (let elem of elems) {
        elem.addEventListener("click", showIdName, false);
      }
    </script>
  </body>
</html>
```

示例说明：

(1) 示例 11-25 中，addEventListener()方法的第三个参数为 false，表示在冒泡阶段处理事件，当点击 id="b"的 div 时，控制台输出顺序是 b-->a; 如果把第三个参数改为 true，则表示在捕获阶段处理事件，当点击 id="b"的 div 时，控制台输出顺序是 a-->b。

(2) 可以使用 addEventListener()方法对同一个元素对象同一个事件类型绑定多个事件处理函数，且都有效，顺序响应。

(3) 可以使用 removeEventListener()方法删除某个事件处理函数，如下代码可以删除外层 div 的 click 事件处理函数。

```
elems[0].removeEventListener("click", showIdName, false);
```

(4) 如果添加两次事件处理函数，一次在捕获阶段，一次在冒泡阶段，则必须分别单独移除。

11.4.4 事件对象

当事件发生时，可以通过事件对象(event)的属性获取相关信息，可以通过事件对象(event)的相关方法实现相关功能，比如阻止冒泡，阻止默认行为等。

事件对象常用的属性如表 11-5 所示。

表 11-5 事件对象常用的属性

属　性	说　明
bubbles	返回类型为布尔值，指示事件是否为冒泡事件类型
cancelable	返回类型为布尔值，指示事件是否可取消
currentTarget	返回直接触发此事件的元素或事件传播中的父元素
target	返回直接触发此事件的元素，也就是事件的目标节点
eventPhase	返回事件传播的当前阶段
type	返回事件类型

【示例 11-26】 事件对象常用属性。

代码如下：

```
<!DOCTYPE html>
<html>
  <head>
    <meta charset="utf-8">
    <title>事件对象常用属性</title>
    <style type="text/css">
      div {
        padding: 15px;
        border: 1px solid #000;
      }
    </style>
```

```
</head>
<body>
  <div id="a">a
    <div id="b">b</div>
  </div>
  <script>
    function myShow(e) {
      console.log("e.bubbles:", e.bubbles);
      console.log("e.cancelable:", e.cancelable);
      console.log("e.currentTarget.id:", e.currentTarget.id);
      console.log("e.target.id:", e.target.id);
      console.log("e.eventPhase:", e.eventPhase);
      console.log("e.type:", e.type);
    }
    let aObj = document.getElementById("a");
    aObj.addEventListener("click", myShow, false);
  </script>
</body>
</html>
```

页面效果如图 11-20 左图所示，当单击 b 时，控制台输出如图 11-20 右图所示。

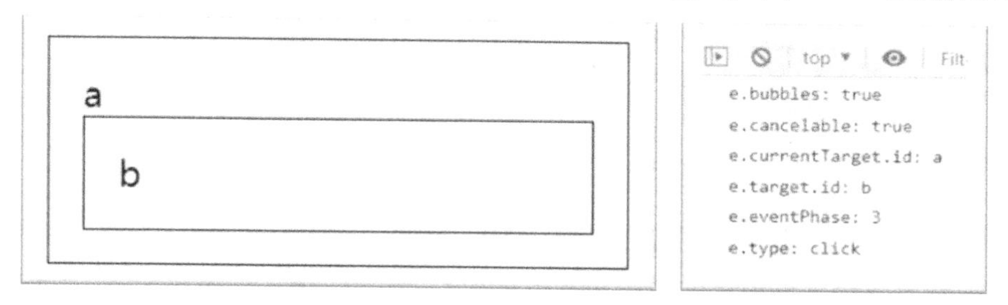

图 11-20　事件对象常用的属性

事件对象常用的方法如表 11-6 所示。

表 11-6　事件对象常用的方法

方　法	说　明
preventDefault()	阻止与事件关联的默认动作
stopPropagation()	阻止冒泡

【示例 11-27】 阻止超链接的默认行为。

核心代码如下：

```
<a href="http://www.ycu.edu.cn" id="myA">运城学院</a>
<script>
        let aObj = document.getElementById("myA");
```

```
            aObj.onclick = function(event){
                console.log(aObj.innerText,aObj.href);
                event.preventDefault();           //阻止超链接的默认行为
            }
    </script>
```

【示例 11-28】阻止冒泡。

核心代码如下：

```
<div id="a">a
  <div id="b">b</div>
</div>
<script>
  function myClick() {
    console.log(this.id);
    event.stopPropagation();
  }
  let aObj = document.getElementById("a");
  let bObj = document.getElementById("b");
  aObj.addEventListener("click", myClick, false);
  bObj.addEventListener("click", myClick, false);
</script>
```

当单击 id=“b”的 div 时，因为 event.stopPropagation()阻止了事件冒泡，所以控制台只输出 b。

11.4.5 事件委托

11.4.3 中讲了 3 种事件绑定的方式，其实事件委托也可以看成是一种特殊的事件绑定方式。它是利用事件冒泡机制动态为元素绑定事件的一种方法，又称为“事件代理”。

事件委托针对的是具有一对多父子结构的，且需要给子元素绑定事件的应用场景，具体思想是把原本需要绑定在子元素上的事件委托给其父元素，通过父元素来监听子元素的冒泡事件，并在子元素发生事件冒泡时定位到相应的子元素。

使用事件委托主要的目的是提升页面的整体性能，如果为每个子元素都绑定事件，每个事件处理程序都是对象，对象都会占用内存，内存中的对象越多，页面的性能就会越差。

【示例 11-29】 为无序列表项绑定事件(未使用事件委托)。

核心代码如下：

```
<ul id="base">
  <li>html</li>
  <li>css</li>
  <li>JavaScript</li>
```

```
  </ul>
 <script>
  window.onload = function() {
    let liObj = document.querySelectorAll("li");
    for (var i = 0; i < liObj.length; i++) {
      liObj[i].onclick = function() {
        console.log(this.innerHTML);
      }
      liObj[i].onmousemove = function(){
        this.style.cursor ="pointer";
      }
    }
  }
 </script>
```

示例说明：

示例 11-29 中，需要为每个<li>标签绑定相应事件，通过遍历所有<li>标签的方式实现。若使用事件委托的话，则会简化编码，提升性能。

【示例 11-30】 为无序列表项绑定事件(使用事件委托)

核心代码如下：

```
<ul id="base">
  <li>html</li>
  <li>css</li>
  <li>JavaScript</li>
</ul>
<script>
  window.onload = function() {
    let ulObj = document.getElementById("base");
    ulObj.onclick = function(e) {
      console.log(e.target.innerHTML);
    }
    ulObj.onmousemove = function(e) {
      e.target.style.cursor = "pointer";
    }
  }
</script>
```

示例说明：

示例 11-30 中，只需要为父元素<ul>标签绑定事件，当子元素<li>标签事件被触发时，由于事件冒泡的特性，会触发其父元素<ul>标签上的事件，此时只需要在事件处理程序中通过 event 对象的 target 属性定位到被触发的<li>标签即可。不过这样做也有一个弊端，就是当事件在父元素<ul>标签上触发时，事件处理程序也会执行，可以在事件处理程序中通过添加如下代码解决：

```
if(e.target.tagName==="UL") return;
```

另外当页面中有父子结构需要动态添加或删除子元素时，如果逐个为动态添加或删除的子元素绑定事件或解绑事件，那么就太麻烦了，此时使用事件委托可极大的降低编码的工作量。

【示例 11-31】 动态添加删除子元素，并为子元素绑定事件。

核心代码如下：

```
<ul id="base">
  <li>html</li>
  <li>css</li>
  <li>JavaScript</li>
</ul>
<button id="btnAdd">添加一个子元素</button>
<button id="btnDel">删除一个子元素</button>
<script>
  window.onload = function() {
    let ulObj = document.getElementById("base");
    let btnAddObj = document.getElementById("btnAdd");
    let btnDelObj = document.getElementById("btnDel");
    btnAddObj.onclick = function() {
      var liObj = document.createElement("li");
      liObj.innerText = "Vue";
      ulObj.appendChild(liObj);
    }
    btnDelObj.onclick = function() {
      ulObj.removeChild(ulObj.lastElementChild);
    }
    ulObj.onclick = function(e) {
      if(e.target.tagName==="UL") return;
      console.log(e.target.innerHTML);
    }
    ulObj.onmousemove = function(e) {
      e.target.style.cursor = "pointer";
    }
  }
</script>
```

示例说明：

示例 11-31 中，只为父元素 ul 绑定了相应事件，通过事件委托，实现了子元素 li 对相应事件的相应，不用手动绑定事件或解绑事件。

11.4.6　事件举例

1. 鼠标事件

【示例 11-32】 通过鼠标移动元素。

代码如下：

```
<!DOCTYPE html>
<html>
  <head>
    <meta charset="utf-8">
    <title>鼠标事件对象示例</title>
    <style>
      #box {
        position: absolute;
        width: 200px;
        height: 200px;
        background-color: pink;
      }
    </style>
  </head>
  <body>
    <div id="box"></div>
    <script>
      let lbl = document.getElementById("lbl");
      // 初始化拖放对象
      let box = document.getElementById("box");
      // 鼠标的 x、y 轴坐标，拖放元素的 x、y 轴坐标
      let mx, my, ox, oy;
      box.onmousedown = function(event) {
        // 拖放元素的 x 轴坐标
        ox = parseInt(this.offsetLeft);
        // 拖放元素的 y 轴坐标
        oy = parseInt(this.offsetTop);
        // 按下鼠标指针的 x 轴坐标
        mx = event.x;
        // 按下鼠标指针的 y 轴坐标
```

```
            my = event.y;
            if (this.onmousemove == null) {
                // 注册鼠标移动事件处理函数
                this.onmousemove = move;
            }
            if (this.onmouseup == null) {
                // 注册松开鼠标事件处理函数
                this.onmouseup = stop;
            }
        }
        function move(event) {
            // 拖动元素的 x 轴距离
            this.style.left = ox + event.x - mx + "px";
            // 拖动元素的 y 轴距离
            this.style.top = oy + event.y - my + "px";
        }
        function stop(event) {
            // 拖放元素的 x 轴坐标
            ox = parseInt(this.offsetLeft);
            // 拖放元素的 y 轴坐标
            oy = parseInt(this.offsetTop);
            // 鼠标指针的 x 轴坐标
            mx = event.x;
            // 鼠标指针的 y 轴坐标
            my = event.y;
            this.onmousemove = null;
            this.onmouseup = null;
        }
    </script>
  </body>
</html>
```

2. 键盘事件

【示例 11-33】 结合鼠标事件，禁止选择页面中的内容(禁止鼠标左键以及 Ctrl+A)。核心代码如下：

```
<p>这是一段文字</p>
<script>
  window.onload = function(){
    document.onkeydown = function(event) {
```

```
            if (event.key.toUpperCase() == "A"&& event.ctrlKey ) {
                event.returnValue = false;
            }
        }
        document.onmousedown = function(event) {
            if( event.button === 0){
                event.returnValue = false;
            }
        }
    }
</script>
```

3. 表单事件

【示例 11-34】 文本框焦点变化时，修改其背景和字体颜色。

核心代码如下：

```
<p>姓：<input type="text" id="firstName"></p>
<p>名：<input type="text" id="lastName"></p>
<script type="text/javascript">
    window.onload = function() {
        let txtObjs = document.querySelectorAll("input[type='text']");
        for (let i = 0; i < txtObjs.length; i++) {
            txtObjs[i].onfocus = function() {
                this.style.backgroundColor = "#aaa";
                this.style.color="#fff";
            }
            txtObjs[i].onblur = function() {
                this.style.backgroundColor = "#fff";
                this.style.color="#000";
            }
        }
    }
</script>
```

本 章 小 结

DOM 是 Web 前端开发中最为核心的内容之一，是一个表示和处理文档的应用程序接口，通过 DOM 可以实现动态访问、更新文档的内容、结构和样式。本章简要阐述了 DOM 的基本概念和组成，介绍了 DOM 树的概念以及常用的 DOM 节点类型，重点讲解了 DOM 操作的相关 API、DOM 事件以及事件绑定方法和处理机制。

习题与实验 11

一、选择题

1. Style 对象的(　　)属性，对应 CSS 属性的 text-align。

A. text-align　　B. textalign

C. textAlign　　D. TextAlign

2. 要想实现元素的替换，可以通过修改该元素的(　　)属性实现。

A. innerHTML　　B. innerText

C. outerHTML　　D. outerText

3. 属性节点的类型值是(　　)。

A. 1　　B. 2　　C. 3　　D. 4

4. 下列属性中，用来获取指定节点的父节点的是(　　)。

A. parentNode　　B. offsetParent

C. nextSibling　　D. firstChild

5. 下列属性中，会返回 NodeList 集合，成员包括当前节点的所有子节点的是(　　)。

A. childNodes　　B. children

C. firstChild　　D. firstElementChild

二、填空题

1. DOM 树的根节点用____________表示。
2. HTML 文档中每个标签都可以通过 DOM 树中____________表示。
3. getElementById()方法返回值的类型是________________________。
4. getElementsByName()方法返回值的类型是________________________。
5. 事件流模型包含两种方式，分别是____________和____________。

三、实验题

1. 编程实现 todoList 功能。
2. 编程实现基本计算器功能。
3. 编程实现选项卡功能页面。

参考文献

[1] 孙俏，祖明，王新阳. Web 前端开发[M]. 北京：高等教育出版社，2021.

[2] 刘德山，章增安，孙美乔. HTML5 + CSS3 Web 前端开发技术[M]. 北京：人民邮电出版社，2016.

[3] 莫振杰. Web 前端开发精品课 HTML CSS JavaScript 基础教程[M]. 北京：人民邮电出版社，2017.

[4] 刘德山，杨彬彬. HTML + CSS + JavaScript 网站开发实用技术[M]. 北京：人民邮电出版社，2014.

[5] 邹晓丹. 基于 HTML5 和 CSS3 的网页前端设计优化研究[J]. 自动化应用，2023，64(S1): 217-219.

[6] 周文洁. HTML5 网页前端设计[M]. 2 版. 北京：清华大学出版社，2021.

[7] 储久良. Web 前端开发技术：HTML5、CSS3、JavaScript [M]. 3 版. 北京：清华大学出版社，2018.

[8] 赵洪华，许博，王真. Web 前端开发技术与案例教程[M]. 北京：机械工业出版社，2022.

[9] 盛雪丰，兰伟. HTML5 + CSS3 程序设计[M]. 北京：人民邮电出版社，2017.

[10] 刘辉. CSS3 + DIV 网页样式与布局(全案例微课版)[M]. 北京：清华大学出版社，2021.

[11] 迈耶，埃斯特尔・韦尔. CSS 权威指南[M]. 4 版. 北京：中国电力出版社，2019.